# 复杂环境下输电工程运行特性数学模型及仿真

祝　贺　杨晓军　著

科学出版社

北　京

## 内 容 简 介

本书系统地介绍了复杂环境下输电工程运行特征理论。全书共18章，分为五大部分，主要内容包括输电线路邻近建筑物运行特征、输电线路邻近管道运行特征、输电线路邻近树木运行特征、空气湿度对特高压直流输电线路离子流场影响的研究、输电线路邻近山火运行特征。本书理论性与系统性较强，作者在多年的教学和科研工作中，不断征求相关单位的意见，注重理论与实际的联系，把重点放在基本原理和基本方法上，尽量避开复杂的理论分析。

本书可作为高压输配电线路施工运行与维护专业学生的学习资料，可供电气工程相关专业技术人员参考，也可供输配电线路技术人员参考。

**图书在版编目(CIP)数据**

复杂环境下输电工程运行特性数学模型及仿真 / 祝贺，杨晓军著. —北京：科学出版社，2019.6

ISBN 978-7-03-060280-0

Ⅰ. ①复… Ⅱ. ①祝… ②杨 Ⅲ. ①输电-电力工程-数学模型(系统工程) Ⅳ. ①TM7

中国版本图书馆CIP数据核字(2018)第297155号

责任编辑：吴凡洁 王楠楠 / 责任校对：王 瑞

责任印制：吴兆东 / 封面设计：北京铭轩堂广告设计有限公司

科学出版社 出版

北京东黄城根北街16号

邮政编码：100717

http://www.sciencep.com

北京厚诚则铭印刷科技有限公司 印刷

科学出版社发行 各地新华书店经销

*

2019年6月第 一 版 开本：720 × 1000 1/16

2022年1月第三次印刷 印张：15 3/4

字数：304 000

**定价：98.00 元**

(如有印装质量问题，我社负责调换)

# 前　言

随着我国经济的快速发展，人们对电能的需求日益增长，建设具有输电容量大、输电距离远等优点的输电线路工程是我国电网发展的必然趋势。输电线路的输电距离远，线路通常要途经江河湖泊等高湿度地区。输电线路跨物的多样化使得线路附近的电磁环境发生改变，影响线路走廊附近居民的生活，增加了带电作业的难度，甚至威胁作业人员的生命安全以及影响线路的稳定运行。

为解决上述问题，本书着重介绍输电线路邻近建筑物、油气管道、树木、空气湿度变化、山火条件下的运行特征等内容。本书内容理论性强，作者在多年教学、科研工作中，结合实际工程需要，注重理论联系实际，力求用简洁的数学物理方法求解实际工程问题，尽量避开烦冗的公式推导和数据分析。

本书撰写时依据我国现行的标准、规范，结合吉林省输电工程安全与新技术实验室近年来的科研成果，并融合了作者的教学及科研经验。

由于作者水平有限，书中难免存在不足之处，敬请广大读者予以批评指正。

祝　贺　杨晓军

2018 年 8 月于东北电力大学

# 目　录

# 绪　论

21 世纪以来，随着国民经济的迅速增长，电能成为生产和生活中不能缺少的一部分，对人类社会生产和生活的进步有着决定性的作用。为满足日益增长的电能需求，建设具有输电容量大、输电距离远等优点的特高压直流输电工程是我国电网发展的必然趋势。特高压直流输电线路的输电距离远，线路通常要途经建筑物、树障、天然气管道、江河湖泊等高湿度地区、山火频发等地区。输电线路环境的多样性使得输电线路运行特征变得异常复杂，了解和掌握复杂环境下输电线路运行特征对输电线路运行和维护有重大意义。

## 0.1　输电线路在复杂环境下运行的背景及重要意义

随着城市用电负荷的急剧增加及城市面积的不断扩大，电网规模、输电电压等级和配电格局相比以前都发生了重大变化。城市人口密集地区建设了更多高压变电站和配电网，原本多在郊区出现的超高压输电线路也开始邻近城镇建筑物，使得建筑物周围的电磁环境变得十分复杂，电磁辐射对城市居民生活和环境的影响也日益凸现。超高压输电线路周围工频电磁场对环境是存在影响的，电压增容、居民区密度增加使得周围电磁场存在起标现象，对人体长期会产生不好的影响。随着人们的环保意识逐渐提高，对电力设施的电磁防护要求也越来越高，由超高压输电线路引起的社会矛盾时有发生。为了消除公众对交流架空输电线路电磁环境问题的疑虑，评估超高压输电线路对周围电磁环境的影响是否超过标准，对超高压输电线路这样一个强干扰源的电场分布进行深入研究和探讨则显得十分必要。

在传输路径的择优方面，电力及石油天然气行业有着极为相近的原则，特别是当公共走廊受到限制时，高压传输线路与油气传输管道接近和立体跨越甚至共用同一走廊的现象难以避免，相互之间产生电磁干扰的情况十分普遍。线路正常运行时，由于电磁感应的作用，埋地油气传输管道上会产生感应电压，感应电压不断升高，致使油气传输管道绝缘材料被击穿或造成阴极防护设备元件损毁而无法正常工作，这足以危害油气管道维护维修作业人员的安全。在高压输电线路处于暂态情况下，即发生雷击或单相接地短路等故障时，可在邻近金属管道上瞬间产生出几千伏甚至数十千伏的瞬时冲击电压，同时，在发生故障的具体点位会有极大的短时电流产生，有时能达到数千至数万安培。

因此，研究电力传输线路稳态运行及单相接地短路故障情况下对邻近油气传输管道的电磁干扰，从而判断其是否超过有关安全最大允许值，进而提出减小高压输电线路给油气传输管道造成的电磁影响的方法和防范措施，对于保障人身安全及设备设施运行安全，减少成本支出，提质增效，推动电力及石油天然气行业相互促进、协调共赢、有条不紊地向前发展有着极其重要的理论意义与实际意义。

特高压直流输电线路距离一般较长，线路沿途经过的地区差异非常大，输电线路经常会经过一些山地和高大的山岭，其植被覆盖率很大，输电线路不得不大量跨越森林植被。由于常年雨水充足，树木植被生长速度极快，在自然环境中输电线路走廊内树木的生长使电网传输存在极大的安全隐患，容易造成线路跳闸事故。在设计线路时，必须使线路与树木之间留有足够的距离。但如果盲目增加导线与树冠的距离，过高地增加杆塔高度，将造成不必要的线路投资成本。通过计算树障与线路之间动态间隙下的合成畸变电场，可为规程规定的线路与树木间的安全距离提供理论支持，同时可对树木是否使线路有安全隐患做出预判。可见，无论从输电线路安全运行的可靠性与稳定性角度，还是从保护环境角度来看，开展特高压直流输电线路合成电场特性的研究，对于建设环境友好、安全可靠的特高压直流输电系统都是非常必要的。

同样地，特高压直流输电线路不可避免地通过植被茂密的山林，其为火灾易发地区。山火发生时，火焰高温、高电荷密度及固体颗粒物等因素容易引发输电线路间隙绝缘性能迅速下降，导致输电线路跳闸。山火引发输电线路跳闸后，由于植被燃烧持续时间较长，在此期间重合闸经常失败，会引发多次跳闸和重合闸事故，给电力系统和线路装置带来严重影响。

本书引入火焰温度、火焰中电荷密度两种对特高压直流输电线路合成电场的影响因素，推导火焰温度、火焰中电荷密度与合成电场的数学关系，建立山火条件下特高压直流输电线路合成电场的非线性数学模型，采用 MATLAB 软件，实现对数学模型的求解，最后利用实测数据对数学模型进行验证，实现对特高压直流输电线路因山火跳闸时电场强度的准确计算；同时采用 Comsol 多物理场耦合仿真软件，仿真研究线路间隙中颗粒物以及颗粒链存在时，颗粒物及颗粒链对电场畸变的影响；采用 Ansoft 仿真软件，仿真研究颗粒物形状及种类对特高压直流输电线路导线表面电场的影响。

该数学模型和仿真方法能够计算输电线路走廊产生山火时是否会导致输电线路跳闸，便于调度运行人员采取恰当的措施，防止重合闸失败对电力系统造成的冲击，并使停电时间减少；在设计架空输电线路时，为架空输电线路走廊宽度、导线对地安全距离、导线分裂数、导线分裂间距的设计提供重要依据。

我国地域辽阔，地形和气象条件复杂，特高压直流输电线路送电距离远，沿途跨越江河湖泊等高湿度地区是不可避免的。较高的空气湿度使特高压直流输电线路附近电磁环境发生改变，影响线路附近的生态环境安全，导致线路的安全可靠供电受到影响，甚至威胁线路下方地面活动人员和带电作业人员的生命安全。因此，开展空气湿度对特高压直流输电线路离子流场影响的研究，以及带电作业过程中合成电场分布规律的研究，对保证作业人员的生命安全和提高线路供电可靠性具有重要的工程实用价值，对输电工程的设计和建设也具有非常重要的指导意义。

## 0.2　输电线路运行特性基本概念

### 0.2.1　线路走廊

架空线路所经路径要有足够的地面宽度和净空走廊，或称线路走廊。高压和超高压架空线路及城市供电用架空线路，由于土地利用、自然环境和城市建筑等条件的限制，不易开辟线路走廊，这常常给线路建设带来困难，成为发展架空输电线路的一种障碍。一些工业发达的国家多采用同杆并架的方式，即将相同或不同电压等级的输电线路架设在同一杆塔上，以节省线路走廊。

### 0.2.2　直流输电线路的电晕放电

空气是架空输电线路导线与导线、导线与地之间的一种良好的绝缘介质。但由于高能射线的作用，空气中存在少量的自由电荷。当空气中存在电场时，空气中的自由电荷将在电场力作用下定向加速运动，运动过程中会与空气分子(或原子)发生碰撞。随着电场强度的增大，自由电荷碰撞前所能获得的能量就增大。使自由电荷获得能够在碰撞过程中使空气分子发生电离的能量的场强，称为空气分子电离的临界场强。碰撞电离产生电子与参与碰撞的电子在电场的作用下定向运动。电场强度足够大时，将持续发生新的碰撞电离，产生更多的电子，发生电子崩。因为离子的质量比较大，电场对离子运动的影响很小，基本可以忽略，发生碰撞电离后电子在电场力的作用下定向运动，正离子继续停在原地。当电子崩发展到一定程度时，放电就会转变为流注放电，也称为电晕放电。导线附近电场强度大小会影响电离层的厚度，导线附近的电场强度将随其与导线之间距离的增大而迅速减小，所以碰撞电离只在导线附近很小的一个区域内发生。在发生碰撞电离的同时，伴随着带电离子的附着、复合过程，会辐射出大量光子，在导线附近空间产生蓝色的光晕，称为电晕区。与导线极性相同的带电离子会因为电场的作用而离开电晕区，向空间中扩散。

### 0.2.3　耦合影响

1. 容性耦合影响

鉴于输电线路运行时会在周围相当大的范围内产生电场，而电场会通过输电线路在一定范围内与靠近它的管道之间产生相互电容耦合作用，进而使传输管道和大地之间产生电压差，这种影响就称为容性耦合影响。我国的油气传输管道多数埋在地下，地表上的土壤具有一定的屏蔽作用，因而电场的破坏作用降低了，同时，根据行业规则，在施工和维护维修时应该逐段将传输管道与大地相连，所以输电线路正常负载情况下可忽略容性耦合影响。

2. 感性耦合影响

交流电力传输线路正常负荷运行时，交变的电流在一定范围的空间内也会产生交变的磁场，一定范围内与输电线路接近的管道受此影响便会在本体上产生电压。由于传输管道金属外壁通常包裹的防腐层并不是绝对的非导电材料，大多是各类导体物质，通常传输管道和大地不可避免地有一定的泄漏电压，并在传输管道上产生涂层感应电压。这种电磁的相互作用就称为感性耦合影响。在大多数情况下，在三相交流输电系统结构中，三相导线与传输管道基本上都是不对称的，因此，感性耦合影响很明显。

### 0.2.4　气球边界

气球边界模拟无限大的求解区域，可以有效地隔绝模型外的电荷源或电压源。对于静电场求解器来说，气球边界条件有两种类型：Charge 和 Voltage。

Voltage 类型模拟无限远处电势为零，实际上是模拟静电接地系统；Charge 类型模拟无限远处的电荷与求解区内的电荷相匹配，强制静电荷为零。在大多数情况下，指定 Voltage 类型的气球边界与指定 Charge 类型的气球边界所得结果非常类似，但实际上无穷远处的电荷并不与求解区域内的电荷相匹配。指定为气球边界条件的边界处，电场既不平行也不垂直于边界。

### 0.2.5　有限元分析法

有限元分析是指使用有限元方法来分析静态或动态的物理物体或物理系统。在这种方法中，一个物体或系统被分解为由多个相互连接的、简单的、独立的点组成的几何模型，这些独立的点的数量是有限的，因此被称为有限元。由实际的物理模型中推导出来的平衡方程式被应用到每个点上，由此产生了一个方程组。这个方程组可以用线性代数的方法来求解。有限元分析的精确度无法无限提高。元的数目到达一定高度后解的精确度不再提高，只有计算时间不断提高。

有限元分析法通常由三个主要步骤组成。①预处理，用户需建立待分析模型，在此模型中，该部分的几何形状被分割成若干个离散的子区域，或称为单元，各单元在一些称为节点的离散点上相互连接。这些节点中有的有固定的位移，而其余的有给定的载荷，准备这样的模型可能极其耗费时间，所以商用程序之间的相互竞争就在于，如何用最友好的图形化界面的预处理模块，来帮助用户完成这项烦琐乏味的工作，有些预处理模块作为计算机化的画图和设计过程的组成部分，可在先前存在的 CAD 文件中覆盖网格，因而可以方便地完成有限元分析。②分析，把预处理模块准备好的数据输入有限元程序中，从而构成并求解用线性或非线性代数方程表示的系统，$u$ 和 $f$ 分别为各结点的位移和作用的外力。矩阵 $\boldsymbol{K}$ 的形式取决于求解问题的类。③分析的早期，用户需仔细地研读程序运行后产生的大量数字，即型，本模块将概述桁架与线弹性体应力分析的方法。商用程序可能带有非常大的单元库，不同类型的单元适用于范围广泛的各类问题。有限元分析法的主要优点之一就是：许多不同类型的问题都可用相同的程序来处理，区别仅在于从单元库中指定适用于不同问题的单元类型。

## 0.3 输电线路运行特征研究现状

### 0.3.1 输电线路邻近障碍物的研究现状

国内外针对输电线路走廊内由树木生长过高引起线路跳闸的研究，多集中于对树闪故障发生概率的统计和预警平台的构建两方面。基于大量的统计数据，分析在正常运行条件下电力走廊树闪故障发生频率，可预测出走廊植被管理的最优地点和时间。构建树障预警平台，通过图像、视频、距离定位等技术可实时对树木与导线之间的距离、线路走廊环境状况进行监测，从而及时对过高的树木进行修剪，保证线路正常运行。但是这两方面的研究都仅仅通过现场实测分析，依靠长期的运行经验避免树障的发生，并没有分析输电线路线下树木的生长对电力系统电气绝缘特性的影响。并且构建树障预警平台所需投资较大，且实际操作复杂，对工作人员的学习能力要求高，不适宜推广。

特高压直流输电线路合成电场计算采用包括有限差分法、有限元法、棱边有限元法、时域有限差分法等，且都较为成熟，但对于在树木生长过高条件下特高压直流输电线路合成电场的计算，国内外研究人员尚未给出具体的数学计算模型。因此，考虑将树木的生长、弧垂的变化作为合成电场的动态边界条件，建立树木生长过高条件下数值法对特高压直流输电线路合成电场计算的数学模型，不仅具有重要的学术意义，而且有实用的工程应用价值。

国内的相关单位最早开展有关埋地油气传输管道的交流电磁干扰方面的研究试验工作。在研究过程中，工作人员对输油管道受到的交流电磁干扰的情况采取大时间段测量记录并进行计算，科研人员发现离输电传输线路变电站较近的输油管道受到的交流电磁干扰比较严重；忠武输气管道工程在设计施工期间开展了大量的高压交流输电传输线路对一定范围内走行接近的金属管道的电磁干扰影响研究，并不断地进行现场试验，尝试了不同的防护措施和方法，但最后取得的实际防护效果并不尽如人意。在实验室内对电磁影响进行了模拟实验，结果发现了电磁影响显著造成腐蚀速度加快的现象，并得出了产生这一现象的条件是比较单纯的交流电磁干扰，并大胆地得出了埋地金属管道发生各种腐蚀的变化规律，总结了这种腐蚀产生的频率及速度随交流电流密度大小而变的基本规律；最近一个时期，我国加大了科研项目的资金支持力度，由于相关部门及资金的推动，中国电力科学研究院等单位先后对330～750kV及±800kV交直流输电传输线路对油气传输管道电磁干扰影响方面开展了大量有益的研究工作，并且取得了一些重要的研究成果。

目前，在有关输电传输线路对相邻金属管道的交流电磁干扰影响方面，国内尚未形成有实力的研究团队和成熟的专有技术，并且实际应用还很少。近年来，伴随着金属传输管道与高压输电传输线路的平行、交叉情况的不断增加，相关设计及施工单位在利用数值模拟仿真技术对工程的设计、施工及维护等方面采取相关技术进行评估评价逐渐得到了重视。国内很多从事电力传输工程设计的研究机构及从事传输管道设计施工的部门已经逐渐开始研究使用这一类软件，并逐渐开始进行系统的学习和使用。但目前，在国内的众多金属管道工程的施工及管理工作中，尚无利用仿真数值模拟技术对高压输电传输线路及金属管道的交流电磁影响情况进行比较系统的试验评估的例子。

### 0.3.2 输电线路周围工频电场研究现状

对于交流架空输电线路下的工频电场，国内外一般采用模拟电荷法对数学模型进行计算，在仿真方面采用有限元法计算有其优势。当输电线路电压等级过高时，导线周围将出现电晕，但过去的研究者考虑到电晕对地面附近的电场影响较小，因此忽略电晕。同时，杆塔、避雷线、绝缘子、弧垂等对地面附近的电场影响也比较小，通常也将它们忽略，并假设输电导线为无限长直线。模拟电荷法求解无限长直线周围电场时，要将直线上连续的电荷离散成一组等效的模拟电荷，再把每个模拟电荷对电场的贡献叠加起来，直接用解析法求解方程组，因此它的精度较高。在设定边界条件方面，有限元法优于模拟电荷法。模拟电荷法和有限元法作为数值方法，具有普适性强、易于建立模型等特点，因此两者可以结合使用。

国内外对超高压输电线路产生的电磁场数值仿真已取得一定的成果，但很少对超高压输电线路附近有建筑物时建筑物内的电磁场分布进行研究，张贵喜等[1]已对输电线下有建筑物存在时的电场仿真进行了一些讨论，将超高压输电线看作无限长直导线，计算出了建筑物附近的二维电场，但电场是按三维空间分布的，且建筑物相对输电线路所处位置复杂多变，因此二维模型不能够恰当描述电场的实际分布情况；文武等[2]考虑了输电线弧垂等因素，对建筑物附近三维电场分布进行了计算，但在设置输电线上的模拟电荷时，采用了模拟点电荷离散的方法，而事实上输电线上的电荷应该呈连续分布。此外，建筑物的屏蔽方法很少有研究，特别是建筑物自身情况变化(如建筑材料、开窗位置、开窗大小等)对电磁屏蔽效果的影响。国内外研究人员未进行实测验证，只停留在仿真模拟阶段，极少数采用简化的模拟试验平台，但不能真实反映实际线路情况。因此，综合考虑线路档距、弧垂等因素且在有建筑物的情况下，采用线单元模拟电荷，对输电线在建筑物附近产生的三维电场进行仿真计算，通过实测验证修正和分析模型，不但具有重要的学术意义，而且有非常实用的工程应用价值。

### 0.3.3　山火模拟试验研究现状

国外最先开展山火引发输电线路跳闸的试验研究。美国电力研究协会(EPRI)[3]设计的山火模拟试验平台采用导线-大地模型，导线与大地之间的距离为 10.7m，各相导线之间的距离为 7.6m，模拟木垛长、宽、高分别为 4.9m、3m、3m，图 0-1 所示为试验布置图。试验中发生了相同次数的相地放电和相间放电。考虑木垛所占间隙高度后，线路间隙平均击穿场强可达 49.3kV/m，导线各相之间间隙的平均击穿场强可达 65.0kV/m；不考虑木垛所占间隙高度，导线-地面间隙的平均击穿场强可达 26.7kV/m。

加拿大水电站研究中心的 Lanioe 等[4]开展了在桉树火条件下，±450kV 直流输电线路间隙绝缘特性的研究，试验布置如图 0-2 所示。若不考虑桉树所占间隙高度，线路间隙平均击穿场强为 32.8kV/m；若考虑桉树所占间隙高度，线路间隙平均击穿场强为 58.4kV/m。

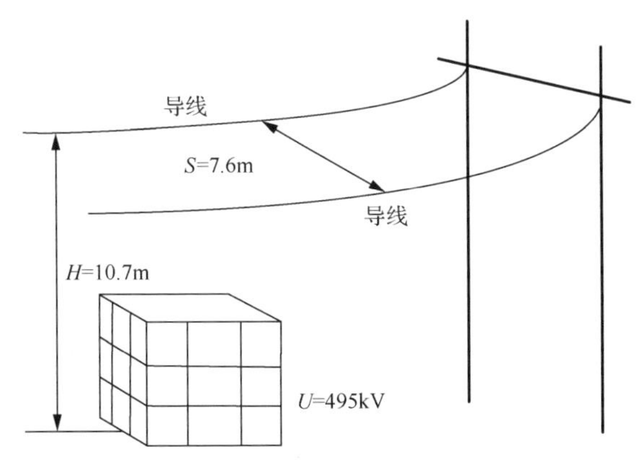


图 0-1　美国电力研究协会试验布置图

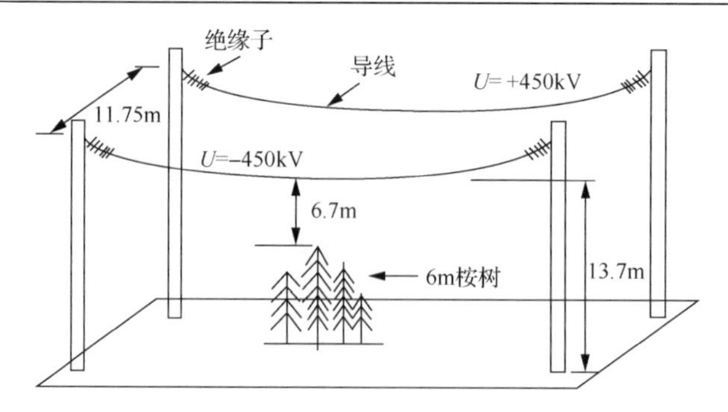


图 0-2　加拿大水电站研究中心试验布置

墨西哥的 Robledo-Martinez 等[5]针对不同燃烧物及燃烧条件下不同距离空气间隙的绝缘特性开展了试验研究，模拟山火试验平台采用 70kV 的三相交流线路，导线高度调整范围为 0.85～2.0m，试验布置如图 0-3 所示。

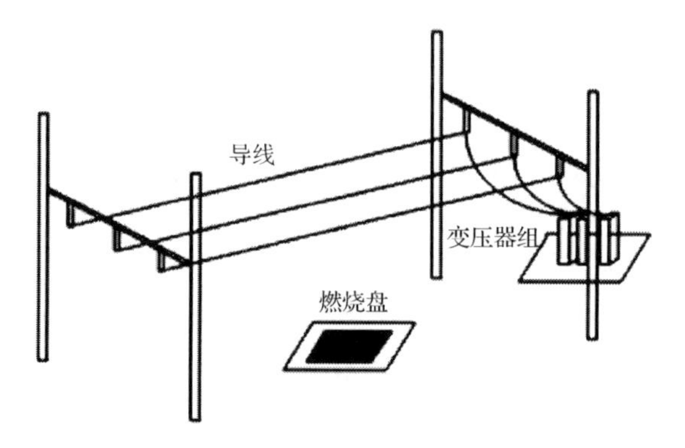


图 0-3　墨西哥试验布置

Wu 等[6]采用草原火灾和甘蔗等当地有代表性的植被火源，模拟输电线路山火试验，火焰桥接间隙条件下，甘蔗火源平均耐受电场强度为 35kV/m，试验布置如图 0-4 所示。

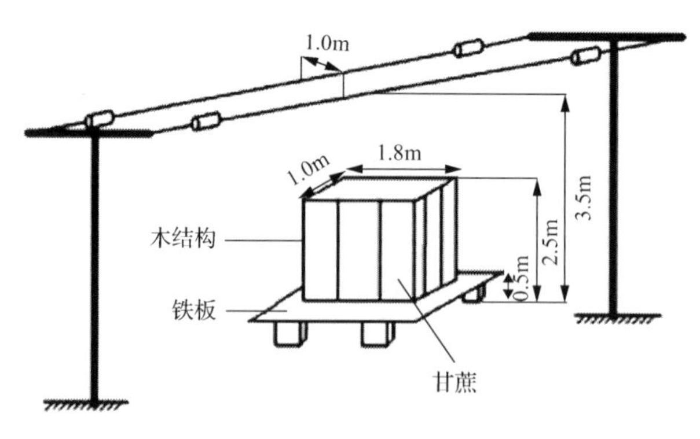


图 0-4　巴西试验布置

我国武汉大学研究人员[7]组建了火焰条件下间隙的击穿特性模拟试验平台，该试验平台综合考虑了更多试验参数，如高压电极形状(球形、细棒等)、植被种类，还能实时收集试验过程中从电极穿过火焰间隙到达地面板电极的泄漏电流波形，试验布置如图 0-5 所示。中国科技大学尤飞和陈海翔等[8]模拟了单股导线、双分裂导线和四分裂导线在木垛火作用下对地面的击穿特性试验。研究表明，依据木垛火温度分布情况，通过计算可以得到高温对击穿电场强度下降的影响程度。

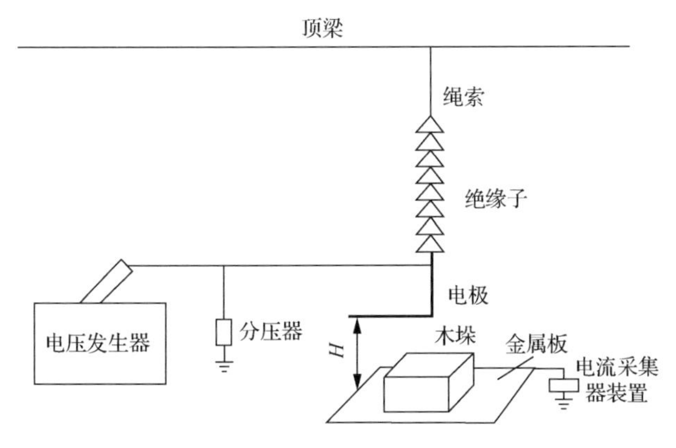


图 0-5　火焰条件下间隙击穿特性试验布置

# 第一篇　输电线路邻近建筑物运行特征

# 第1章 输电线路邻近建筑物工频电场分析

为了确定220kV单边挂线双回输电线路线下工频交变电场的分布情况，本章采用有限元分析软件Ansoft，对线路不同相序布置引起的电场强度变化进行研究，推荐线路的最优相序布置方式和对地安全距离。

## 1.1 我国输电线路线下电场限制的规定

生态环境部和电力行业的相关规定是目前输电线路电场强度的主要参考依据。《500kV超高压送变电工程电磁辐射环境影响评价技术规范》关于输电线路电场强度规定：推荐暂以4kV/m作为居民区工频电场评价标准。《110kV～750kV架空输电线路设计规范》（GB 50545—2010）规定：500kV送电线路跨越非长期住人的建筑物或邻近民房时房屋所在位置离地1m处最大未畸变电场的电场强度不得超过4kV/m。

由于现阶段的规范没有对同塔多回线路周围电场强度做出明确的要求，并且对于线路周围电场强度的要求在世界范围内也没有统一的标准，考虑到同塔多回线路一般多经过人口密集地区，从环境保护角度出发，同塔双回线路周围电场限值为：建议以4kV/m作为电场强度的限值标准和跨越邻近建筑物时的边界参考值。

## 1.2 输电线路电场仿真流程及边界选取原则

采用有限元分析软件 Ansoft Maxwell 2D 对输电线路电场分布进行分析。使用 Ansoft Maxwell 软件进行电磁分析的流程如图1-1所示，包含规划、建模、加载、分网、求解、后处理等，求解步骤如下。

(1) 生成项目。根据项目的不同，选用与之对应的求解器、坐标系。

(2) 生成物理模型。

(3) 指定材料属性。

(4) 建立边界条件和激励源。静电场求解器可选的边界条件有默认边界条件（自然边界条件、诺伊曼(Neumann)边界条件）、狄利克雷边界条件、气球边界条件、对称边界条件、匹配边界条件。①自然边界条件。在用户定义边界条件之后，系统自动地将物体间的交界面定义为自然边界条件，这意味着跨越物体之间界面电场强度的切向分量连续，电通量密度的法向分量之差是表面电荷密度，并且满足以下关系：

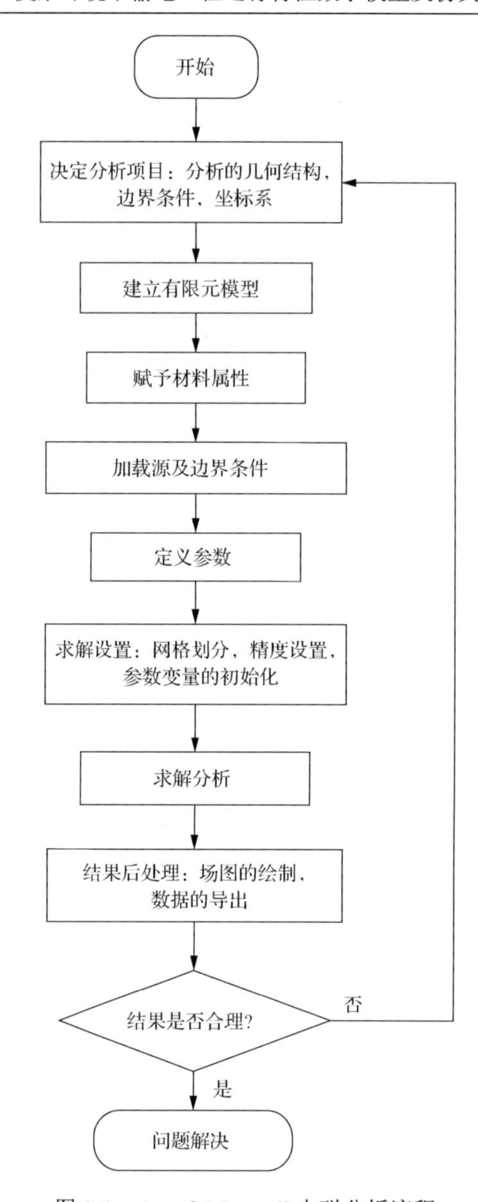


图 1-1　Ansoft Maxwell 电磁分析流程

$$E_{t1} = E_{t2} \tag{1-1}$$

$$D_{n1} = D_{n2} + \rho_{s} \tag{1-2}$$

式中，$E_t$ 为分界面处电场强度的切向分量；$D_n$ 为分界面处电通密度的法向分量；$\rho_s$ 为表面电荷密度。②诺伊曼边界条件。在用户定义边界条件之前，系统自动地将所有外边界定义为诺伊曼边界条件。电场强度 $E$ 的切向分量和电通密度 $D$ 的法向分量连续。在求解区外边界上，电场强度 $E$ 的法向分量为零，强制电场平行于边界表面。③狄利克雷边界条件。可以指定边界处标量电势为常数，也可以指定为随位置变化的数学函数。这种类型的边界通常用于指定导体或物体外边界的标量，也可用于设定两个物体之间界面处的电位，用于模拟处于两个物体之间非常薄的导体。在静电场条件下，导体中所有电荷已经处于稳定的静电平衡状态。在导体内部应用高斯定律，导体内通过任意闭合曲面的电场通量为零，说明导体内部的电荷处处为零，导体所有电荷只能分布在表面。静电场中的导体是等位体，导体表面为等位面。因为等位面与电力线垂直，所以电场垂直于导体表面。导体内部没有电场，导体是等势体，不管用户指定导体边界的电势为何值，求解器并不求解导体内部的电势(求解器并不计算导体内部电势，而是指定导体内部电势为零，实际上导体内部电势并不为零)。④气球边界条件。气球边界模拟无限大的求解区域，可以有效地隔绝模型外的电荷源或电压源。对于静电场求解器来说，气球边界条件有两种类型：Charge 和 Voltage。对于二维静电场的激励源，可以采用电压源和电荷源两类。

(5) 设定求解参数。

(6) 设定求解选项。

有限元法的优点之一就是剖分所用的单元形状灵活，对二维区域进行剖分时，常用的有三节点三角元、四节点矩形元。其中三节点三角元由于边界拟和得好、编程简单而在工程实际中广泛应用。对求解区域进行剖分时，通常要遵循三个规范：①几何规范，在几何变化复杂的地方，单元剖分相对较密，单元应该接近正规，尽量避免狭长的单元出现；②物理规范，在场量变化较大、较剧烈的地方，单元剖分的密度应高于其他地方；③技术规范，对需要着重分析的地方，要重点加密。

## 1.3　输电线路邻近建筑物周围电场分布建模仿真

### 1.3.1　建立输电线路仿真模型

不同的相序排列方式对线路周围的电场强度影响很大，为了使线路下方(距离地面 1.5m)电场强度尽可能小，研究合理的相序排列方式十分必要。

《110kV～750kV 架空输电线路设计规范》(GB 50545—2010)要求，220kV 输电线路底相导线对地最小高度应取 7.5m，此极限距离下求得的电场强度具有良好的普遍适用性，即使工程中需要提升铁塔高度，求得的安全距离仍然适用。

利用 Ansoft 电磁仿真软件根据图 1-2 建立单边挂线的输电线路物理模型。

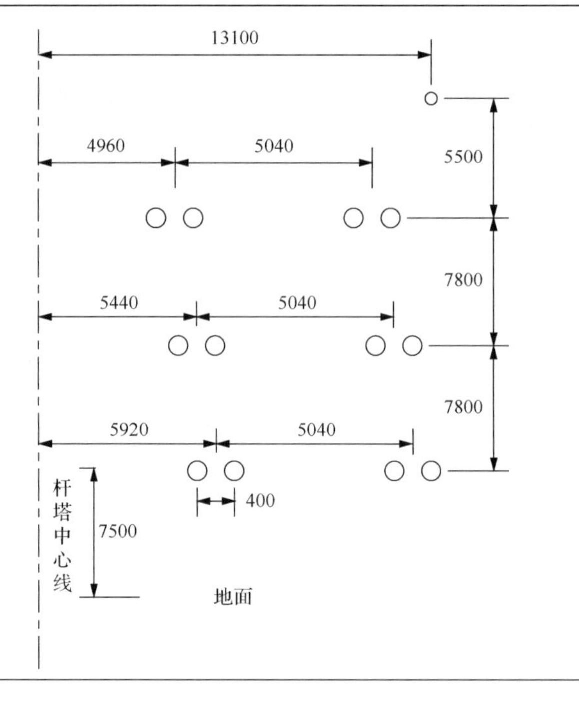


图 1-2　输电线路的物理模型(单位：mm)

根据线路已知情况，对模型赋予材料属性等参数。采用气球边界条件：Voltage。对三相导线分别赋予电压：

$$A=220000/\mathrm{sqrt}(3)\times\mathrm{sqrt}(2)\times\cos(100\times\pi\times1\times t)$$

$$B=220000/\mathrm{sqrt}(3)\times\mathrm{sqrt}(2)\times\cos(100\times\pi\times1\times t-2\times\pi/3)$$

$$C=220000/\mathrm{sqrt}(3)\times\mathrm{sqrt}(2)\times\cos(100\times\pi\times1\times t+2\times\pi/3)$$

A、B、C 三相分别为时间的函数，这样可以准确地求出某一瞬时输电线路下方电场强度的分布情况，对于求解线路下方电场强度最值很有帮助。这里采用全自动自适应网格对模型进行划分，设置求解单元的最大允许边长为 20m，划分好的有限元模型如图 1-3 所示，可以看出，划分的网格符合要求，在几何模型复杂、场量变化较大的区域，如导线、地线附近，单元剖分较密集。最后，设置自适应的步数和最后的误差精度，此处将最大收敛步数设成 10 步，收敛精度设置为 0.001%。

同塔双回架设的输电线路理论上有 6×6 种，但由于左右对称，有效的排列方式有 16 种，见表 1-1。

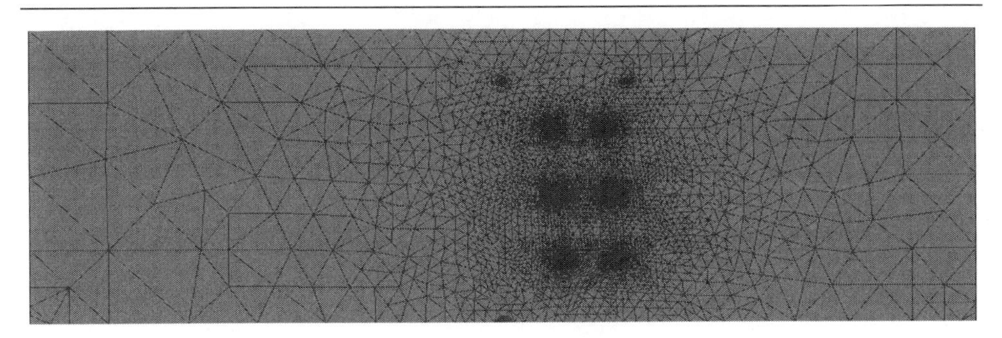

图 1-3　网格划分情况

**表 1-1　双回线路导线布置方式**

| 电压/kV | 模型 1 | 模型 2 | 模型 3 | 模型 4 | 模型 5 | 模型 6 | 模型 7 | 模型 8 |
|---|---|---|---|---|---|---|---|---|
| 220 | •AA•<br>•BB•<br>•CC• | •AA•<br>•BC•<br>•CB• | •AB•<br>•BA•<br>•CC• | •AB•<br>•BC•<br>•CA• | •AC•<br>•BA•<br>•CB• | •AC•<br>•BB•<br>•CA• | •AB•<br>•CA•<br>•BC• | •AB•<br>•CC•<br>•BA• |

| 电压/kV | 模型 9 | 模型 10 | 模型 11 | 模型 12 | 模型 13 | 模型 14 | 模型 15 | 模型 16 |
|---|---|---|---|---|---|---|---|---|
| 220 | •AC•<br>•CA•<br>•BB• | •AC•<br>•CB•<br>•BA• | •BB•<br>•AC•<br>•CA• | •BC•<br>•AA•<br>•CB• | •BC•<br>•AB•<br>•CA• | •BC•<br>•CA•<br>•AB• | •BC•<br>•CB•<br>•AA• | •CC•<br>•AB•<br>•BA• |

### 1.3.2　不同相序线下电场计算

通过对 16 种相序排列情况进行仿真分析，可得每种相序布置的线下电场强度分布，如图 1-4 所示。

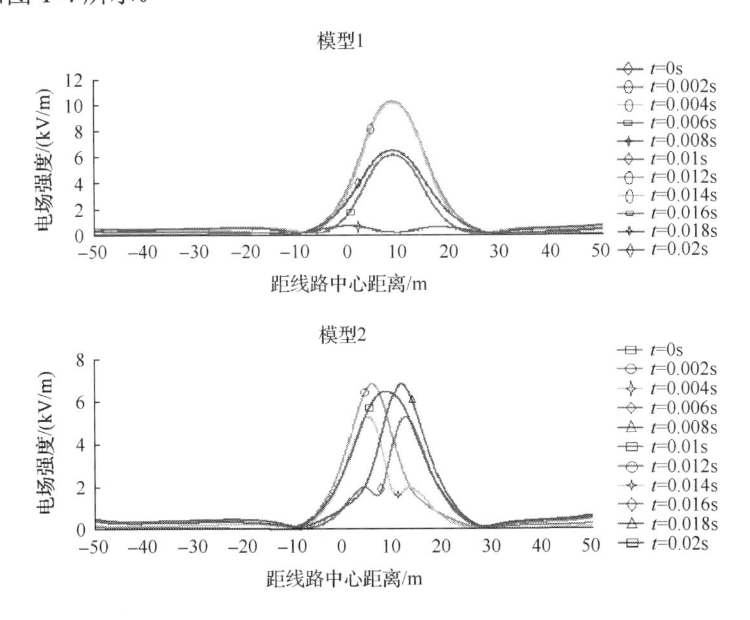

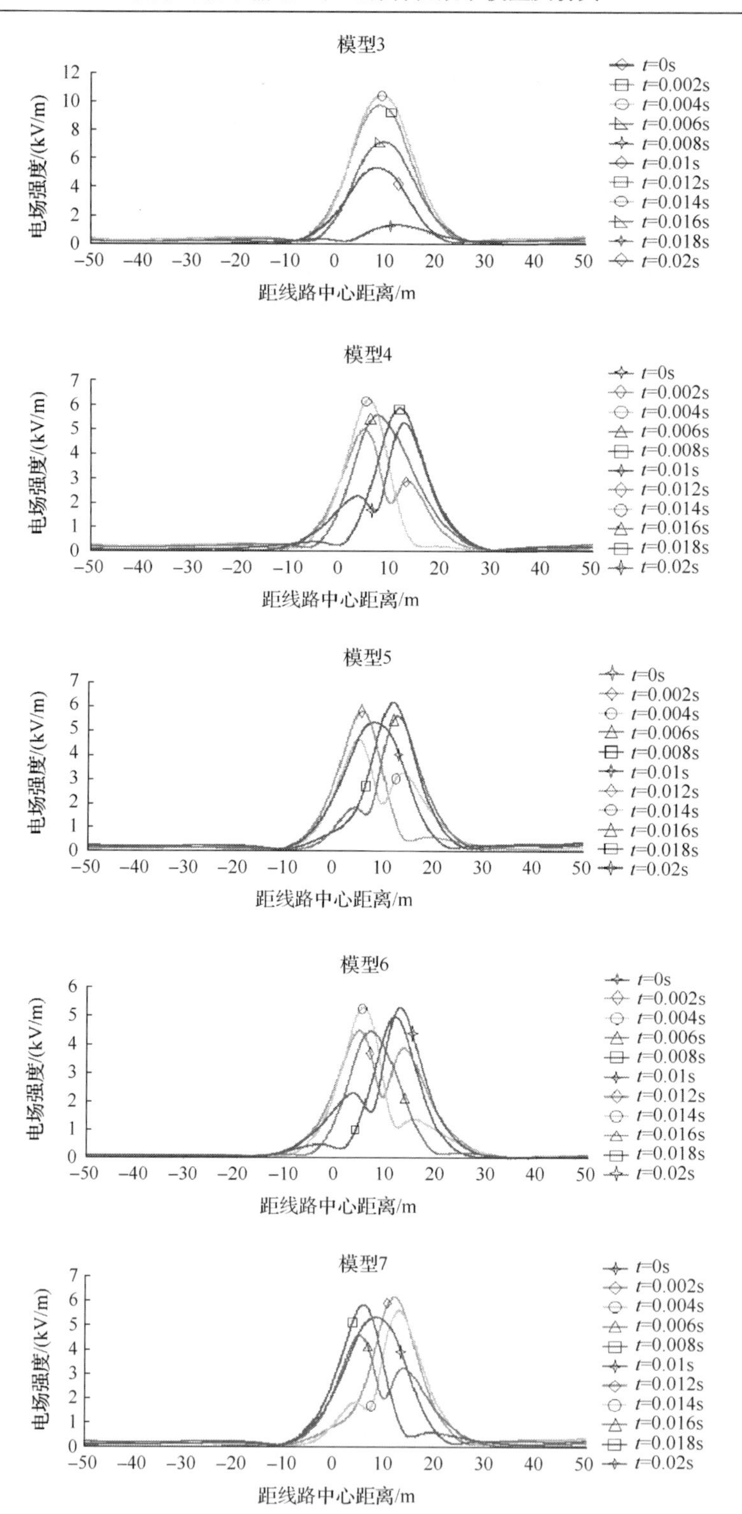
模型3
电场强度/(kV/m)
距线路中心距离/m
t=0s
t=0.002s
t=0.004s
t=0.006s
t=0.008s
t=0.01s
t=0.012s
t=0.014s
t=0.016s
t=0.018s
t=0.02s
模型4
电场强度/(kV/m)
距线路中心距离/m
模型5
电场强度/(kV/m)
距线路中心距离/m
模型6
电场强度/(kV/m)
距线路中心距离/m
模型7
电场强度/(kV/m)
距线路中心距离/m

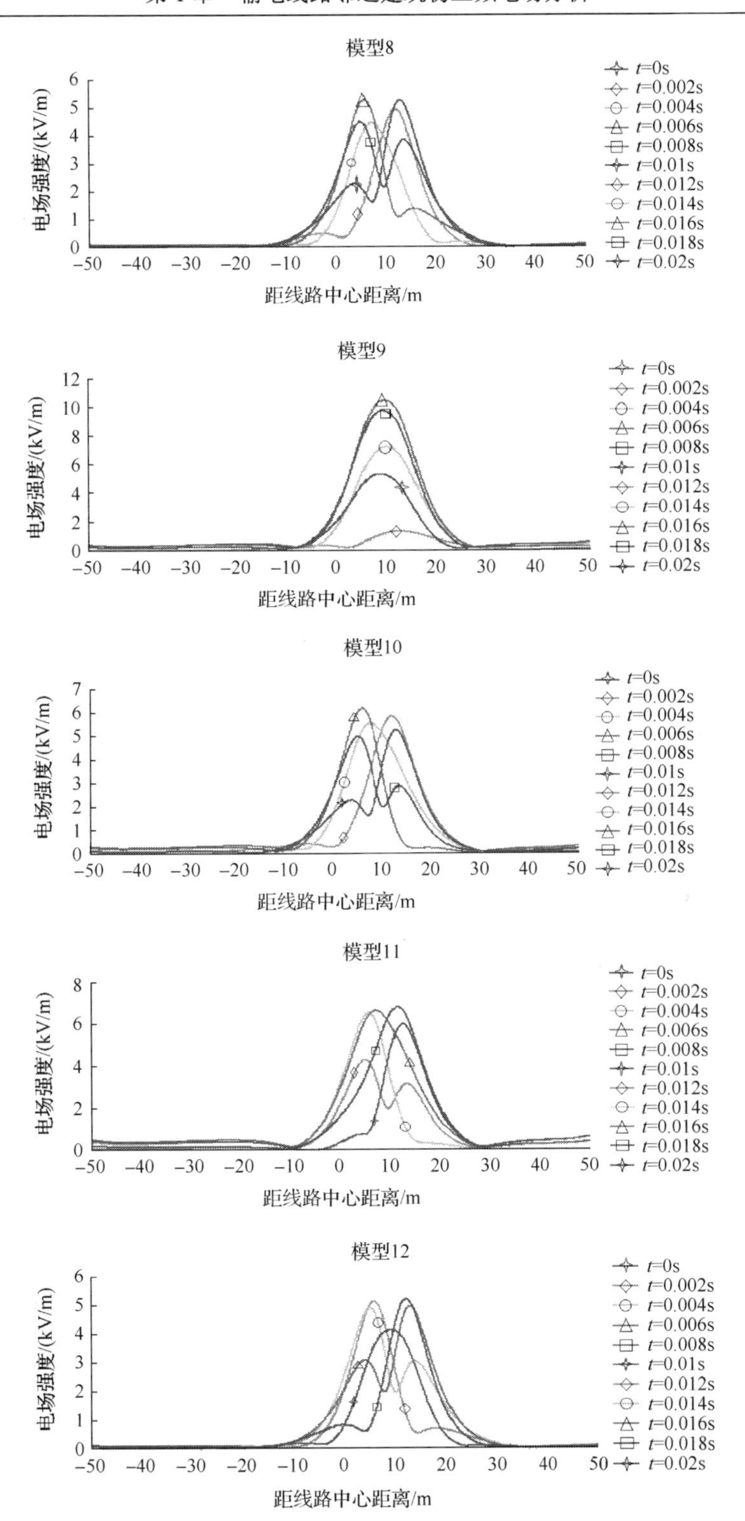
模型8
电场强度/(kV/m)
6
5
4
3
2
1
0
−50 −40 −30 −20 −10 0 10 20 30 40 50
距线路中心距离/m
t=0s
t=0.002s
t=0.004s
t=0.006s
t=0.008s
t=0.01s
t=0.012s
t=0.014s
t=0.016s
t=0.018s
t=0.02s
模型9
电场强度/(kV/m)
12
10
8
6
4
2
0
−50 −40 −30 −20 −10 0 10 20 30 40 50
距线路中心距离/m
t=0s
t=0.002s
t=0.004s
t=0.006s
t=0.008s
t=0.01s
t=0.012s
t=0.014s
t=0.016s
t=0.018s
t=0.02s
模型10
电场强度/(kV/m)
7
6
5
4
3
2
1
0
−50 −40 −30 −20 −10 0 10 20 30 40 50
距线路中心距离/m
t=0s
t=0.002s
t=0.004s
t=0.006s
t=0.008s
t=0.01s
t=0.012s
t=0.014s
t=0.016s
t=0.018s
t=0.02s
模型11
电场强度/(kV/m)
8
6
4
2
0
−50 −40 −30 −20 −10 0 10 20 30 40 50
距线路中心距离/m
t=0s
t=0.002s
t=0.004s
t=0.006s
t=0.008s
t=0.01s
t=0.012s
t=0.014s
t=0.016s
t=0.018s
t=0.02s
模型12
电场强度/(kV/m)
6
5
4
3
2
1
0
−50 −40 −30 −20 −10 0 10 20 30 40 50
距线路中心距离/m
t=0s
t=0.002s
t=0.004s
t=0.006s
t=0.008s
t=0.01s
t=0.012s
t=0.014s
t=0.016s
t=0.018s
t=0.02s

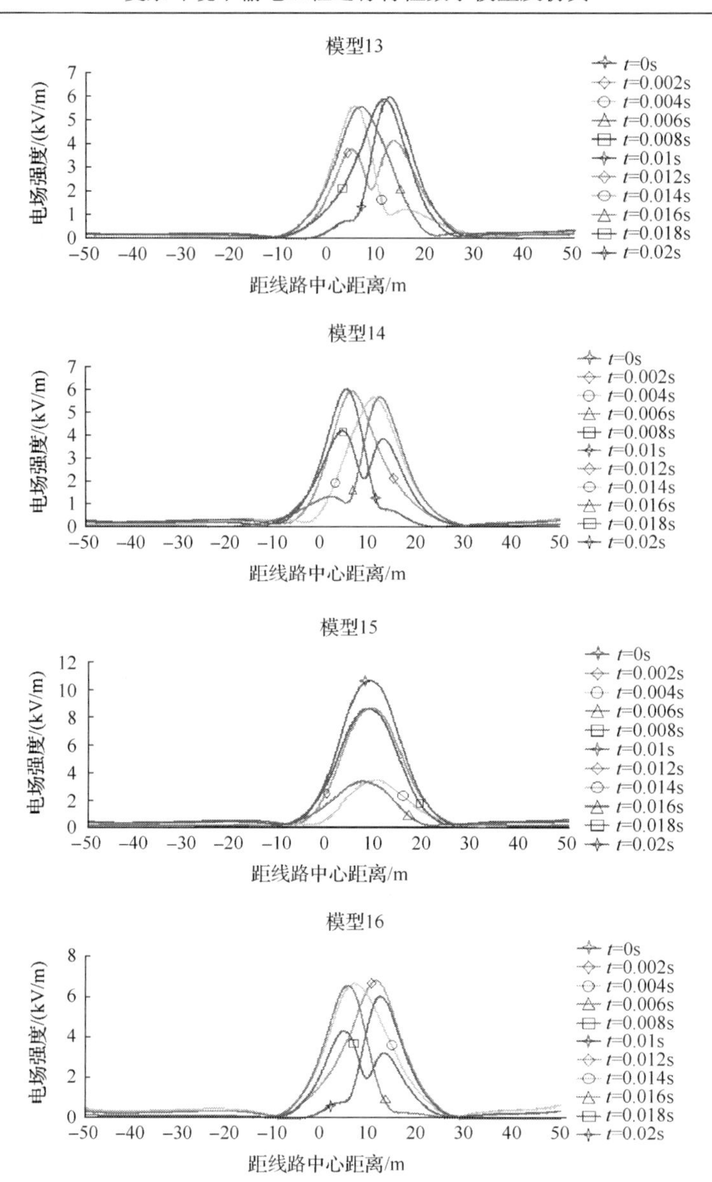


图 1-4 不同相序布置线下交变电场强度分布

### 1.3.3 最优相序推荐

仿真结果表明无论哪种相序排列方式，线路距离地面 7.5m 时，单边挂线的 220kV 同塔双回输电线路下方电场强度均大于 4.0kV/m 的限值，不能满足规程的要求。同时仿真结果表明，随着与线路中心位置距离的增大，线路下方电场强度呈现先增大，然后迅速减小的变化规律，在线路边相地面投影附近上方达到最大值，220kV 同塔双回输电线路以不同导线相序布置时，线下电场分布差异较大，不同相序布置的模型中电场强度仿真值最大相差 50.85%，表明导线的相序布置方式对线下工频电场分布及强度有重要的影响[9]。其中，模型 15 导线布置方式线路下方电场强度的峰值最大，接近 10.64kV/m，模型 12 线下电场强度明显小于其他模型电场强度分布，其电场强度最大值仅为 5.23kV/m。在所有模型中，模型 12 导线布置采用逆相序排列方式，线路下方电场强度明显小于其他模型导线采用非逆相序排列的情况。因此，16 种不同导线布置方式模型中，模型 12 的导线布置方式最为合理。当线路采用模型 12 方式布置时，线下电场的分布较为理想，电场强度明显降低。但是，16 种相序布置中，所有模型仿真结果最大值均超过 4kV/m 的限值，都不符合国家标准的要求，需要提高线路对地距离来降低地面电场强度的大小，项目成本也会随之上升。

### 1.3.4　对地安全距离推算

为了使地面电场强度达到国家标准的要求，下面进一步研究模型 12。不同时刻线路下方电场强度最大值见表 1-2。由仿真结果图 1-4 可知，导线最低点对地距离为 7.5m 时，在 0～0.02s 的一个周期里，线路下方电场强度变化很大，最大值出现在 $t$ 为 0.008s、0.018s 时刻，位于双回线路右侧边相导线正下方，大小为 5.23kV/m；最小值为 4.17kV/m，位于双回线路中心位置正下方，出现在 $t$ 为 0s、0.01s、0.02s 时刻，最大电场强度与最小电场强度相差 1.06kV/m。交流输电线路下方地面电场强度是随时间不断周期性变化的，一个周期内，0s、0.01s、0.02s 这三个时刻线路下方电场强度及其变化趋势基本一致，0.002s 与 0.012s、0.004s 与 0.014s、0.006s 与 0.016s、0.008s 与 0.018s 线路下方电场分布情况也大致相同，由此可知，前半个周期与后半个周期线路下方的电场强度与变化趋势一致。后面的研究将只针对前半个周期进行。

**表 1-2　距离地面 7.5m 不同时刻对应的最大电场强度 $E_{max}$**

| 时间/s | 0 | 0.002 | 0.004 | 0.006 | 0.008 | 0.01 | 0.012 | 0.014 | 0.016 | 0.018 | 0.02 |
|---|---|---|---|---|---|---|---|---|---|---|---|
| $E_{max}$ /(kV/m) | 4.17 | 5.16 | 4.92 | 4.98 | 5.23 | 4.17 | 5.16 | 4.92 | 4.98 | 5.23 | 4.17 |

为了使线路下方地面电场强度的大小符合国家标准的要求，也就是让线路下方地面电场强度的最大值小于国家标准规定的限值 4kV/m，现以模型 12 为基础，将线路向上逐级抬高，每次升高 0.5m，观察线路下方电场强度的变化情况，仿真结果如图 1-5、图 1-6、表 1-3 所示。

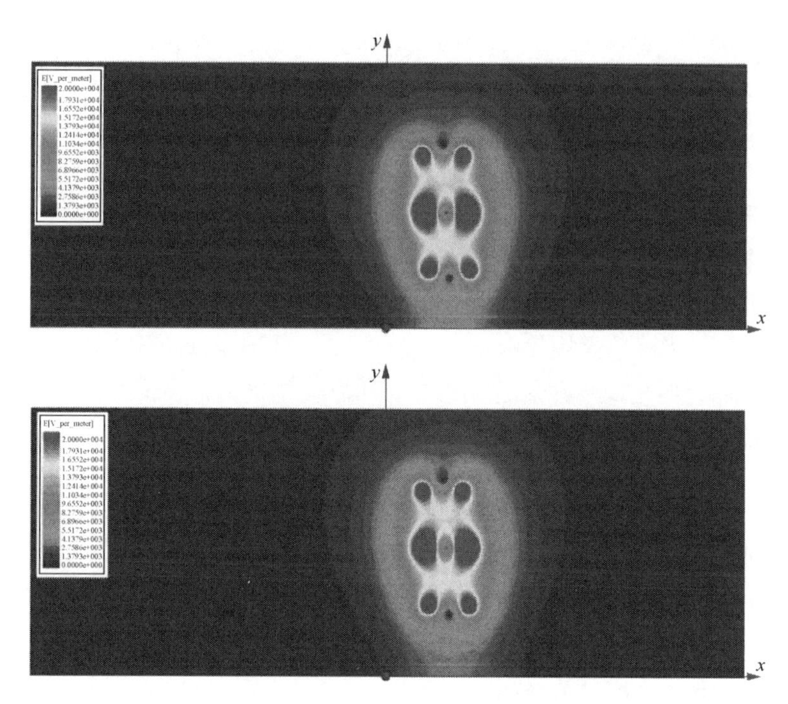


图 1-5　高度为 7.5m、9m 时线路周围电场分布云图

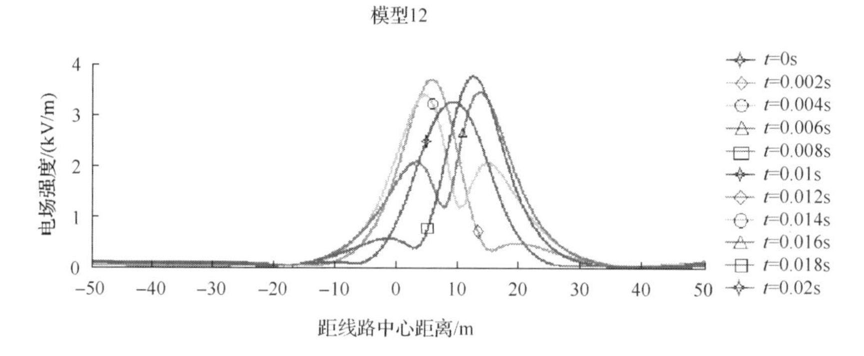


图 1-6　距离地面 9m 时线路下方电场分布

**表 1-3　距离地面 9m 不同时刻对应的最大电场强度 $E_{max}$**

| 时间/s | 0 | 0.002 | 0.004 | 0.006 | 0.008 | 0.01 | 0.012 | 0.014 | 0.016 | 0.018 | 0.02 |
|---|---|---|---|---|---|---|---|---|---|---|---|
| $E_{max}$ /(kV/m) | 3.24 | 3.68 | 3.39 | 3.44 | 3.76 | 3.24 | 3.68 | 3.39 | 3.44 | 3.76 | 3.24 |

由图 1-7 可见，电场强度随导线离地高度的增加而减小。利用这一关系，通过抬高导线对地高度确实可以减小地面电场强度。

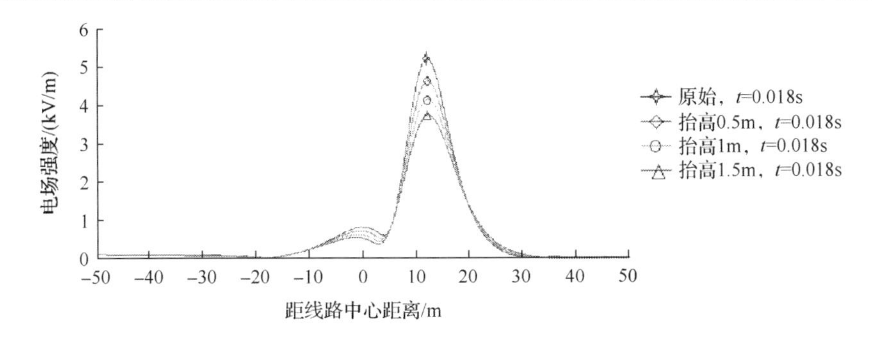


图 1-7　不同高度线路下方电场强度最大值出现时电场分布

由表 1-4 可以看出，当导线对地距离由 7.5m 抬高到 8.0m 时，$E_{max}$ 降低了 575.25V/m，而继续依次向上抬高 0.5m，最大电场强度依次减小 488.26V/m、411.79V/m，可得，随着导线对地距离的增加，场强减小程度逐渐降低。因此，当导线与地面距离增加到一定程度后，再依靠抬高导线来减小地面附近的电场强度效果将不再明显，并且经济投入会比较大。

**表 1-4　不同高度对应的仿真情况 $E_{max}$**

| 线路最低点对地高度/m | 7.5 | 8.0 | 8.5 | 9.0 |
|---|---|---|---|---|
| 最大场强/(V/m) | 5231.91 | 4656.66 | 4168.40 | 3756.61 |

工程中该处线路选用的 2/2A-SJ3 塔与 2E5-SZ3 塔，呼称高均为 33m，该段线路最大弧垂为 8.45m，出现在档距中央，线路距地面的最小距离远大于 9m。因此，设计满足线路对地面安全距离的要求。

## 1.4　本 章 小 结

本章介绍了我国对输电线路周围电场强度的要求，对有限元法分析电场的理论进行了简单介绍，并叙述了 Ansoft Maxwell 软件的仿真流程，建立了 220kV 高压输电线路的二维电场计算模型，并在此基础上对不同相序布置方式线下交变电场进行了仿真计算，通过对仿真结果的分析，可得如下结论。

(1) 对于不同相序布置方式单边挂线的双回 220kV 输电线路，在规范要求的对地距离为 7.5m 时，线下交变电场强度均不满足小于 4kV/m 限值的要求，其中模型 12 的相序布置方式线下交变电场强度最小。

(2) 通过提升线路高度，可以有效地减小线下地面电场强度，当模型 12 底相导线的对地距离达到 9m 时，线下交变电场强度满足要求。

(3) 当导线与地面距离增加到一定程度后，再依靠抬高导线来减小地面附近的电场强度效果将不再明显，并且经济投入会比较大。

# 第2章　输电线路邻近建筑物安全距离比选

为解决工程中建筑物出现在线路走廊致使线路与建筑物间的距离较小的问题，本章应用 Ansoft 软件对线路与建筑物间不同距离电场分布情况进行分析研究。并进一步从单相接地、单相开路、单回停电等线路故障方面，对线路邻近建筑物周围电场分布情况进行分析研究，确定建筑物与线路间的安全距离。

## 2.1　输电线路与建筑物安全距离要求

为了解决工程线路与邻近建筑物之间安全距离的问题。本节以模型 12 为基础，进一步对工程线路邻近建筑物时，建筑物附近电场强度畸变情况进行研究分析，进而确定建筑物与高压线路间的合理距离。我国规范对各电压等级线路与建筑物之间的距离都做了要求，但是对于多回路等特殊线路布置情况的安全距离，以及建筑物表面电场强度限值没有给出明确的要求。

在无风情况下，边相导线与建筑物之间的水平距离应符合表 2-1 规定的数值。

**表 2-1　边相导线与建筑物之间的水平距离**

| 标称电压/kV | 110 | 220 | 330 | 500 | 750 |
|---|---|---|---|---|---|
| 距离/m | 2.0 | 2.5 | 3.0 | 5.0 | 6.0 |

我国规范要求，在最大计算风偏情况下，边相导线与建筑物之间的最小净空距离应符合表 2-2 规定的数值。

**表 2-2　最大计算风偏情况下，边相导线与建筑物之间的最小净空距离**

| 标称电压/kV | 110 | 220 | 330 | 500 | 750 |
|---|---|---|---|---|---|
| 距离/m | 4.0 | 5.0 | 6.0 | 8.5 | 11.0 |

## 2.2　构建建筑物数学模型

交流输电线路附近的建筑物材料以砖瓦、水泥、钢筋为主，也有建筑物采用石材、木头、土坯等材料。除钢筋以外，多数建筑物材料不是电的良导体，会在外电场的作用下发生极化。在计算交流输电线路附近建筑物周围电场时，需要考虑建筑物材料电导率和电容率对电场分布的影响。

假设一个均匀的工频电场 $E$ 中放置了一个电导率为 $\gamma$ 、相对电容率为 $\varepsilon_r$ 的薄片材料。如图 2-1(a)所示，在外电场的作用下，薄片材料中的自由电荷将在电场作用下移动到表面，形成表面自由电荷密度 $\sigma$ 。此外，由于薄片材料在电场中被极化，材料中的束缚电荷局部移动导致在表面上出现极化电荷密度 $\sigma'$ 。

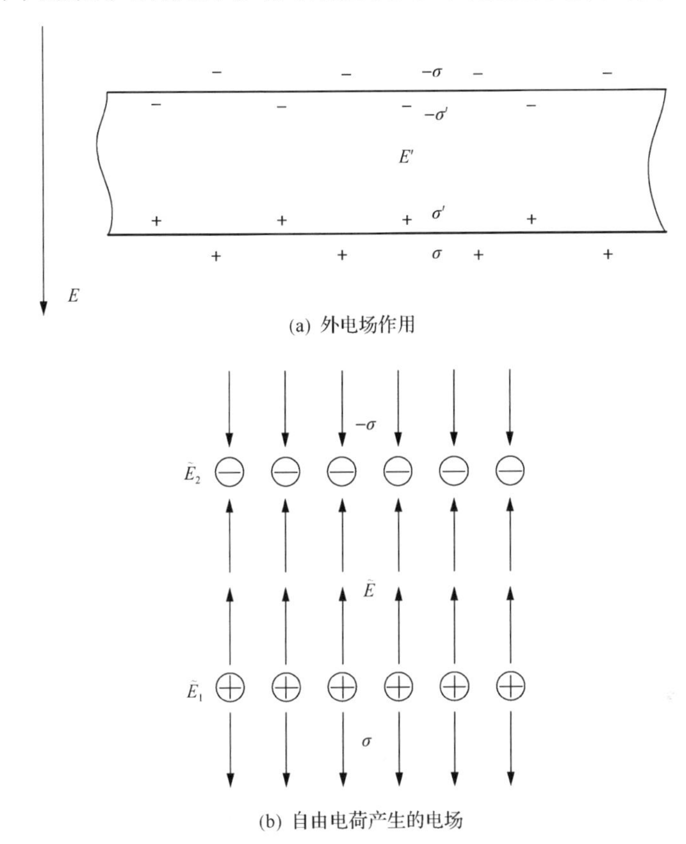


图 2-1　放在外电场中的薄片材料

设 $E'$ 是使薄片材料内部产生极化的外电场，它由两部分电场叠加构成，一是原始电场 $E$ ，二是材料表面自由电荷面密度 $\sigma$ 产生的电场 $\tilde{E}$ 。在计算自由电荷面密度 $\sigma$ 产生的电场 $\tilde{E}$ 时，假设真空中无其他电场和材料，存在自由电荷面密度 $\sigma$ 和 $-\sigma$ ，如图 2-1(b)所示。

只有 $\sigma$ 存在时，做如图 2-1(a)所示的闭合曲面，应用高斯定律的积分形式：

$$\int_S \varepsilon_0 E \mathrm{d}S = Q \tag{2-1}$$

式中， $\varepsilon_0$ 为真空介电常数； $S$ 为积分曲面； $Q$ 为电荷量。

可得自由电荷面密度 $\sigma$ 产生的电场幅值为

$$\tilde{E}_1 = \frac{\sigma}{2\varepsilon_0} \tag{2-2}$$

自由电荷面密度 $-\sigma$ 产生的电场幅值与 $\sigma$ 产生的电场幅值相同，二者方向在材料内部相同，可得

$$\tilde{E} = \frac{\sigma}{\varepsilon_0} \tag{2-3}$$

在材料内部，$\tilde{E}$ 方向与 $E$ 相反，因此 $E'$ 的幅值为

$$E' = E - \frac{\sigma}{\varepsilon_0} \tag{2-4}$$

在 $E'$ 的作用下，薄片材料产生极化，使材料内部的电场强度降低，降低的程度取决于材料的相对电容率，材料内部的实际电场强度幅值为

$$E_{\mathrm{i}} = \frac{E'}{\varepsilon_{\mathrm{r}}} = \frac{1}{\varepsilon_{\mathrm{r}}}\left(E - \frac{\sigma}{\varepsilon_0}\right) \tag{2-5}$$

式中，$\varepsilon_{\mathrm{r}}$ 为材料的介电常数。

根据欧姆定律的微分形式，材料内的传导电流密度可记为

$$J = \gamma E_{\mathrm{i}} \tag{2-6}$$

式中，$\gamma$ 为电导率。

另外，在交变电场中，传导电流密度与自由电荷面密度的关系可表示为

$$J = \mathrm{j}\omega\sigma \tag{2-7}$$

式中，$\omega$ 为角频率。

由式(2-6)和式(2-7)可得

$$\sigma = \frac{\gamma E_{\mathrm{i}}}{\mathrm{j}\omega} \tag{2-8}$$

联立式(2-5)和式(2-8)，可得

$$\sigma = \frac{\varepsilon_0 E}{1 + \mathrm{j}\omega\varepsilon_0\varepsilon_{\mathrm{r}} / \gamma} \tag{2-9}$$

$$E_{\mathrm{i}} = \frac{1}{1 + \gamma / (\mathrm{j}\omega\varepsilon_0\varepsilon_{\mathrm{r}})} \cdot \frac{E}{\varepsilon_{\mathrm{r}}} \tag{2-10}$$

根据材料电导率和相对电容率的数值，材料内部电场存在两个极端情况。

(1) 当 $\dfrac{\gamma}{\omega\varepsilon_0\varepsilon_{\mathrm{r}}} \ll 1$ 时，$E_{\mathrm{i}} = \dfrac{E}{\varepsilon_{\mathrm{r}}}$，材料相当于绝缘的电介质。在计算材料表面附近的电场时，材料相对电容率的大小会对结果有显著影响。

(2) 当 $\dfrac{\gamma}{\omega\varepsilon_0\varepsilon_{\mathrm{r}}} \gg 1$ 时，$E_{\mathrm{i}} = \dfrac{\mathrm{j}\omega\varepsilon_0 E}{\gamma}$，$\sigma = \varepsilon_0 E$，进而可得到 $E_{\mathrm{i}} = \dfrac{\mathrm{j}\omega\sigma}{\gamma} = \dfrac{J}{\gamma}$，材料相当于电导率为 $\gamma$ 的导体。

输电线路电压频率为 50Hz，建筑物一般由水泥、砂石、砖块和钢筋组成。这几种材料的电导率均大于 $10^{-5}$S/m，相对电容率均小于 80。水泥、钢铁的电导率和相对电容率见表 2-3。

**表 2-3　材料的电导率和相对电容率**

| 材料 | 电导率/(S/m) | 相对电容率 |
|---|---|---|
| 水泥 | $1\times10^{-2}$～$1\times10^{-1}$ | 2～10 |
| 钢筋 | $1\times10^{7}$ | 1 |

即使建筑物材料电导率低至 $10^{-5}$S/m、相对电容率达到 100，仍然存在 $\gamma/(\omega\varepsilon_0\varepsilon_{\mathrm{r}}) \approx 36 \gg 1$，此时 $E_i = \mathrm{j}\omega\varepsilon_0 E/\gamma \approx 2.8\times10^{-4}\,\mathrm{j}E \approx 0$，可近似认为建筑物为理想导体。在这样的结论下，计算交流输电线路附近建筑物周围的工频电场时，可采用静电场的方法建立模型，建筑物的电位为零。

## 2.3　左右对称挂线双回线路邻近建筑物电场分析

### 2.3.1　仿真模型及网格划分

根据工程的实际情况，邻近线路的三层建筑物为砖混结构，其中房屋墙面厚度为 0.24m，宽为 10m，一楼高 4m，二、三楼高 3m，每层楼板厚 0.12m。

对建筑结构采用简化模拟，忽略地基等的影响，将房屋外形等效为最简单的框架结构，如图 2-2 所示。高压输电线路邻近建筑物时，由于建筑物具有屏蔽作用，建筑物室内场强会大大降低，因此，不再把建筑物室内作为研究对象。而建筑物邻近线路的阳台附近由于形状变化较快，曲率半径很小，电场畸变情况较为明显，有可能超出规定限值，并且，阳台附近是人类活动频繁的区域，对阳台附近的电场分布进行考察研究是十分必要的。考虑人体在阳台处的活动范围，选取距离建筑物 0.5m 处作为观测面是较为合理的，观测面高度为 12m，略高于屋顶。模型网格划分如图 2-3 所示。

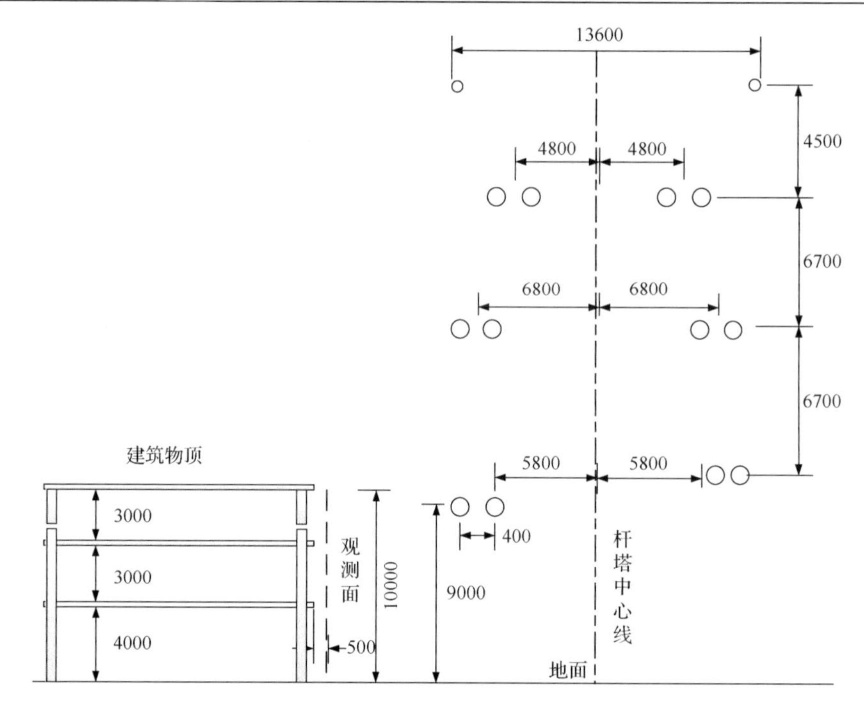


图 2-2　双回输电线路对称分布邻近建筑物模型(单位：mm)

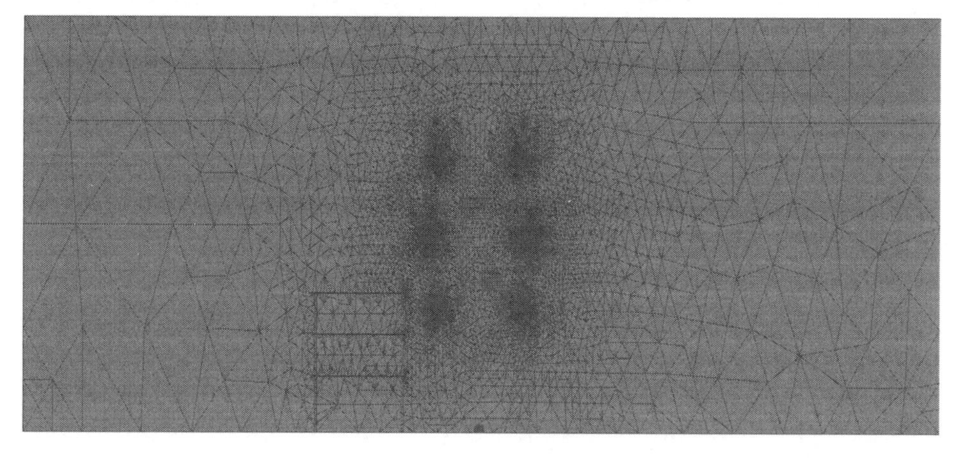

图 2-3　模型网格划分

### 2.3.2　输电线路邻近建筑物电场分析

各时刻仿真结果见图 2-4。由图 2-4 可知，建筑物距离本工程线路水平距离为 2.5m 时，观测面上的最大场强值为 17.73kV/m，发生在 $t = 0.04$s 时刻，位于距离左侧底边相导线最近的位置，距地面高度 8.76m 处，远大于标准要求的 4kV/m 限值。$t = 0$s、$t = 0.002$s、$t = 0.004$s、$t = 0.01$s 时刻，观测面高度为 7～9m，由于邻近线路底边相导线，电场强度出现一次峰值。$t$ 为 0s、0.002s、0.004s、0.006s、0.01s 时刻，观测面高度为 7m，在建筑物二楼屋顶处，由于此处房屋结构复杂，电场强度发生突变。$t$ 为 0.004s、0.006s、0.008s 时刻，观测面高度为 10m，在建筑物三楼屋顶处，电场强度也发生了突变。各时刻电场强度最大值见表 2-4。

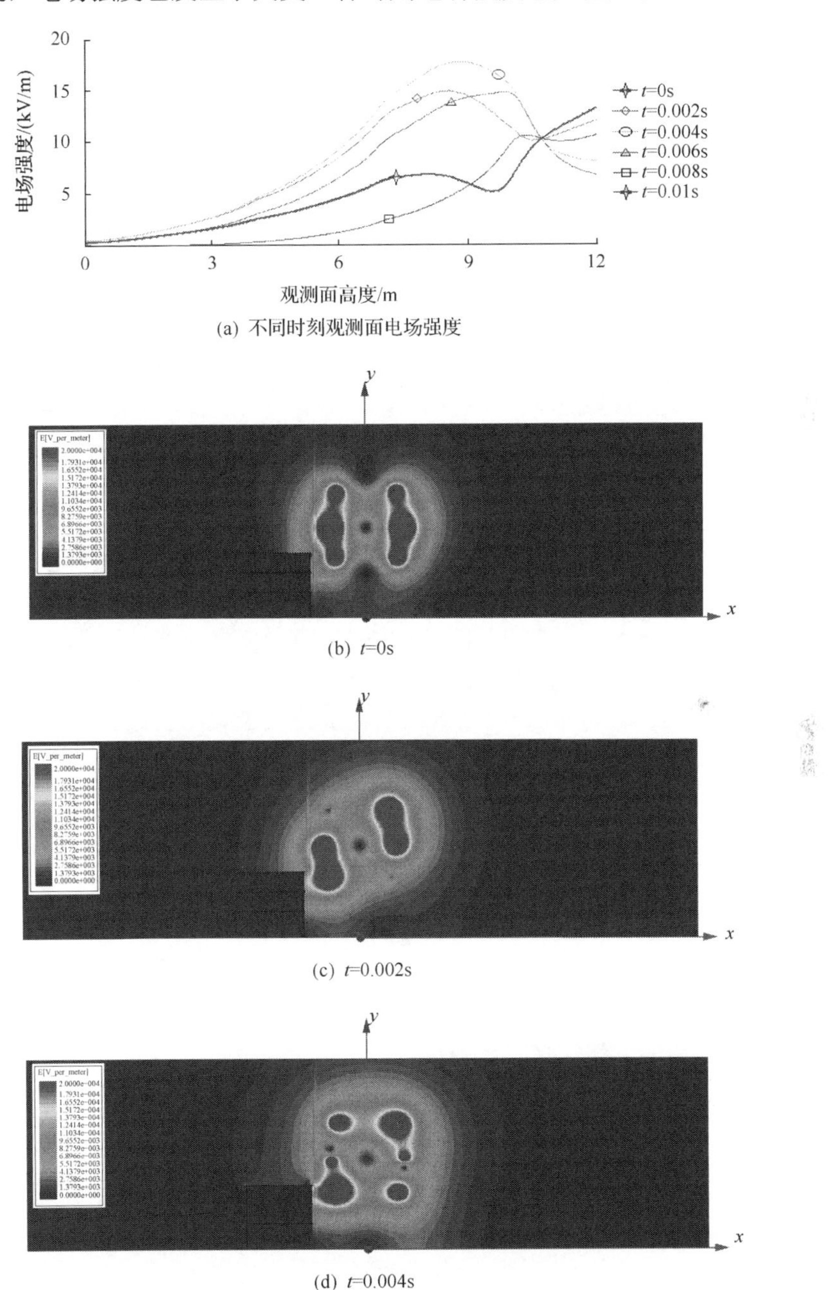


(a) 不同时刻观测面电场强度

(b) $t$=0s

(c) $t$=0.002s

(d) $t$=0.004s

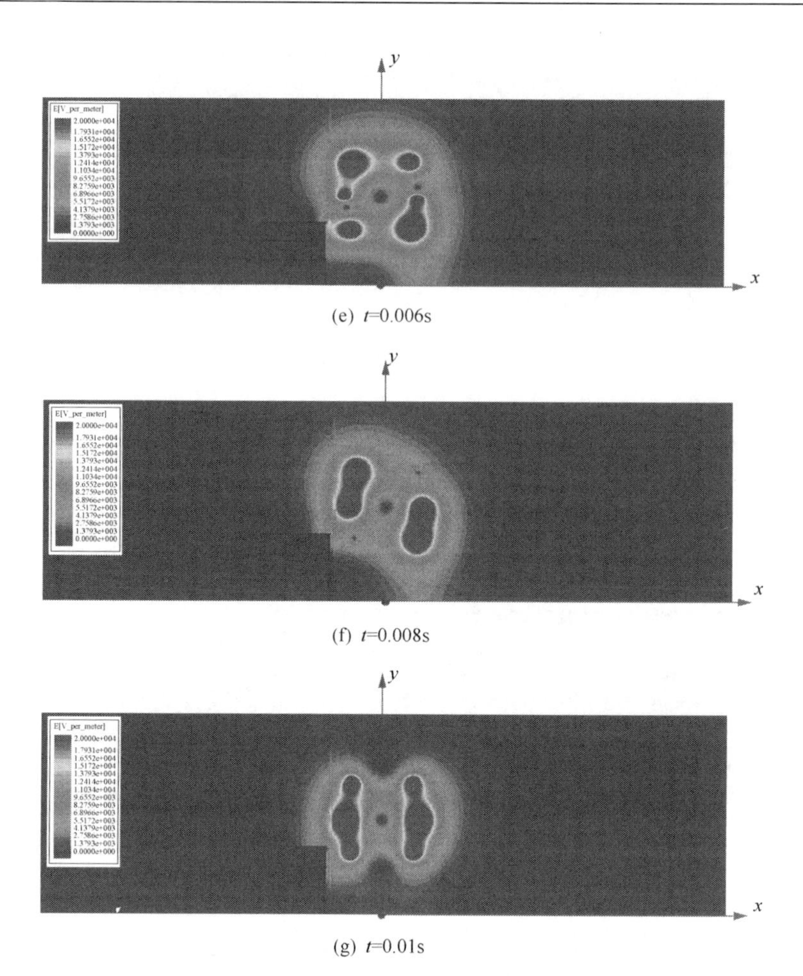


(e) $t$=0.006s

(f) $t$=0.008s

(g) $t$=0.01s

图 2-4　不同时刻线路邻近建筑物周围电场分布(2.5m)

**表 2-4　建筑物距离边相导线 2.5m 时不同时刻最大电场强度**

| 时间/s | 0 | 0.002 | 0.004 | 0.006 | 0.008 | 0.01 |
|---|---|---|---|---|---|---|
| 电场强度/(kV/m) | 13.16 | 14.88 | 17.73 | 14.77 | 10.58 | 13.16 |

### 2.3.3　输电线路邻近建筑物安全距离推算

为了求取安全的水平距离，设计合理的线路走廊宽度，需要将建筑物模型依次按 1m 的距离向外移动，并依次观察观测面上的电场分布情况。仿真结果如图 2-5 所示。

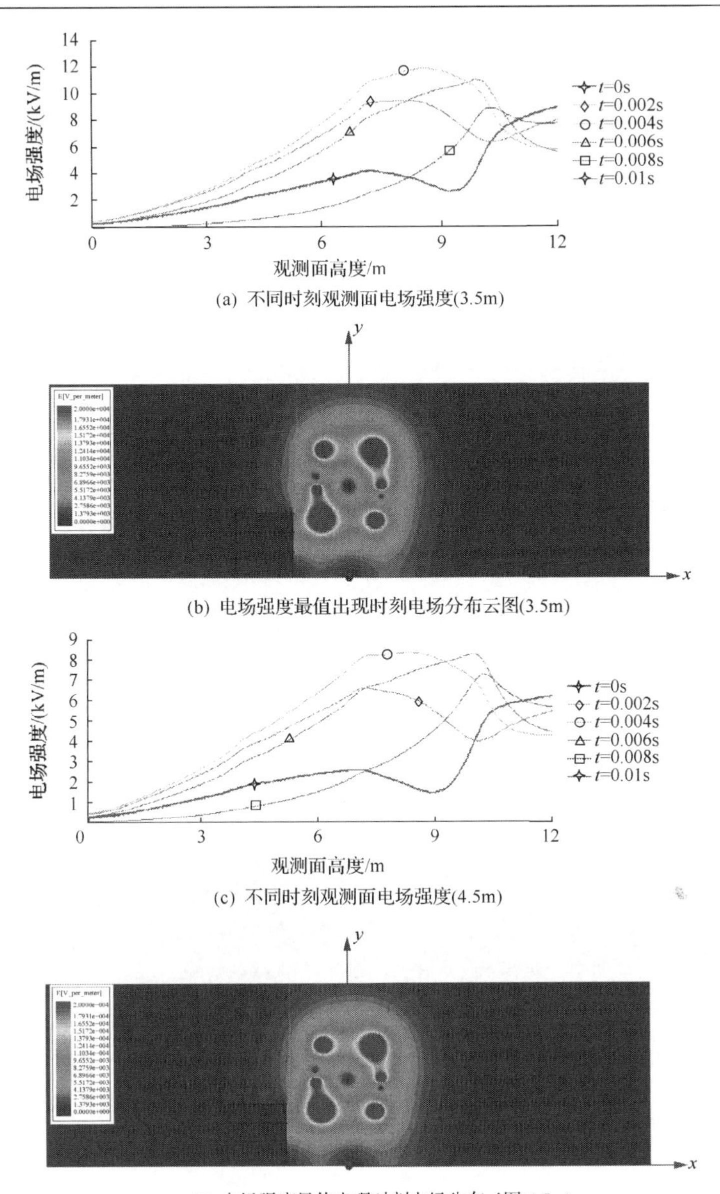


(a) 不同时刻观测面电场强度(3.5m)

(b) 电场强度最值出现时刻电场分布云图(3.5m)

(c) 不同时刻观测面电场强度(4.5m)

(d) 电场强度最值出现时刻电场分布云图(4.5m)

图 2-5　距建筑物 3.5m、4.5m 处线路周围电场分布

建筑物距离线路边相导线 3.5m、4.5m 时(表 2-5)，最大电场强度均出现在 $t=0.004$s 时刻，位于观测面左侧底边相导线附近，观测面电场强度受线路底边相导线的影响最大。随着距离的不断增大，当距离达到 5.5m 后(表 2-6)，观测面上的最大场强将出现在 $t=0.006$s 时刻，建筑物对电场的畸变成为影响观测面电场强度的首要因素[10]。

**表 2-5　建筑物距离边相导线 3.5m、4.5m 处不同时刻最大电场强度**

| 距离/m | 不同时刻的最大电场强度/(kV/m) | | | | | |
|---|---|---|---|---|---|---|
| | 0 | 0.002s | 0.004s | 0.006s | 0.008s | 0.01s |
| 3.5 | 8.92 | 9.45 | 11.80 | 10.95 | 8.88 | 8.92 |
| 4.5 | 6.16 | 6.62 | 8.31 | 8.26 | 7.26 | 6.16 |

当建筑物与边相导线距离超过 5.5m 后，观测面上的最大电场强度均出现在 $t=0.006$s 时刻，电场强度主要受建筑物对电场的畸变影响。相距 6.5m 时，观测面上的最大场强出现在距离地面高度 9.96m 处。仿真结果及各位置不同时刻最大强场强度如图 2-6、图 2-7、表 2-6 所示。

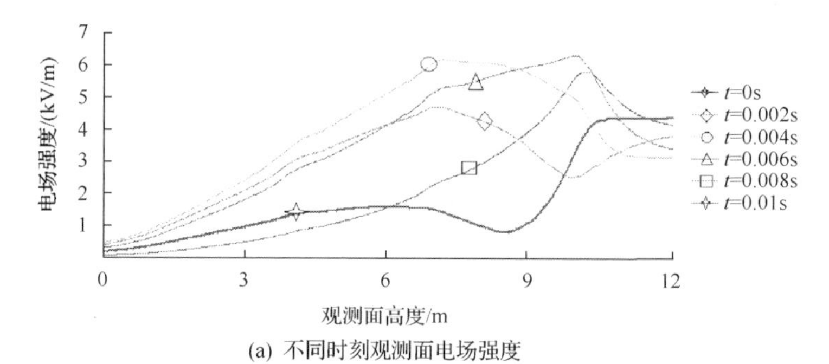


(a) 不同时刻观测面电场强度

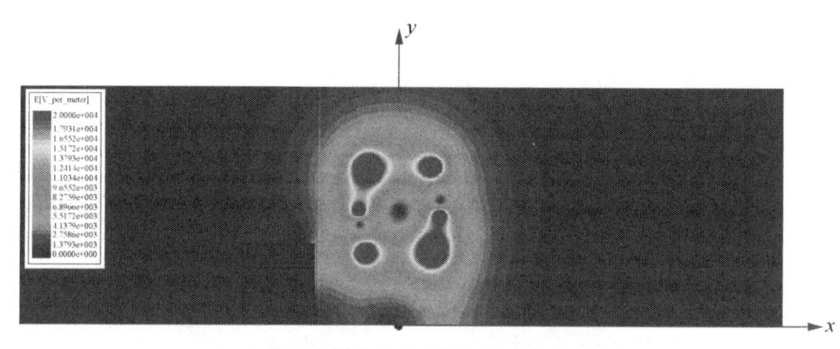


(b) 电场强度最值出现时刻电场分布云图

图 2-6　距建筑物 5.5m 处线路周围电场分布

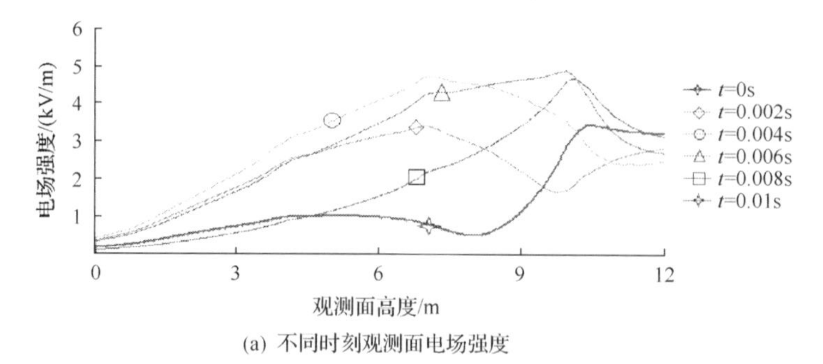


(a) 不同时刻观测面电场强度

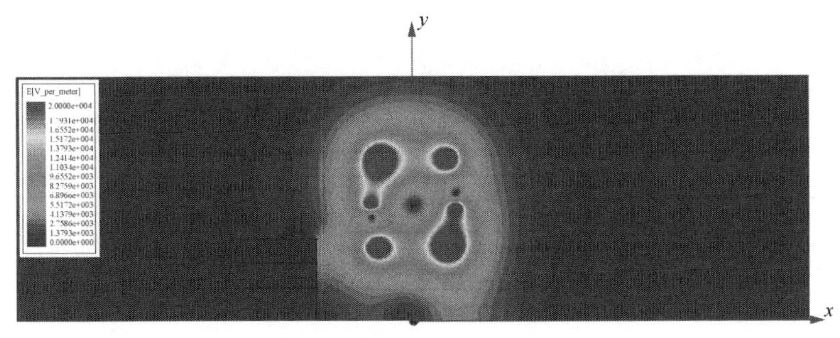


(b) 电场强度最值出现时刻电场分布云图

图 2-7　距建筑物 6.5m 处线路周围电场分布

**表 2-6　建筑物距离边相导线 5.5m、6.5m 处不同时刻最大电场强度**

| 距离/m | 不同时刻的最大电场强度/(kV/m) | | | | | |
|---|---|---|---|---|---|---|
| | 0 | 0.002s | 0.004s | 0.006s | 0.008s | 0.01s |
| 5.5 | 4.39 | 4.72 | 6.18 | 6.32 | 5.80 | 4.39 |
| 6.5 | 3.43 | 3.40 | 4.73 | 4.89 | 4.67 | 3.43 |

当建筑物与线路边相导线距离达到 7.5m 时，观测面上各时刻电场强度均小于 4kV/m 的要求，最大电场强度出现在 $t = 0.006s$ 时刻，距地面高度 9.93m 处，依然是建筑物附近电场的畸变对观测面上的电场强度影响最大，如表 2-7、图 2-8、图 2-9 所示。

**表 2-7　建筑物距离边相导线 7.5m 不同时刻最大电场强度**

| 时间/s | 0 | 0.002 | 0.004 | 0.006 | 0.008 | 0.01 |
|---|---|---|---|---|---|---|
| 电场强度/(kV/m) | 2.73 | 2.45 | 3.65 | 3.77 | 3.70 | 2.73 |

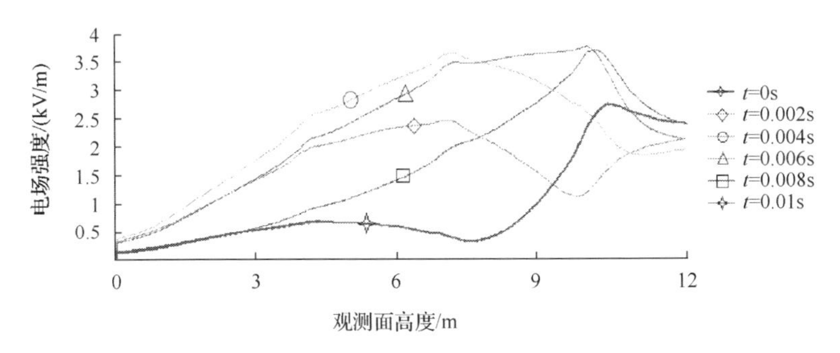


图 2-8　观测面电场强度(7.5m)

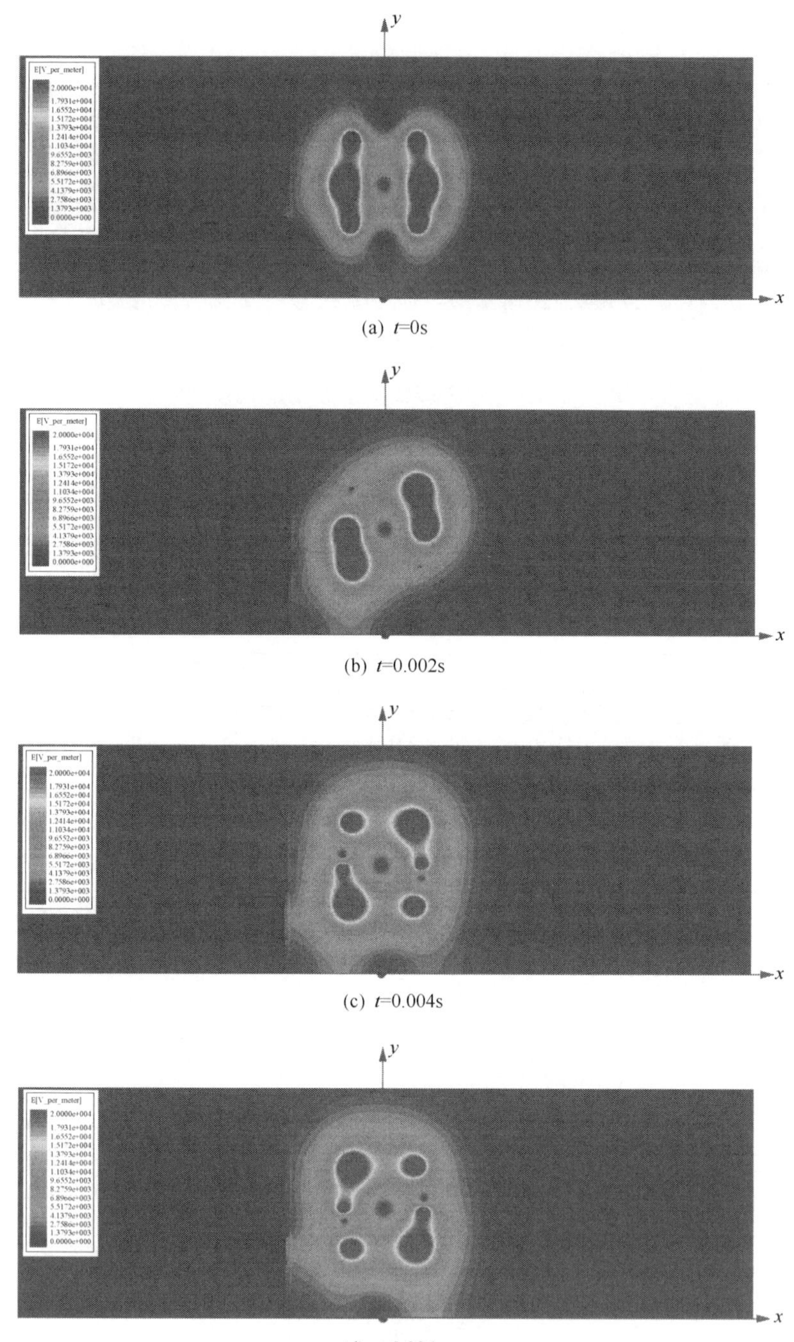


(a) $t$=0s

(b) $t$=0.002s

(c) $t$=0.004s

(d) $t$=0.006s

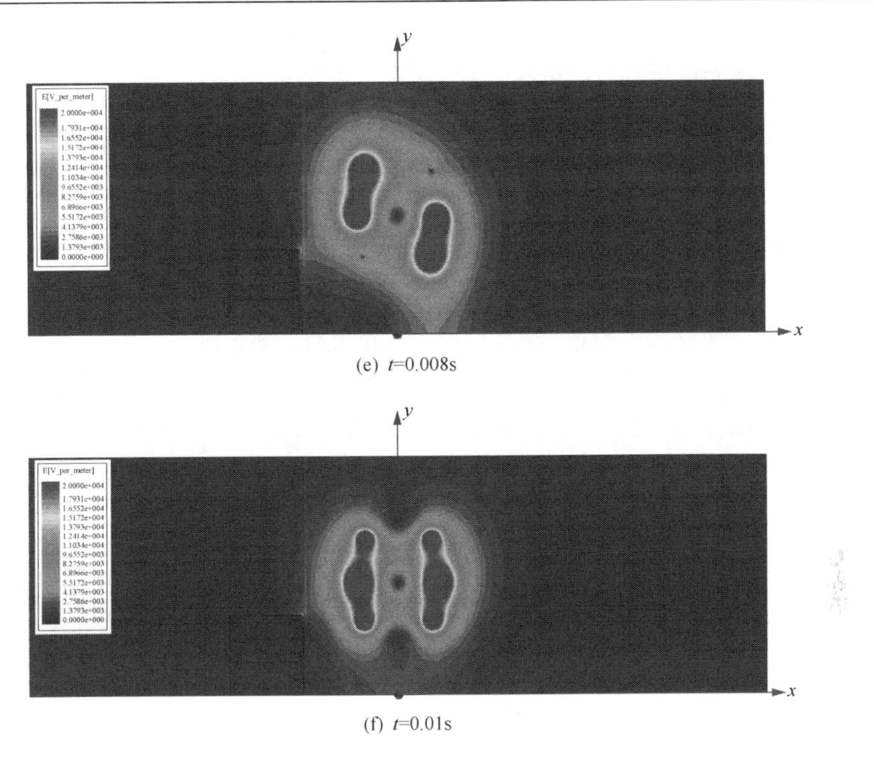


(e) $t$=0.008s

(f) $t$=0.01s

图 2-9　不同时刻线路邻近建筑物周围电场分布(距地高 9.96m)

由以上仿真结果可得到，随着建筑物与线路的水平距离逐渐增加，观测面上的电场强度的最大值将逐渐减小。观测面上电场强度最大值出现的位置，也由底相边相导线附近向上移动到建筑物楼顶处，产生这种现象的主要原因有两个：第一，观测面与线路的距离越来越大，线路左侧底边相导线对观测面电场强度的影响越来越小；第二，建筑物与线路距离超过 5.5m 以后，位于建筑物顶层的结构曲率半径较小，导致电场畸变对观测面电场强度的影响更显著，如图 2-10 所示。

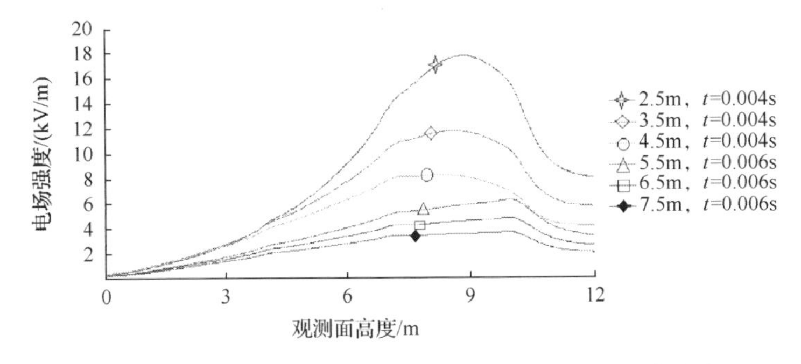


图 2-10　出现场强最值时刻不同距离观测面电场强度分布

### 2.3.4 建筑物对电场的影响分析

定义建筑物存在时测量点上的电场强度和建筑物不存在时该点的电场强度之差与建筑物不存在时该点的电场强度的比值为该点的电场畸变率。电场畸变率为负值，表示电场屏蔽效果，负值的绝对值越大，表示屏蔽越好。电场畸变率为正值，表示电场畸变效果，正值越大表示畸变程度越大。

本节对建筑物存在和不存在时，在 $t=0$s 时刻，研究与建筑物不同距离观测面的电场畸变情况，观测面距线路边相导线距离分别为：2.5m、3.5m、4.5m、5.5m、6.5m、7.5m。图 2-11 为无建筑时不同观测面的电场强度分布，图 2-12 为有建筑物时不同观测面的电场强度分布，图 2-13 为不同观测面的电场畸变率曲线。

由图 2-13 可知，建筑物与线路距离为 2.5～6.5m 时，观测面上的电场畸变率呈现出由正变负，之后变为正的过程。当建筑物与线路之间距离达到 7.5m 时，观测面上的电场畸变率随着高度的增加由负变正，并增大到 53.69%后，逐渐减小至 –69.79%，再逐渐增大到 71.45%，最后降至 26.31%。建筑物距离线路越远，所引起的电场畸变越明显。距离线路 7.5m 时，建筑物层与层之间的外部结构都引起了比较强烈的电场畸变。

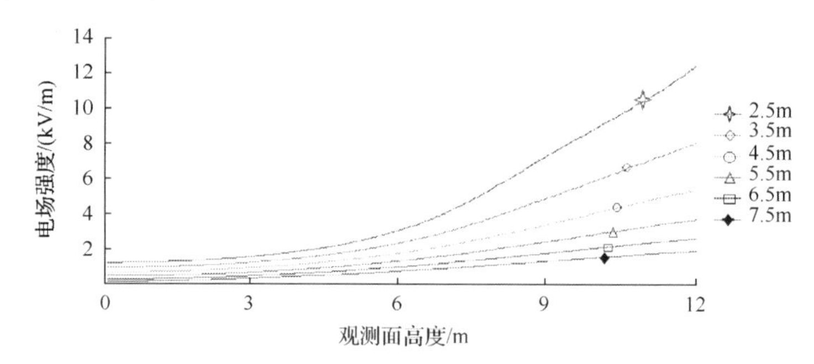


图 2-11 无建筑时不同观测面的电场强度分布

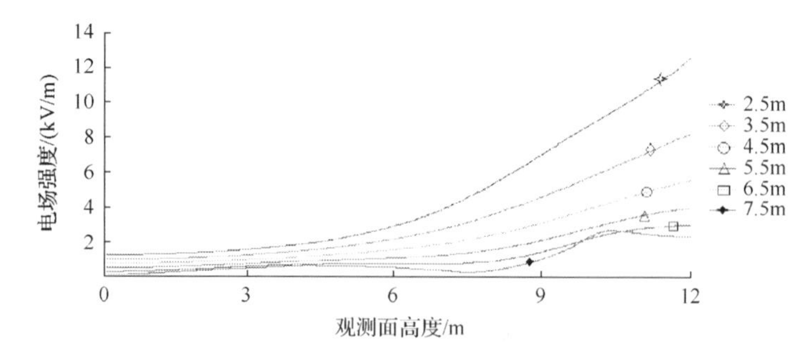


图 2-12 有建筑物时不同观测面的电场强度分布

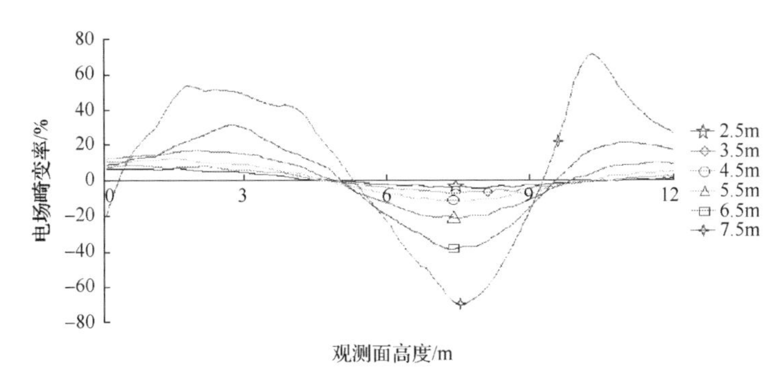


图 2-13　建筑物距边相导线不同距离观测面电场畸变率

由上述研究可以确定，双回输电线路按图 2-2 布置时，建筑物与线路边相导线水平距离只有达到 7.5m 后，建筑物表面电场强度才能满足小于 4kV/m 的限值要求，此时建筑物距线路中心的距离为 13.06m。

## 2.4　右侧单边挂线双回线路邻近建筑物电场分析

### 2.4.1　建立模型及电场分析

为了更进一步减小建筑物与线路中心的距离，现选用如图 2-14 所示的导线布置方式，双回 220kV 线路都挂在杆塔的右侧。首先将模型中建筑物距边相导线距

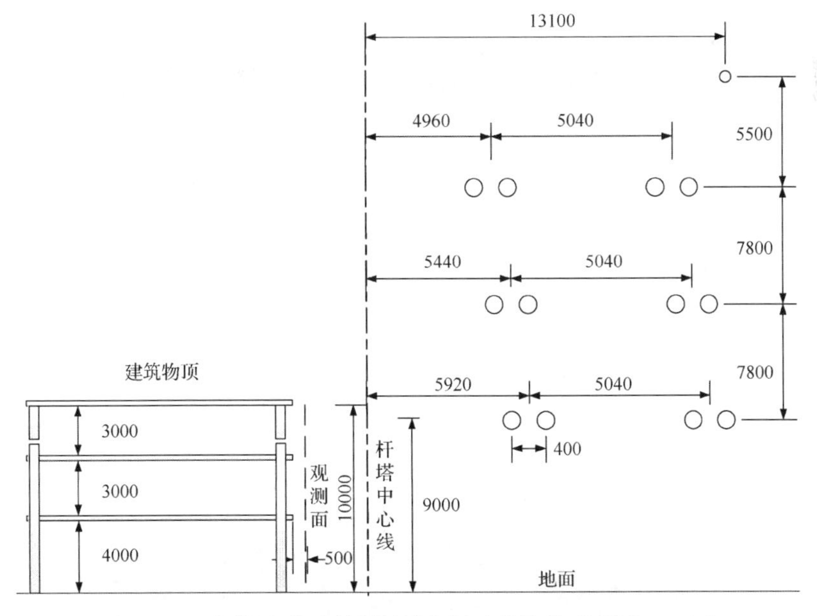


图 2-14　双回输电线路单侧挂线邻近建筑物模型(单位：mm)

离设置为7.5m，导线相序按照模型12排列，如图2-14所示，仿真结果如图2-15、图2-16所示。

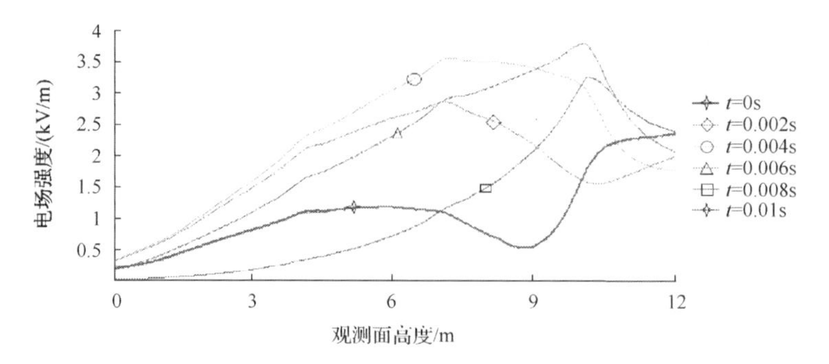


图2-15　不同时刻观测面电场强度分布(7.5m)

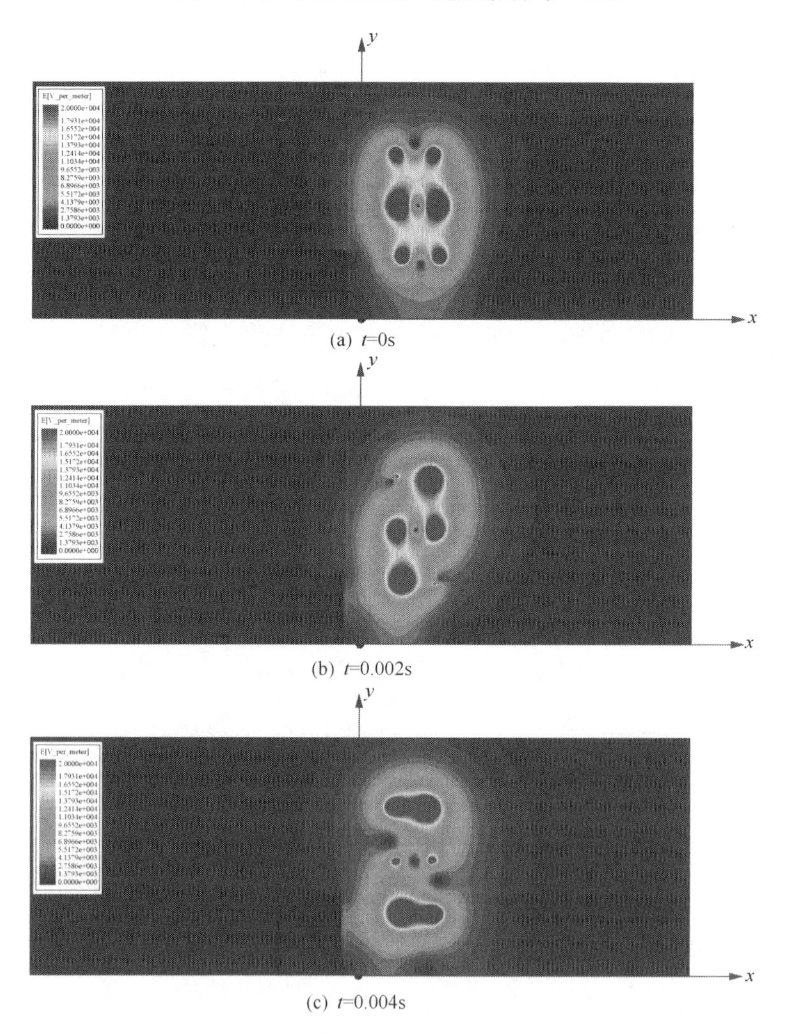


(a) $t$=0s

(b) $t$=0.002s

(c) $t$=0.004s

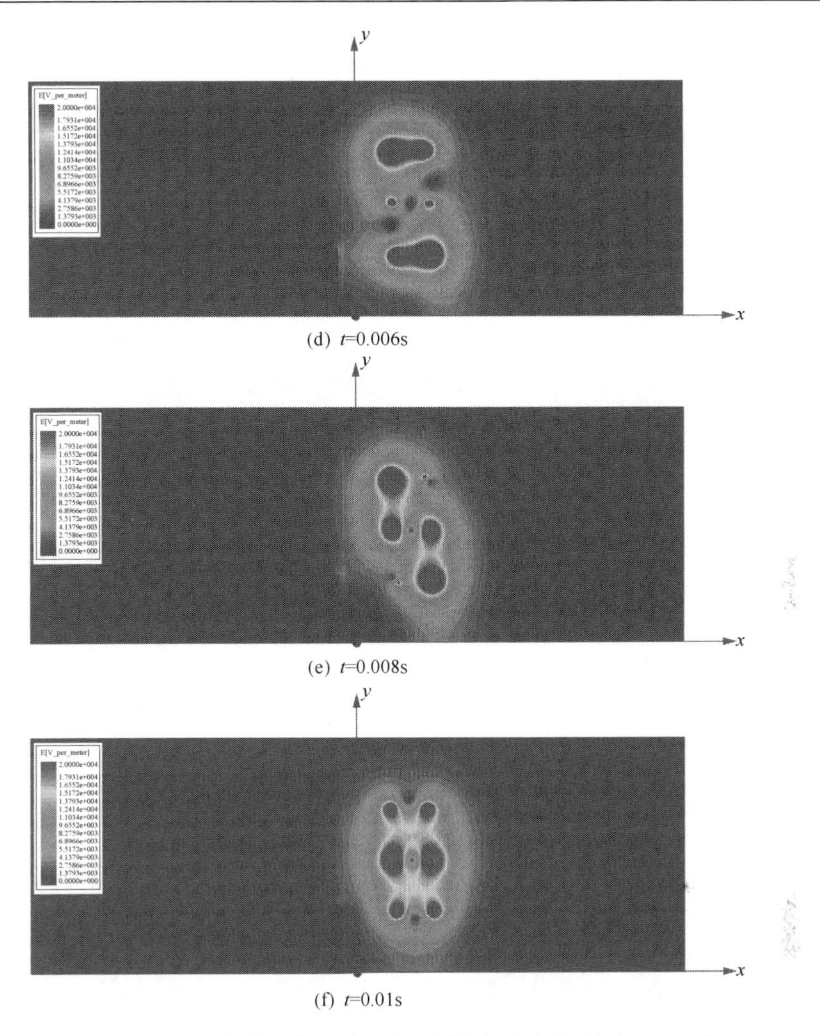
(d) $t$=0.006s

(e) $t$=0.008s

(f) $t$=0.01s

图 2-16　不同时刻线路邻近建筑物周围电场分布(距地高 10.08m)

由图 2-15 可知，导线采用这种布置形式，建筑物与线路边相导线距离 7.5m 时，观测面上最大电场强为 3.80kV/m，小于 4kV/m 限值，出现在 $t = 0.006$s 时刻，位于距离地面高度 10.08m 的位置，也就是建筑物屋顶处，此处结构曲率半径较小，因此电场畸变明显。各个时刻观测面上的电场强度最大值如表 2-8 所示。

**表 2-8　建筑物距离边相导线 7.5m 不同时刻最大电场强度**(距地高 10.08m)

| 时间/s | 0 | 0.002 | 0.004 | 0.006 | 0.008 | 0.01 |
|---|---|---|---|---|---|---|
| 电场强度/(kV/m) | 2.35 | 2.87 | 3.56 | 3.80 | 3.25 | 2.35 |

此时，观测面上电场强度满足要求，建筑物与线路边相导线的距离为 7.5m，

远小于双回导线两侧挂线时的 13.06m。

### 2.4.2 各种故障状态下线路与观测面间安全距离推算

为了保证设计的安全性，本节将验算线路单回停电、单相断线、单相接地等特殊情况下，双回单侧架线线路邻近建筑物采用上述间距(7.5m)时，电场强度能否满足小于 4kV/m 的限值要求，若不满足要求，进而推算出线路与建筑物间安全合理的距离。

(1) 当线路左边三相导线出现停电情况时，观测面上电场强度分布如图 2-17 所示。

从图 2-17(a)可以看出，任意时刻观测面上电场强度均小于 4kV/m 的限值，各时刻观测面电场强度最值见表 2-9。

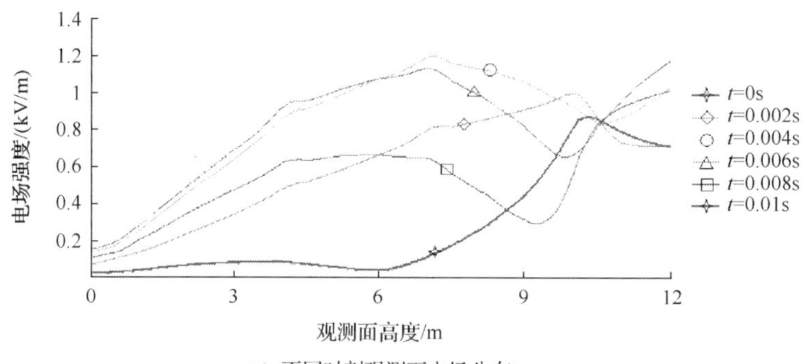


(a) 不同时刻观测面电场分布

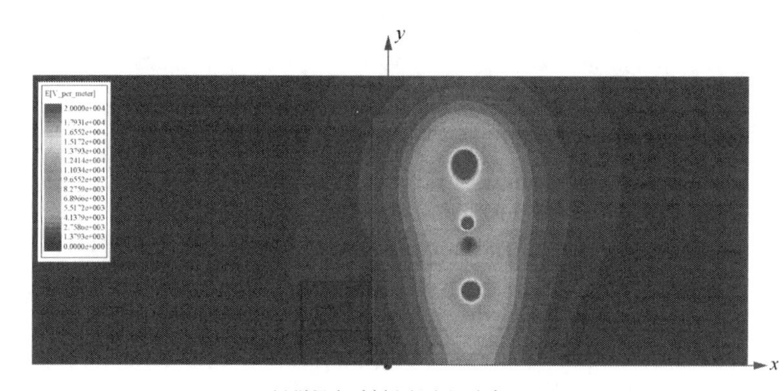


(b) 场强最大时刻空间电场分布

图 2-17 左侧单回停电空间电场分布

**表 2-9 左边三相导线停电时不同时刻观测面最大电场强度**

| 时间/s | 0 | 0.002 | 0.004 | 0.006 | 0.008 | 0.01 |
| --- | --- | --- | --- | --- | --- | --- |
| 电场强度/(kV/m) | 0.87 | 1.00 | 1.20 | 1.17 | 1.02 | 0.87 |

由仿真结果可得，线路左边三相导线停电情况下，各时刻的场强最值都出现在建筑物层与层之间外墙结构复杂的地方。其中最大值出现在 $t = 0.004\text{s}$，二、三层之间的位置。

(2) 当线路右边三相导线出现停电时，观测面上电场强度分布如图 2-18 所示。

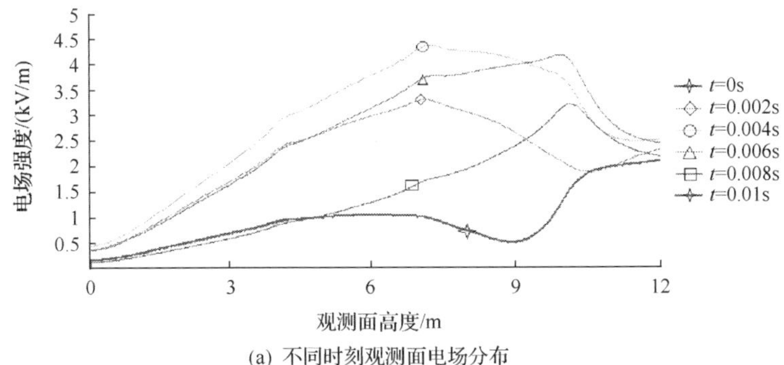


(a) 不同时刻观测面电场分布

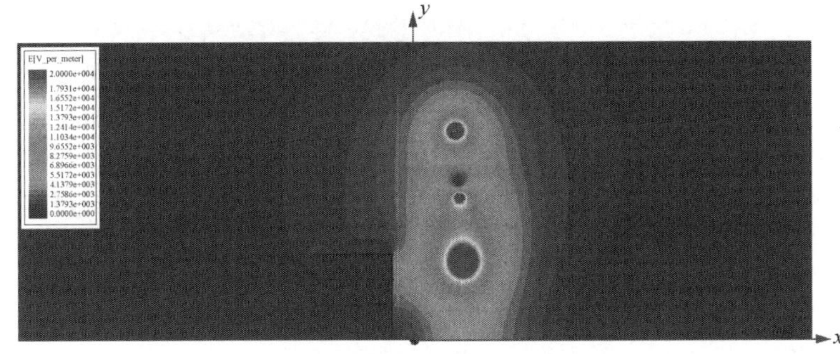


(b) 场强最大时刻空间电场分布

图 2-18　右侧单回停电空间电场分布

从图 2-18 (a) 可以看出，$t$ 为 0.004s、0.006s 时刻观测面上电场强度达到 4.37kV/m 和 4.19kV/m，出现在观测面高度为 7.08m、9.87m 的位置。各时刻观测面场强最值见表 2-10。

**表 2-10　右边三相导线停电时不同时刻观测面最大电场强度**

| 时间/s | 0 | 0.002 | 0.004 | 0.006 | 0.008 | 0.01 |
|---|---|---|---|---|---|---|
| 电场强度/(kV/m) | 2.10 | 3.31 | 4.37 | 4.19 | 3.22 | 2.10 |

由仿真结果可得，线路右边三相导线停电情况下，各时刻的场强最值都出现在建筑物层与层之间外墙结构复杂的地方。其中最大值出现在 $t = 0.004\text{s}$，二、三层之间的位置。

为使得线路与建筑物保持安全的距离，需要增加两者间的距离。将建筑物模型以 1m 的距离逐步远离线路，建筑物与线路边相导线间距离 8.5m 时，仿真分析结果如图 2-19 所示。

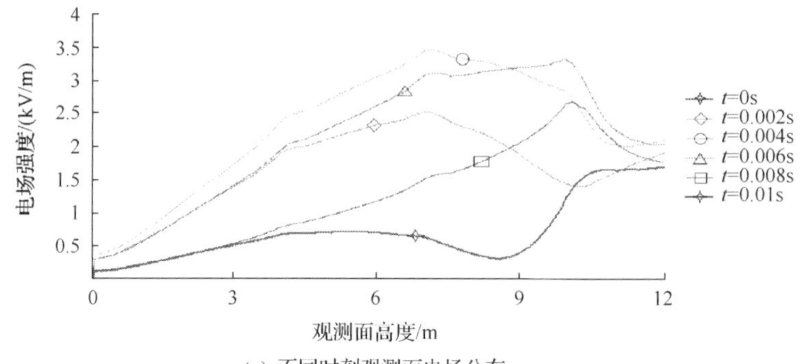


(a) 不同时刻观测面电场分布

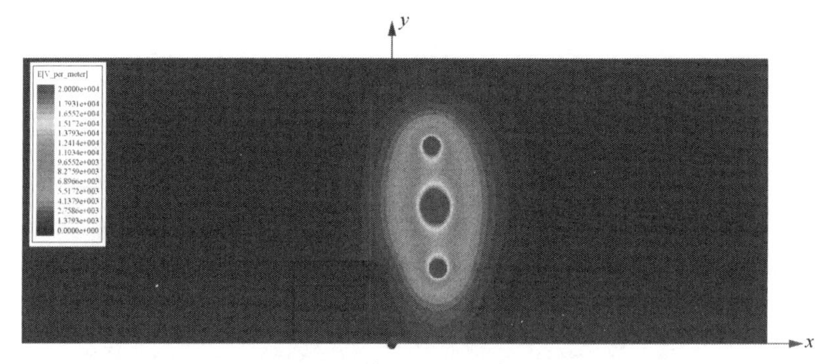


(b) 场强最大时刻空间电场分布

图 2-19　改进后右侧单回停电空间电场分布

从图 2-19(a)可以看出，建筑物与线路边相导线间距离 8.5m 时，各时刻观测面上电场强度均小于 4kV/m 的限值，各时刻观测面场强最值见表 2-11。

**表 2-11　不同时刻观测面最大电场强度**(建筑物与边相导线距离 8.5m)

| 时间/s | 0 | 0.002 | 0.004 | 0.006 | 0.008 | 0.01 |
|---|---|---|---|---|---|---|
| 电场强度/(kV/m) | 1.69 | 2.53 | 3.47 | 3.37 | 2.69 | 1.69 |

由仿真结果可得，经过改进，线路右边三相导线停电情况下，各时刻的场强最值都出现在建筑物层与层之间外墙结构复杂的地方。其中最大值出现在 $t=0.004\text{s}$，二、三层之间的位置。

由上述仿真分析研究可知，若 220kV 双回线路出现单回停电故障，当故障发生在靠近建筑物一侧时，观测面上的电场强度均满足要求；但是，当故障出现在远离建筑物一侧时，观测面上的电场强度会超过 4kV/m 的限值，说明双回线路在正常工作情况下，可以有效地减小线路附近的电场强度，但是当出现单回停电事故时，邻近建筑物附近的电场强度就会超过限值。

(3) 当线路左侧回路第一层导线出现断线，线路边相导线距建筑物距离为 7.5m 时，观测面上电场强度分布如图 2-20 所示。

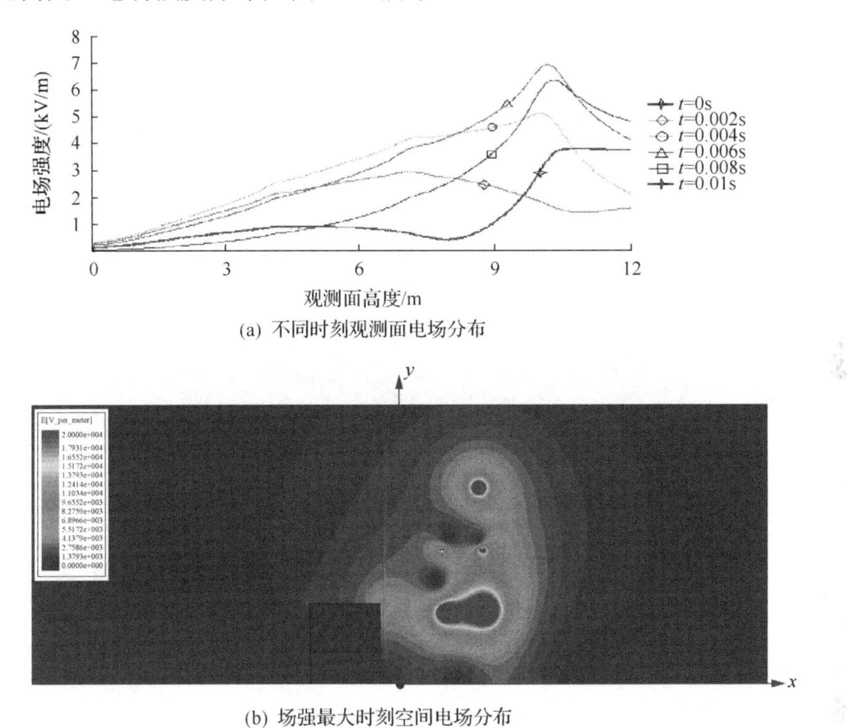


(a) 不同时刻观测面电场分布

(b) 场强最大时刻空间电场分布

图 2-20　左侧回路第一层导线断线时不同时刻观测面电场分布

从图 2-20(a) 可以看出，建筑物与线路边相导线间距离为 7.5m 时，观测面上电场强度最大值在 $t$ 为 0.004s、0.006s、0.008s 时刻会超过 4kV/m 的限值，各时刻观测面场强最值见表 2-12。

**表 2-12　左侧回路第一层导线断线时不同时刻观测面最大电场强度**

| 时间/s | 0 | 0.002 | 0.004 | 0.006 | 0.008 | 0.01 |
|---|---|---|---|---|---|---|
| 电场强度/(kV/m) | 3.81 | 2.97 | 5.11 | 6.92 | 6.37 | 3.81 |

由仿真结果可得，左侧回路第一层导线断线情况下，若建筑物与边相导线相距 7.5m，观测面上电场强度最大值在 $t$ 为 0.004s、0.006s、0.008s 时刻会超过 4kV/m

的限值，场强最值都位于建筑物屋顶处，最大场强达到 6.92kV/m。

为使得线路与建筑物保持安全的距离，需要增加两者间的距离。将建筑物模型以 1m 的距离逐步远离线路，建筑物与线路边相导线间距离为 14.5m 时仿真分析结果如图 2-21 所示。

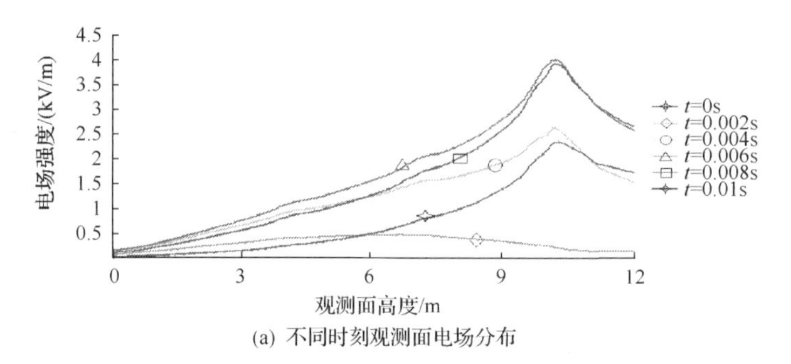


(a) 不同时刻观测面电场分布

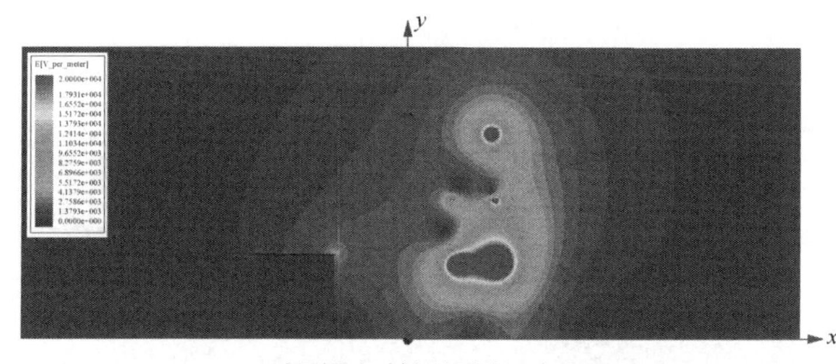


(b) 场强最大时刻空间电场分布

图 2-21　改进后左侧回路第一层导线断线空间电场分布

从图 2-21(a)可以看出，当建筑物与线路边相导线间距离为 14.5m 时，各时刻观测面上电场强度均小于 4kV/m 的限值，各时刻观测面场强最值见表 2-13。

**表 2-13　不同时刻观测面最大电场强度**(建筑路与线路中导线距离为 14.5m)

| 时间/s | 0 | 0.002 | 0.004 | 0.006 | 0.008 | 0.01 |
|---|---|---|---|---|---|---|
| 电场强度/(kV/m) | 2.34 | 0.48 | 2.62 | 3.99 | 3.92 | 2.34 |

由仿真结果可得，经过改进，线路左侧回路第一层导线单相停电情况，各时刻的场强最值都出现在建筑物顶层外墙处。其中最大值出现在 $t = 0.006$s 时刻。

(4) 当线路左侧回路第二层导线出现断线，线路边相导线距建筑物距离为 7.5m 时，观测面上电场强度分布如图 2-22 所示。

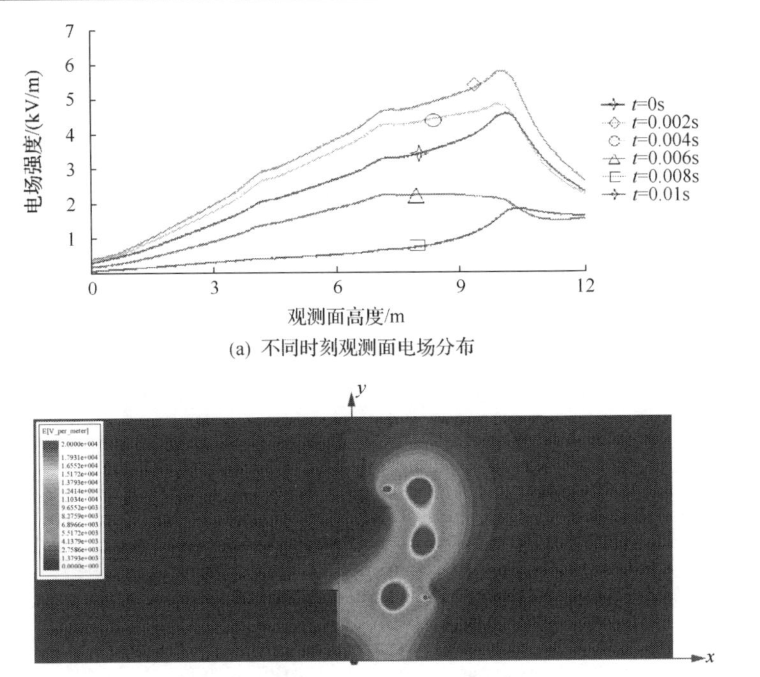


(a) 不同时刻观测面电场分布

(b) 场强最大时刻空间电场分布

图 2-22　左侧回路第二层导线断线空间电场分布

从图 2-22(a)可以看出，$t$ 为 0s、0.002s、0.004s、0.01s 时刻观测面上电场强度均超出 4kV/m 的限值。各时刻观测面场强最值见表 2-14。

**表 2-14　左侧回路第二层导线断线时不同时刻观测面最大电场强度**

| 时间/s | 0 | 0.002 | 0.004 | 0.006 | 0.008 | 0.01 |
| --- | --- | --- | --- | --- | --- | --- |
| 电场强度/(kV/m) | 4.57 | 5.76 | 4.84 | 2.24 | 1.81 | 4.57 |

由仿真结果可得，线路左侧回路第二层导线断线情况下，建筑物层与层之间外墙结构复杂的地方均出现电场强度的突变。其中最大值出现在 $t = 0.002$s，顶层外墙的位置。

(5) 当线路左侧回路底层导线出现断线，线路边相导线距建筑物距离为 7.5m 时，观测面上电场强度分布如图 2-23 所示。

从图 2-23(a)可以看出，$t$ 为 0s、0.002s、0.004s、0.01s 时刻观测面上电场强度均超出 4kV/m 的限值。各时刻观测面场强最值见表 2-15。

由仿真结果可得，线路左侧回路底层导线断线情况下，建筑物层与层之间外墙结构复杂的地方均出现电场强度突变。其中最大值出现在 $t = 0.002$s，顶层外墙的位置，达到 6.74kV/m。

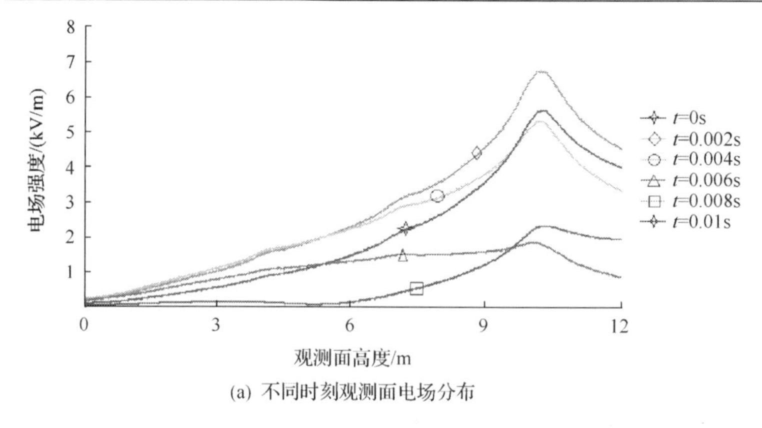

(a) 不同时刻观测面电场分布

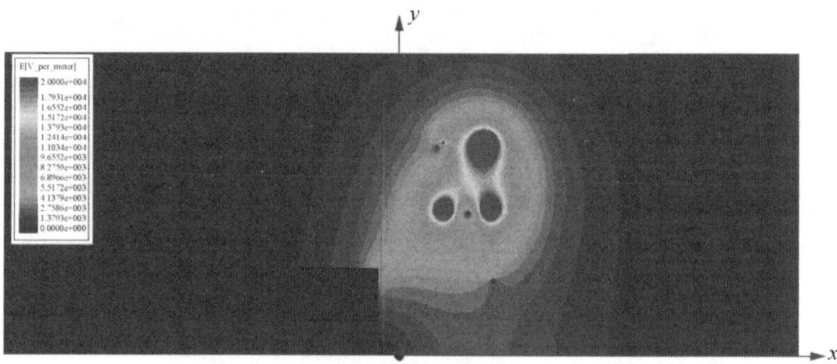
(b) 场强最大时刻空间电场分布

图 2-23　左侧回路底层导线断线空间电场分布

**表 2-15　左侧回路底层导线断线时不同时刻观测面最大电场强度**

| 时间/s | 0 | 0.002 | 0.004 | 0.006 | 0.008 | 0.01 |
|---|---|---|---|---|---|---|
| 电场强度/(kV/m) | 5.63 | 6.74 | 5.31 | 1.88 | 2.34 | 5.63 |

(6) 当线路右侧回路第一层导线出现断线，线路边相导线距建筑物距离为 7.5m 时，观测面上电场强度分布如图 2-24 所示。

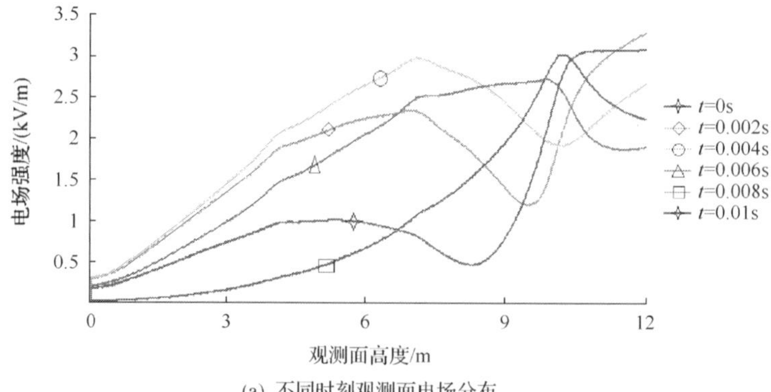

(a) 不同时刻观测面电场分布

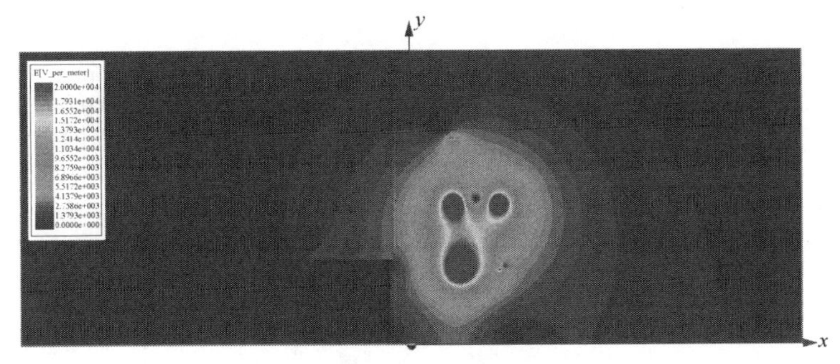


(b) 场强最大时刻空间电场分布

图 2-24　右侧回路第一层导线断线空间电场分布

从图 2-24(a)可以看出，各时刻观测面上电场强度均未超出 4kV/m 的限值。各时刻观测面场强最值见表 2-16。

**表 2-16　右侧回路第一层导线断线时不同时刻观测面最大电场强度**

| 时间/s | 0 | 0.002 | 0.004 | 0.006 | 0.008 | 0.01 |
|---|---|---|---|---|---|---|
| 电场强度/(kV/m) | 3.07 | 3.27 | 2.97 | 2.72 | 3.01 | 3.07 |

由仿真结果可得，线路右侧回路第一层导线断线情况下，观测面上电场强度波动较大，建筑物层与层之间外墙结构复杂的地方均出现电场强度的突变，但峰值都未超过 4kV/m，其中最大值出现在 $t=0.002$s，观测面的顶部位置，达到 3.27kV/m。

(7)当线路右侧回路第二层导线出现断线，线路边相导线距建筑物距离为 7.5m 时，观测面上电场强度分布如图 2-25 所示。

从图 2-25(a)可以看出，各时刻观测面上电场强度均未超出 4kV/m 的限值。各时刻观测面场强最值见表 2-17。

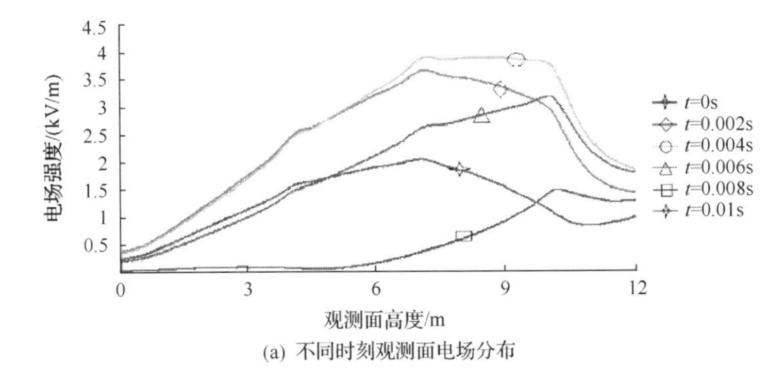


(a) 不同时刻观测面电场分布

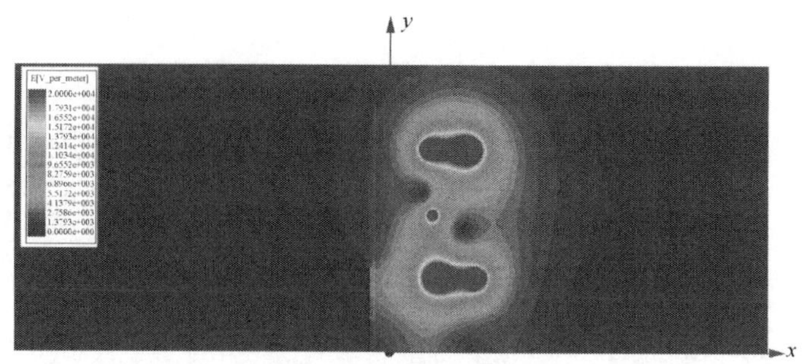

(b) 场强最大时刻空间电场分布

图 2-25　右侧回路第二层导线断线空间电场分布

**表 2-17　右侧回路第二层导线断线时不同时刻观测面最大电场强度**

| 时间/s | 0 | 0.002 | 0.004 | 0.006 | 0.008 | 0.01 |
|---|---|---|---|---|---|---|
| 电场强度/(kV/m) | 2.04 | 3.65 | 3.88 | 3.17 | 1.48 | 2.04 |

由仿真结果可得，线路右侧回路第二层导线断线情况下，建筑物层与层之间外墙结构复杂的地方均出现电场强度的突变，但峰值都未超过 4kV/m，其中最大值出现在 $t = 0.004$s，位于二、三层房屋之间的外墙处，达到 3.88kV/m。

(8) 当线路右侧回路底层导线出现断线，线路边相导线距建筑物距离为 7.5m 时，观测面上电场强度分布如图 2-26 所示。

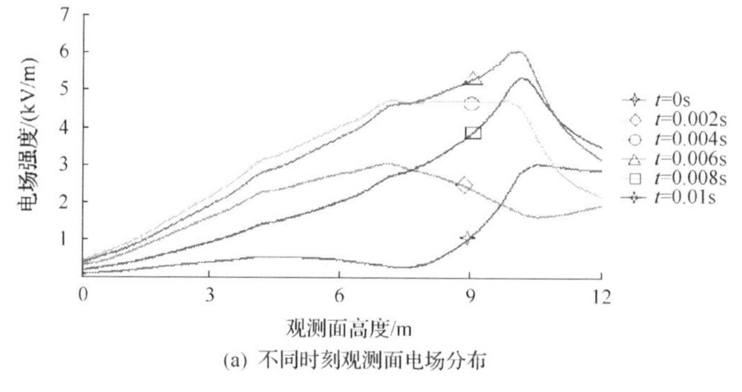


(a) 不同时刻观测面电场分布

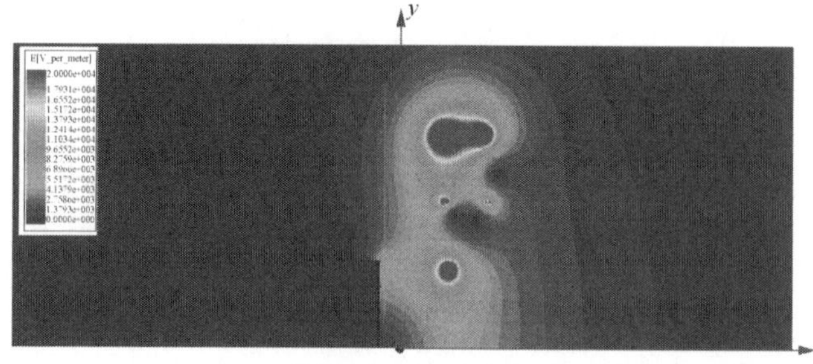

(b) 场强最大时刻空间电场分布

图 2-26　右侧回路底层导线断线空间电场分布

从图 2-26(a)可以看出，$t$ 为 0.004s、0.006s、0.008s 时刻观测面上电场强度均超出 4kV/m 的限值。各时刻观测面场强最值见表 2-18。

**表 2-18　右侧回路底层导线断线时不同时刻观测面最大电场强度**

| 时间/s | 0 | 0.002 | 0.004 | 0.006 | 0.008 | 0.01 |
|---|---|---|---|---|---|---|
| 电场强度/(kV/m) | 3.05 | 3.06 | 4.73 | 6.06 | 5.33 | 3.05 |

由仿真结果可得，线路右侧回路底层导线断线停电情况下，建筑物层与层之间外墙结构复杂的地方均出现电场强度的突变。其中最大值出现在 $t=0.006$s，顶层外墙的位置，达到 6.06kV/m。

(9) 当线路左侧回路第一层导线出现接地故障，线路边相导线距建筑物距离为 7.5m 时，观测面上电场强度分布如图 2-27 所示。

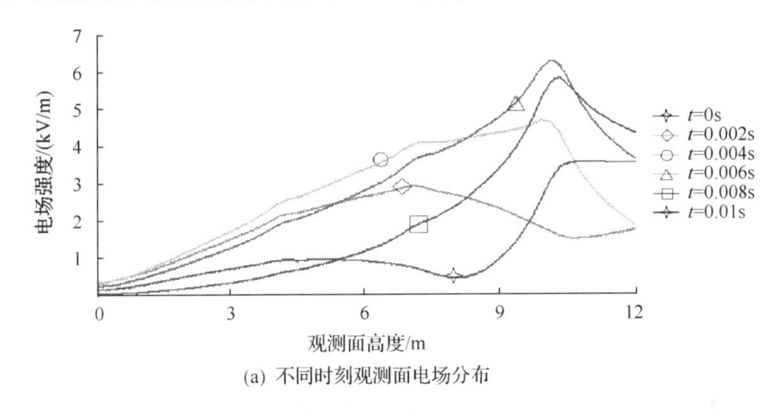


(a) 不同时刻观测面电场分布

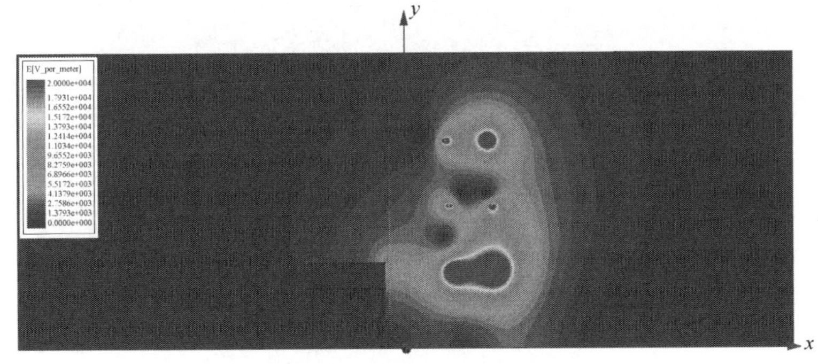


(b) 场强最大时刻空间电场分布

图 2-27　左侧回路第一层导线接地故障时空间电场分布

从图 2-27(a)可以看出，$t$ 为 0.004s、0.006s、0.008s 时刻观测面上电场强度均超出 4kV/m 的限值。各时刻观测面场强最值见表 2-19。

**表 2-19　左侧回路第一层导线接地故障时不同时刻观测面最大电场强度**

| 时间/s | 0 | 0.002 | 0.004 | 0.006 | 0.008 | 0.01 |
|---|---|---|---|---|---|---|
| 电场强度/(kV/m) | 3.57 | 2.94 | 4.68 | 6.28 | 5.82 | 3.57 |

由仿真结果可得，线路左侧回路第一层导线接地故障情况下，建筑物层与层之间外墙结构复杂的地方均出现电场强度的突变。其中最大值出现在 $t=0.006$s，顶层外墙的位置，达到 6.28kV/m，由图 2-27(b)可以看出，由于导线曲率半径较小，接地故障导线周围出现了很严重的电场畸变。

(10)当线路左侧回路第二层导线出现接地故障，线路边相导线距建筑物距离为 7.5m 时，观测面上电场强度分布如图 2-28 所示。

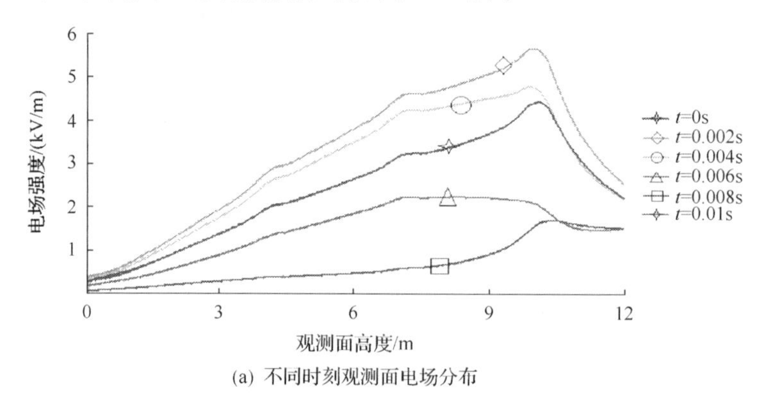


(a) 不同时刻观测面电场分布

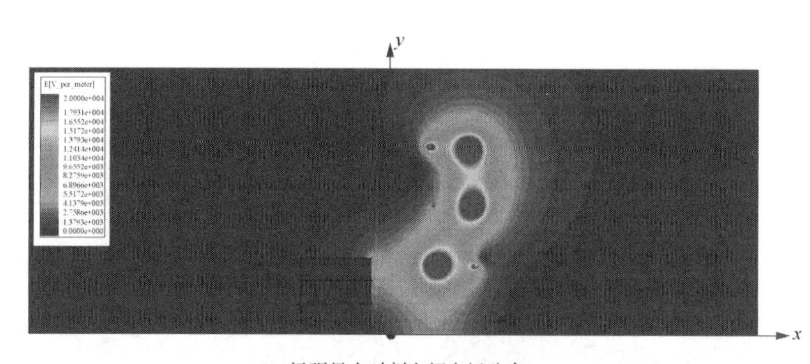


(b) 场强最大时刻空间电场分布

图 2-28　左侧回路第二层导线接地故障时空间电场分布

从图 2-28(a)可以看出，$t$ 为 0s、0.002s、0.004、0.01s 时刻观测面上电场强度均超出 4kV/m 的限值。各时刻观测面场强最值见表 2-20。

**表 2-20　左侧回路第二层导线接地故障时不同时刻观测面最大电场强度**

| 时间/s | 0 | 0.002 | 0.004 | 0.006 | 0.008 | 0.01 |
|---|---|---|---|---|---|---|
| 电场强度/(kV/m) | 4.46 | 5.68 | 4.82 | 2.26 | 1.72 | 4.46 |

由仿真结果可得，线路左侧回路第二层导线接地故障情况下，建筑物层与层之间外墙结构复杂的地方均出现电场强度的突变。其中最大值出现在 $t = 0.002$s，顶层外墙的位置，达到 5.68kV/m。

(11) 当线路左侧回路底层导线出现接地故障，线路边相导线距建筑物 7.5m 时，观测面上电场强度分布如图 2-29 所示。

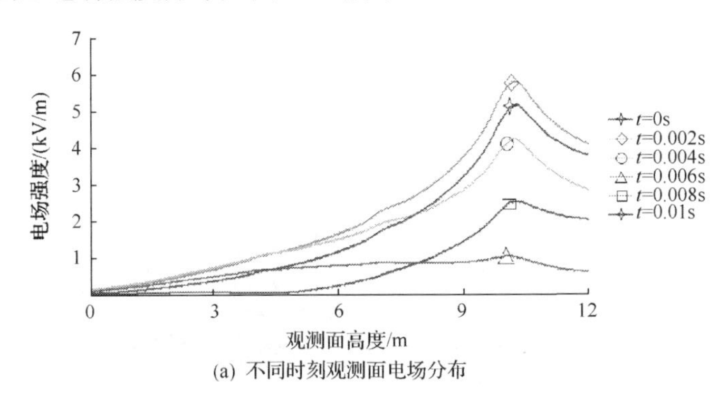


(a) 不同时刻观测面电场分布

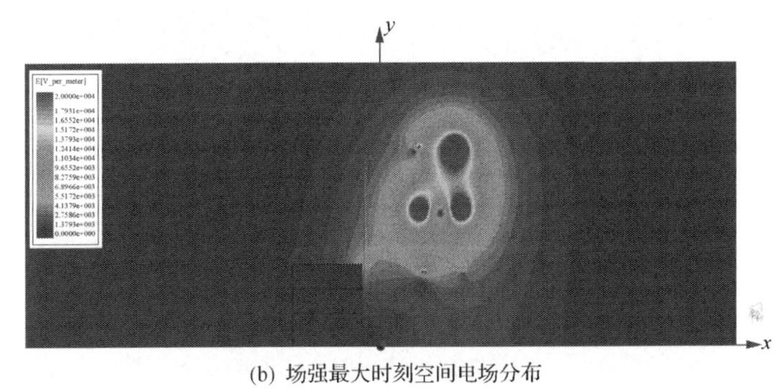


(b) 场强最大时刻空间电场分布

图 2-29　左侧回路底层导线接地故障时空间电场分布

从图 2-29(a) 可以看出，$t$ 为 0s、0.002s、0.004、0.01s 时刻观测面上电场强度均超出 4kV/m 的限值。各时刻观测面场强最值见表 2-21。

**表 2-21　左侧回路底层导线接地故障时不同时刻观测面最大电场强度**

| 时间/s | 0 | 0.002 | 0.004 | 0.006 | 0.008 | 0.01 |
|---|---|---|---|---|---|---|
| 电场强度/(kV/m) | 5.17 | 5.79 | 4.23 | 1.06 | 2.53 | 5.17 |

由仿真结果可得，线路左侧回路底层导线接地故障情况下，建筑物层与层之间外墙结构复杂的地方均出现电场强度的突变，尤其是建筑物楼顶外墙处，最大场强达到 5.79kV/m，出现在 $t = 0.002$s 时刻。

(12) 当线路右侧回路第一层导线出现接地故障，线路边相导线距建筑物距离为 7.5m 时，观测面上电场强度分布如图 2-30 所示。

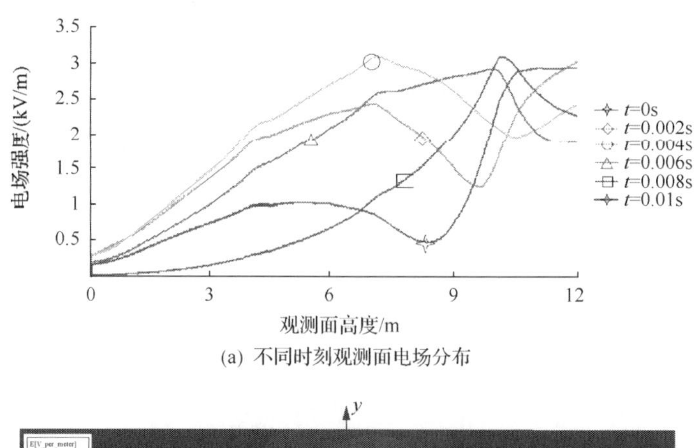


(a) 不同时刻观测面电场分布

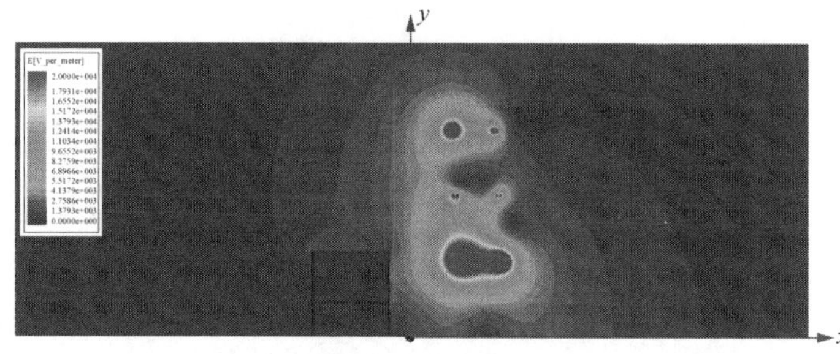


(b) 场强最大时刻空间电场分布

图 2-30　右侧回路第一层导线接地故障时空间电场分布

从图 2-30(a)可以看出，各时刻观测面上电场强度均未超出 4kV/m 的限值。各时刻观测面场强最值见表 2-22。

**表 2-22　右侧回路第一层导线接地故障时不同时刻观测面最大电场强度**

| 时间/s | 0 | 0.002 | 0.004 | 0.006 | 0.008 | 0.01 |
|---|---|---|---|---|---|---|
| 电场强度/(kV/m) | 2.95 | 3.03 | 3.10 | 2.92 | 3.10 | 2.95 |

由仿真结果可得，线路右侧回路第一层导线接地故障情况下，观测面上电场强度波动较大，建筑物层与层之间外墙结构复杂的地方均出现电场强度的突变，但峰值都未超过 4kV/m，其中最大值出现在 $t=0.004$s 和 $t=0.008$s，建筑物二、三层之间的部位，达到 3.10kV/m。从图 2-30(b)可以看出，在第一层发生接地故障的导线周围产生了很强的畸变电场。

(13)当线路右侧回路第二层导线出现接地故障，线路边相导线距建筑物距离为 7.5m 时，观测面上电场强度分布如图 2-31 所示。

从图 2-31(a)可以看出，各时刻观测面上电场强度均未超出 4kV/m 的限值。各时刻观测面场强最值见表 2-23。

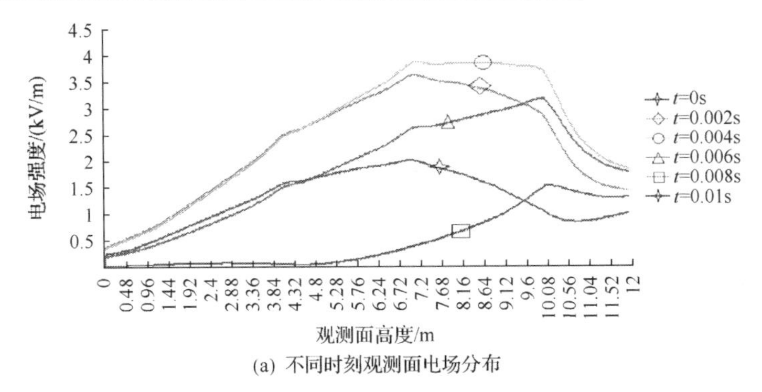


(a) 不同时刻观测面电场分布

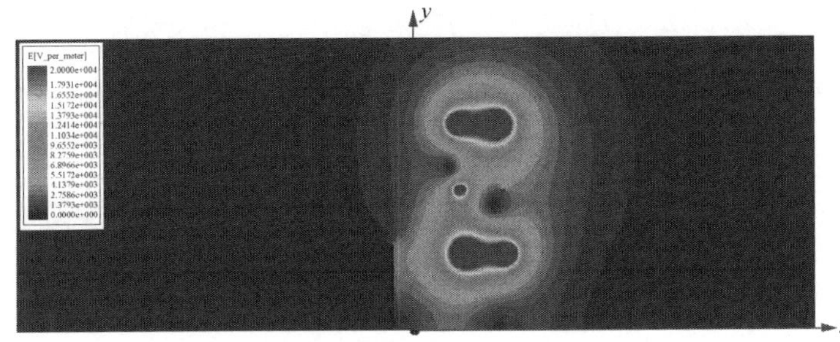


(b) 场强最大时刻空间电场分布

图 2-31　右侧回路第二层导线接地故障时空间电场分布

**表 2-23　右侧回路第二层导线接地故障时不同时刻观测面最大电场强度**

| 时间/s | 0 | 0.002 | 0.004 | 0.006 | 0.008 | 0.01 |
| --- | --- | --- | --- | --- | --- | --- |
| 电场强度/(kV/m) | 2.01 | 3.62 | 3.86 | 3.17 | 1.52 | 2.01 |

由仿真结果可得，线路右侧回路第二层导线接地故障情况下，建筑物层与层之间外墙结构复杂的地方均出现电场强度的突变，但峰值都未超过 4kV/m，其中最大值出现在 $t = 0.004$s，建筑物二、三层之间的部位，达到 3.86kV/m。

(14) 当线路右侧回路底层导线出现接地故障，线路边相导线距建筑物距离为 7.5m 时，观测面上电场强度分布如图 2-32 所示。

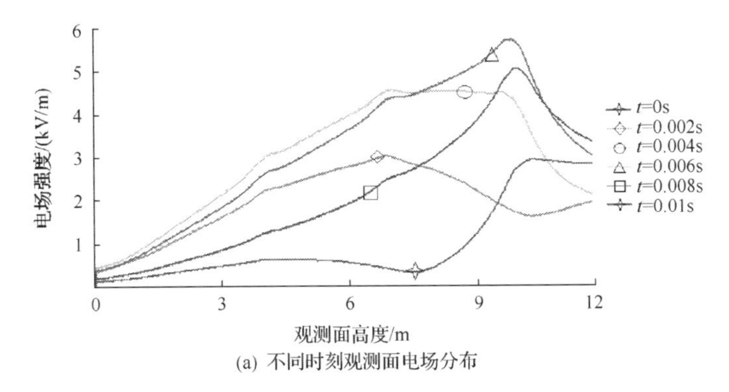


(a) 不同时刻观测面电场分布

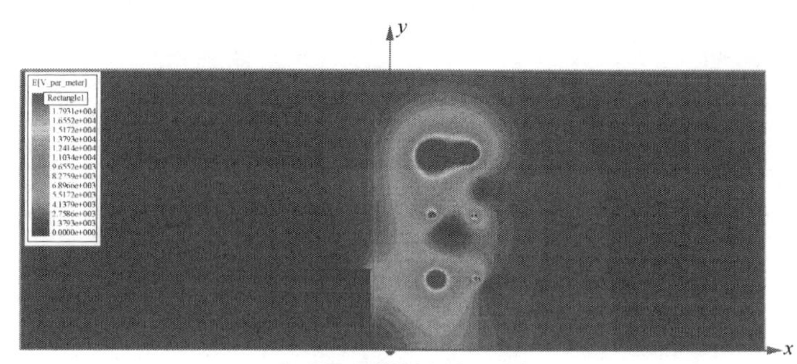

(b) 场强最大时刻空间电场分布

图 2-32　右侧回路底层导线接地故障时空间电场分布

从图 2-32(a)可以看出，$t=0.004\text{s}$、0.006、0.008s 时刻观测面上电场强度均超出 4kV/m 的限值。各时刻观测面场强最值见表 2-24。

**表 2-24　右侧回路底层导线接地故障时不同时刻观测面最大电场强度**

| 时间/s | 0 | 0.002 | 0.004 | 0.006 | 0.008 | 0.01 |
|---|---|---|---|---|---|---|
| 电场强度/(kV/m) | 2.93 | 3.02 | 4.54 | 5.71 | 5.03 | 2.93 |

由仿真结果可得，线路右侧回路底层导线接地故障情况下，建筑物层与层之间外墙结构复杂的地方均出现电场强度的突变，尤其是建筑物楼顶外墙处，最大场强达到 5.71kV/m，出现在 $t=0.006\text{s}$ 时刻。

由上述仿真分析可得，线路左侧回路导线无论出现单相接地故障，还是出现单相停电情况，建筑物与线路间距离为 7.5m 时，观测面上的电场强度最大值都出现了超过 4kV/m 限值的情况；右侧回路只有在底层导线发生单相接地故障和单相停电时，观测面电场强度最大值才会超过限值。

左侧回路第一层导线出现单相停电情况下，观测面的电场强度最值大于其他所有单相故障，达到 6.92kV/m。同样将建筑物模型按每次移动 1m 的规律，逐步远离线路，通过仿真分析可知，当建筑物距边相导线 14.5m 时，观测面上的电场强度减小到限值以下，此时线路中心与建筑物之间的距离为 9.04m。

### 2.4.3　风偏时线路与建筑物间安全距离推算

下面考虑在大风作用下，线路风偏以后与建筑物安全距离是否满足要求。建筑物邻近该段线路的档距为 330m，线路两端挂线点高差为 5.2m，查应力弧垂曲线可知，最大风情况下，导线水平应力为 $\sigma_0=81.85\text{MPa}$，水平风压比载为 $\gamma_h(0,30.9)=31.139\times10^{-3}$，由

$$f_{\mathrm{hm}} = \frac{\gamma_h l^2}{8\sigma_0 \cos\beta} \tag{2-11}$$

可得，最大弧垂在水平面的投影长度为 5.18m。式(2-11)中，$f_{\mathrm{hm}}$ 为最大弧垂在水平面的投影值，m；$\beta$ 为高差角；$\gamma_h$ 为比载；$l$ 为档距。

现场测量得到建筑物与线路中心的距离约为 16m，大于最大风偏情况线路中心与建筑物间要求的(9.04+5.18)m，并且建筑物与最大弧垂发生点不在同一位置上[11]。因此，双回线路单边挂线的设计满足本工程的要求，解决了线路邻近建筑物安全距离不足的问题。

## 2.5 本 章 小 结

本章介绍了建筑物电导率和相对电容率对电场的影响，建立了建筑物与线路的模型；分别对左右对称分布双回 220kV 输电线路和右侧单边挂线双回 220kV 输电线路邻近建筑物时工频交变电场分布进行仿真分析，选择出合理、经济的挂线方式，并推算合理的安全距离；对邻近建筑物的右侧单边挂线双回 220kV 输电线路出现单回停电、单相断线、单相接地等故障情况时的交变电场分布进行了仿真分析，验证了线路与建筑物间距离是否安全可靠。通过对仿真结果的分析，可得如下结果。

(1)线路邻近三层 10m 的建筑物时，左右对称分布双回 220kV 线路边相导线与建筑物的距离达到 7.5m，观测面上工频交变电场强度最值小于 4kV/m 的限值，此时建筑物距线路中心的距离为 13.06m；右侧单边挂线双回 220kV 线路边相导线与建筑物的距离达到 7.5m，观测面上工频交变电场强度最值小于 4kV/m 的限值，此时建筑物距线路中心的距离为 2.54m。因此，单边挂线可以有效地减小线路中心距建筑物的距离。

(2)对于单边挂线双回路 220kV 线路，当线路边相导线与建筑物间的距离达到 14.5m 时，也就是线路中心距离建筑物 9.04m 时，观测面上的电场强度在各故障情况下才能满足小于 4kV/m 限值的要求。

(3)考虑大风作用下线路风偏后，线路中心与建筑物间的距离应大于(9.04+5.18)m。

# 第二篇　输电线路邻近管道运行特征

# 第 3 章　电磁干扰影响分析及计算感性电压

电磁干扰究竟对什么对象产生不利的影响？影响和危害到什么程度？工作实际中允许这种危害到什么程度？电磁影响是通过什么机理和方式产生的？如何分析计算电磁影响？上面的问题的持续深入研究很重要，因此，本章将重点解决这些问题。

## 3.1　电磁影响的对象及安全限值

本节结合实例，分析、研究和归纳高压电力传输线路对管道的电磁干扰主要所包含的对象及相关安全限值。

### 3.1.1　电磁影响涉及的对象

管道中受电磁影响的对象主要有以下三个。

(1) 对人身安全的影响。输电线路无故障正常运行时，当天然气管道在一定范围内与高压输电线路接近时，管道涂层电压升高，这在一定程度上可能影响管道工作人员的正常工作；而当线路发生故障时，在传输金属管道上产生的感性耦合电压将突然间发生很大的变化，产生很大的值，如果此时工作人员正好在线上工作，并接触到管道各管位外漏的金属部分，可能会受到很大的电击，甚至危害生命。

(2) 对管道及附属设施安全的影响。这里研究对象为天然气管道，采用的是 3 层聚乙烯(polyethylene，PE)防腐层，其特点是高电阻性。在输电传输线路因各种原因发生故障时，可以在防腐层的两侧生成较高数值的电压差，可能击穿防腐层或损坏管道的附属设施，如果流入的电流持续增大，天然气管道的主体结构有可能受到破坏，直至击穿。

(3) 对管道的交流腐蚀。交流高压传输线路在正常并且长时间的运转下，如果此时传输管道的 3 层 PE 防腐层由于各种原因发生了类似裂纹、坏点等情况，就会出现交流腐蚀，其泄漏电流密度的大小会由于不同的埋设环境而不相等，严重时，会在较短时间导致天然气管道的主体部分受到破坏，发生穿孔及破裂，危害极大。

### 3.1.2 输电线路对天然气管道的电磁影响限值

天然气管道与高压输电传输线路相邻，为保证管道相关的人身及设备设施的安全，减小管道的交流腐蚀，在管道的建设、使用和维护中，必须将电磁影响缩小到一个安全可靠的范围内。要缩小和减少高压输电线路对管道的电磁影响，就要预先有针对性地研究分析各种电磁影响的限值标准，用于与线路各种运行情况下的管道交流感应电压进行比较，以便采取有效措施加以应对。

1) 人身安全电压限值

(1) 正常情况下的人身安全电压。各类标准规定的长时间作业情况下人身各类安全电压标准有所不同。在这些标准中，美国 NACE RP 0177-95 标准中规定的是限制在 15V，而我国国家标准规定较宽松，为 60V。

在《电信线路遭受强电线路危险影响的容许值》(GB 6830—1986) 中强调，高压传输电线路在无故障运行的情况下，与其相邻的通信线路上产生的纵向电压不能超过 60V。在长时间作用下，人体的安全电压取 33V 与 60V 均为合理，两者的不同之处在于针对的人群不同，前者适用于普通大众，后者适用于职业人员。工程实例涉及的天然气管道全部埋于地中，只有在管道沿线设置的测试桩内有与管道金属部分连接的裸露金属部件，仅有管道工作人员才能使用测试桩，而普通民众根本没有机会碰触到管道的任何金属部分。管道部门相关维护及操作工作人员进行工作时一般都有很好的保护措施。除此之外，我国铁道行业标准《交流电气化铁道对油(气)管道(含油库)的影响容许值及防护措施》(TB/T 2832—1997) 也规定，高压传输电线路在无故障运行的情况下，传输管道对地干扰电压的最大限值为 60V。因此，工程中长时间作用下，人身安全状态下的工作电压允许值应该按照专业人员来确定，本书设定为 60V。

(2) 故障情况下的人身安全电压。淮南—南京—上海 1000kV 输电工程的线路故障切除时间为 0.2s，并且为高可靠性输电线路，发生故障的概率很小，在线路发生故障时恰好有相关工作人员碰触到管道的裸露金属部分的概率更小。因此，本书采用《输电线路对电信线路危险和干扰影响防护设计规程》(DL/T 5033—2006) 中规定的 1500V 作为人体瞬间安全电压限值。

2) 天然气管道及附属设施安全电压限值

德国铁道、邮政等众多设备间电磁干扰仲裁机构认为 1000V 可作为无任何防护时，相关管道上的较少时间感应的最大允许值。如果管道的覆盖层采用的是沥青材料，其短时间允许的最大安全无危险电压限制在 1500V，可以不采取任何接地措施。由于不同的传输管道采用的防腐层的电阻率不尽相同，破坏指标也一定大小不同，干扰电压限值应该依据不同类型的防腐层具体分析而定。本书中天然气管道采用的是电阻率较高的 3 层 PE 防腐层，参考上述国外相关标准，采用 1500V 作为天然气管道的允许值上限。

关于油气传输管道的连带设备设施的限值电压，目前国际上还没有统一的规定，基本上是根据相关设施的各自不同特性，特别是抗电磁影响能力的区别而采用不同的标准。例如，我国石油运输行业的标准规定：KKG-3 型恒电位仪是较早以前生产的型号，12V 是其可抗干扰的压力限，而较新型号的 KKG-3BG 的压力限可设为 30V。

3）天然气管道的交流腐蚀限值

我国早期的金属传输管道多数采用石油沥青材料生产的防腐层，在金属传输管道的防腐蚀控制方面，石油行业方面的标准以土壤层酸碱度的情况为依据，用电压来确定安全允许数值，主要分为酸性土壤允许值为 6V、中性土壤允许值为 8V 以及弱碱性土壤允许值为 10V。近年来，性能方面比较高的 3 层 PE 等防腐层广泛应用，若继续将上述指标作为限值已经不能得到真实的反映。在相同的感应电压情况下，防腐层的电阻率越大，交流泄漏电流越小，相反，有可能使得感应电压不断升高，产生自相矛盾的现象。由此可知，继续使用电压来判断管道受腐蚀程度的标准已很不科学。而实际上，管道发生交流腐蚀的主要推手是泄漏电流。因此，以交流泄漏电流密度及交流电磁干扰电压来综合判断则更为可取。《埋地钢质管道交流干扰防护技术标准》（GB/T 50698—2011）中描述：如果干扰电压不足 4V，可以采取无防护。而当干扰电压大于 4V 以后，就要用交流泄漏电流密度来衡量和分析，当交流泄漏电流密度大于 $10mA/cm^2$ 时可认定为交流干扰为“强”，需要采取有针对性的有效防护措施；当泄漏电流密度的值为 $3\sim10mA/cm^2$ 时，可以判别成干扰为“中”，则还是应该采取交流干扰防护措施；当泄漏电流密度小于 $3mA/cm^2$ 时可以判别成干扰为“弱”，这时，视为安全无危险，因此，不需要进行干扰防护。这里应该知道，以上用于评价传输线路对油气传输管道的腐蚀程度的各项不同指标，是假设防腐层存在一定的坏点的，而不是在管道防腐层正常的前提下。

结合上述标准，本书天然气管道将管道电磁干扰电压大于 4V 且泄漏电流密度小于 $3mA/cm^2$ 作为管道腐蚀是否满足安全极限的标准。

## 3.2　电磁干扰的机理分析

交流电力传输线路在正常负荷运行的情况下，各相不平衡的电流会经过磁耦合在油气传输管道上产生出一定量的感应电压，因而，造成传输管道与大地产生一定的电位差[12]，此时，对管道相关工作人员存在一定的安全威胁。因此，分析与研究电力传输线路对油气管道的电磁干扰，就要先从其产生机理入手研究，这样才能做到科学合理地确定相关限值、制定实施防护措施。若从干扰的机理上划分，其影响可分为容性、阻性和感性耦合影响三类。

### 3.2.1 容性耦合影响

鉴于输电线路在运行时会在周围相当大的范围内产生电场，而电场会通过输电线路和一定范围内与其靠近的管道之间的相互电容耦合使传输管道及大地之间产生电压差，这种影响就称为容性耦合影响。由于我国的油气传输管道多数埋在地下，这样地表上的土壤具有一定的屏蔽作用，电场的破坏作用降低了，同时，行业规则规定，在施工和维护维修时应该逐段使传输管道与大地相连，所以输电线路正常负载情况下可忽略容性耦合影响。

### 3.2.2 阻性耦合影响

在电力传输线发生故障时，会有大的故障电流迅速经过杆塔流入大地，从而使得附近一定范围内的土壤的电位升高，附近一定距离范围内的传输管道上也会感应出不同数值的电位，这就是阻性耦合影响。当输电线路正常运转时，其各相电流基本上是一致的，因而，只有较小的电流从大地经过，这说明阻性耦合影响的作用在此时可以不考虑。

### 3.2.3 感性耦合影响

交流电力传输线路正常负荷运行时交变的电流在一定范围的空间内也会产生交变的磁场，输电线路一定范围内与其接近的管道受此影响便会在本体上产生电压。因为传输管道金属外壁通常包裹的防腐层并不是绝对的非导电材料，而大多是各类导体物质，所以，通常传输管道和大地不可避免地有一定的泄漏电压，并在传输管道上产生涂层感应电压。这种电磁的相互作用就称为感性耦合影响。在大多数情况下，在三相交流输电系统结构中，三相导线与传输管道基本上都是不对称的，因此，电感耦合影响就很明显。

## 3.3 基于管道大地数学模型的感性耦合电压计算

由上述电磁干扰的机理分析可知，高压电力传输线路在正常负载运行的时候，对油气传输管道的最重要的影响应该是感性耦合影响。感性耦合电压的计算通常基于传输管道与大地回路之间的传输线模型，并据此建立数学模型，推导其解析表达式。这一模型通常是把大地设定为有效的参考物，图 3-1 为其等效电路。

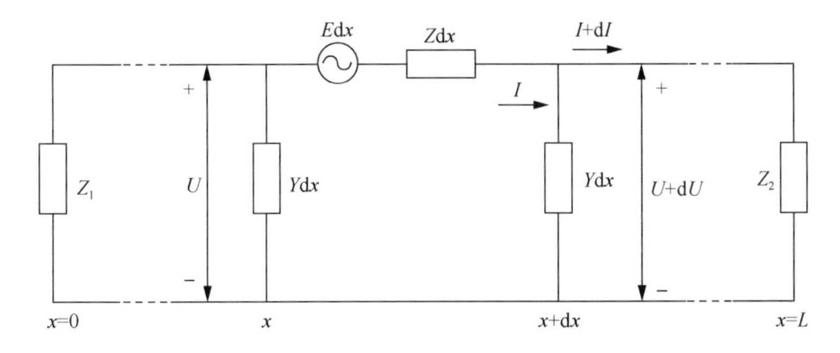


图 3-1　传输管道–大地回路等效电路

相应的频域电报方程为

$$\frac{\mathrm{d}U(x)}{\mathrm{d}x}+ZI(x)-E(x)=0 \tag{3-1}$$

$$\frac{\mathrm{d}I(x)}{\mathrm{d}x}+YU(x)=0 \tag{3-2}$$

式中，$U$ 和 $I$ 分别为管道沿线电压、电流；$Z$ 为模型的基本单位平均长度上的串联阻抗；$Y$ 为模型的基本单位平均长度上的并联导纳；$E$ 为基本单位平均长度上的感应电压。设 $x$ 坐标发生变化时，基本单位平均长度上的感应电压并不变，也就是说 $E$ 为常数，便可根据式(3-1)和式(3-2)进行计算，并求得如下通解：

$$U(x)=A\mathrm{e}^{\gamma x}+B\mathrm{e}^{-\gamma x} \tag{3-3}$$

$$I(x)=\frac{E}{Z}-\frac{1}{Z_\mathrm{c}}\left(A\mathrm{e}^{\gamma x}-B\mathrm{e}^{-\gamma x}\right) \tag{3-4}$$

式中

$$\gamma=\sqrt{ZY}=|\gamma|<\theta=\alpha+\mathrm{j}\beta \tag{3-5}$$

$$Z_\mathrm{c}=\sqrt{\frac{Z}{Y}} \tag{3-6}$$

式中，$Z_\mathrm{c}$、$\gamma$、$\alpha$ 和 $\beta$ 为模型的特性阻抗、传播常数、衰减常数和相位常数；$\theta$ 为传播常数辐角。式(3-3)、式(3-4)中未确定的系数将由传输线端部约束条件 $U(0)$ 和 $U(L)$ 最终确定，代入整理可得

$$A=\frac{E\left[(1+\rho_1)\rho_2-(1+\rho_2)e^{\gamma L}\right]}{2\gamma\left(\rho_1\rho_2-e^{2\gamma L}\right)} \tag{3-7}$$

$$B=\frac{E\left[(1+\rho_1)e^{2\gamma L}-\rho_1(1+\rho_2)e^{\gamma L}\right]}{2\gamma\left(\rho_1\rho_2-e^{2\gamma L}\right)} \tag{3-8}$$

式中

$$\rho_1=\frac{Z_1-Z_c}{Z_1+Z_c} \tag{3-9}$$

$$\rho_2=\frac{Z_2-Z_c}{Z_2+Z_c} \tag{3-10}$$

当交流输电线路与油气传输管道平行接近时，可以将平行段的情况归纳为如下五种形式：

(1) 传输管道的两侧均不接地，当其超过与输电线路并行接近段后，开始向两个方向不断伸展，即 $Z_1=Z_2=Z_c$， $\rho_1=\rho_2=0$。

(2) 当传输管道其中一端超过与输电线路并行接近段后，开始向前方不断伸展，而其另外的一端悬空，同时不接地，即 $Z_1=Z_c$， $Z_2=\infty$， $\rho_1=0$， $\rho_2=1$。

(3) 传输管道在两端终止悬空，并且不接地，即 $Z_1=Z_2=\infty$， $\rho_1=\rho_2=1$。

(4) 传输管道在两端全部接地，即 $Z_1=Z_2=0$， $\rho_1=\rho_2=-1$。

(5) 传输管道在其中的一侧与大地相接，而在另一侧悬空，同时，不接地，即 $Z_1=0$， $Z_2=\infty$， $\rho_1=-1$， $\rho_2=1$。

从国内现有管道工程施工的实际情况，以及油气传输管道与电力线路位置走向来看，其中最多的表现形式为二者相互间存在一段平行弯曲靠接，然后，管道在两侧会逐渐远离电力线路而向远方不断伸展，这在数学模型中体现为管道两端连接匹配阻抗，对应上述情况 (1)，将 $\rho_1=\rho_2=0$ 代入式 (3-7)、式 (3-8)，结合式 (3-3) 可得管道沿线电压：

$$U(x)=\frac{E}{2\gamma}(e^{\gamma(x-L)}-e^{-\gamma x}) \tag{3-11}$$

式中，传输管道沿线电压的幅值 $|U(x)|$ 关于管道中点 $x=L/2$ 对称，且有 $U(L/2)=0$。将式 (3-5) 代入式 (3-11) 可得

$$\left|U(x)\right| = \left|\frac{E}{2(\alpha + \mathrm{j}\beta)}\right| \left|\mathrm{e}^{(\alpha+\mathrm{j}\beta)(x-L)} - \mathrm{e}^{-(\alpha+\mathrm{j}\beta)x}\right| \tag{3-12}$$

令

$$f(x) = \left|\mathrm{e}^{(\alpha+\mathrm{j}\beta)(x-L)} - \mathrm{e}^{-(\alpha+\mathrm{j}\beta)x}\right|^2 = \mathrm{e}^{2\alpha(x-L)} + \mathrm{e}^{-2\alpha x} - 2\mathrm{e}^{-\alpha L}\cos(2\beta x - \beta L) \tag{3-13}$$

则

$$f'(x) = 2\alpha(\mathrm{e}^{2\alpha(x-L)} - \mathrm{e}^{-2\alpha x}) + 4\beta \mathrm{e}^{-\alpha L}\sin(2\beta x - \beta L) \tag{3-14}$$

$$\begin{aligned} f''(x) &= 4\alpha^2(\mathrm{e}^{2\alpha(x-L)} + \mathrm{e}^{-2\alpha x}) + 8\beta^2\mathrm{e}^{-\alpha L}\cos(2\beta x - \beta L) \\ &= 4\alpha^2\mathrm{e}^{-\alpha L}\left(\mathrm{e}^{\frac{\alpha}{\beta}t} + \mathrm{e}^{-\frac{\alpha}{\beta}} + 2\frac{\beta^2}{\alpha^2}\cos t\right) \end{aligned} \tag{3-15}$$

式中，$t = 2\beta x - \beta L$，考虑到传输管道沿线电压的幅值关于管道中点对称，取 $x \in [L/2, L]$，即 $t \in [0, \beta L]$。

只要通过简单计算可知，当 $\alpha/\beta \geqslant 0.593$，即传播常数辐角 $\theta \leqslant 59.3°$ 时，式(3-15)恒为正。$f''(x)$ 单调递增，且 $f''(L/2)=0$，可得 $f''(x)$ 恒大于零，即 $f(x)$ 也单调递增，此时传输管道沿线电压，也就是传输管道金属电位的最大值，出现在管道两端。

油气传输管道采用的系统结构模型中传输管道在两端终止且不接地，对应上述情况(3)，即 $Z_1 = Z_2 = \infty$，$\rho_1 = \rho_2 = 1$；将 $\rho_1 = \rho_2 = 1$ 代入式(3-9)及式(3-10)中，结合式(3-3)即可得管道沿线电压的数学模型：

$$U(x) = \frac{E\mathrm{e}^{\gamma x} - \mathrm{e}^{\gamma(L+x)} + 2E\mathrm{e}^{2\gamma(L-x)} - 2\mathrm{e}^{\gamma(L-x)}}{2\gamma\left(1 - \mathrm{e}^{2\gamma x}\right)} \tag{3-16}$$

由同样的计算方法可知，此时传输管道沿线电压，即传输管道金属电位的最大值出现在管道左端(近用户端)。

## 3.4 本 章 小 结

本章对电磁干扰包含的对象及其相关安全限值进行了研究，对人身安全、油气传输管道和附属设施安全、油气管道的交流腐蚀原因和危害程度进行了详细探究；查阅相关资料对人身安全、油气传输管道和附属设施安全、油气管道腐蚀的电磁干扰限值进行了总结归纳；从电磁干扰的机理上深入分析了交流输电线路对油气管道类电磁干扰的产生条件、影响程度；基于管道–大地回路传输线模型，建立了数学仿真模型，分析了电磁干扰的主要类别——感性耦合电压的计算方法，并结合工程实际情况，推导了天然气管道感性耦合电压的计算公式，并得出了传输管道沿线金属电位最大值出现在管道左端(近用户端)的结论。

# 第 4 章　利用 CDEGS 软件进行电磁干扰的仿真计算

## 4.1　建立仿真系统

### 4.1.1　系统结构描述

研究分析系统结构模型：淮南—南京—上海 1000kV 特高压交流输变电工程中，泰州站与苏州站之间包括 10 段输电线路与天然气管道。根据中国建筑西南设计研究院提供的资料，管道为沿着输电线路走向进用户食堂的天然气管道，在进用户食堂前由钢质管道换为非金属的 PE 管道，钢质管道端部无接地。其与线路平行接近部分距离泰州站约 332.1km，总体相互接近的长度约为 1km。管道邻近电力传输线路，路径弯曲。终端 1 和终端 2 分别对应于变电站 1 和变电站 2。两个变电站与大地配套接地设施的对地阻抗数值都为 0.5Ω。

### 4.1.2　系统结构模型的相关参数

1) SESTLC 采用的坐标系统

在 SESTLC 中采用右手坐标系统，图 4-1 为管道在右手坐标系统中的示意图。输电线路沿着 $X$ 轴方向，从终端 1 到终端 2 进行定义。终端 1 位于 $X$=0 处。当沿终端 1 到终端 2 方向时，$Y$ 轴就位于坐标轴左侧，输电线路的中心为 $Y$=0(选择这种方式较为方便，也可以根据需要自行进行修改)。$Z$ 轴正方向向上，$Z$=0 为地表。在该坐标系统中可定义受干扰回路天然气管道的关键点坐标 $P_1$～$P_6$。

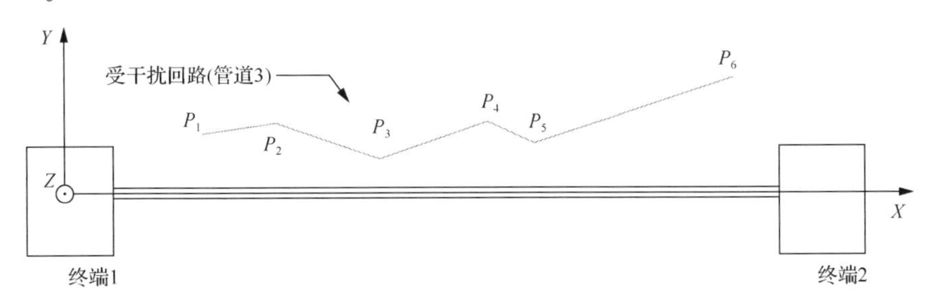


图 4-1　天然气管道在 SESTLC 右手坐标系统中的示意图

2) 天然气管道的坐标及其他相关参数

天然气管道结构如图 4-2 所示。根据以往研究经验，管道防腐层电阻率越大，电力输电线路在传输管道上生成的干扰电压越高，因此，在无相关管道参数的情况下，暂按现行常用且管道防腐层电阻率较高的 3 层 PE 涂层参数作为计算条件，其他参考西气东输工程中的相关管道参数：管道埋深 $h_p$ 为 1.5m；内半径 $r_1$ 为 485mm，外半径 $R_1$ 为 505mm，壁厚 20mm；管道防腐层为 3 层 PE 涂层，厚度为 3mm；管道绝缘层外半径 $R$ 为 508mm；管道的材料为钢，相对电阻率为 10Ω·m（相对于退火铜），相对磁导率为 300 $\mu_0$（$\mu_0$ 为真空磁导率，$4\pi\times10^{-7}$H/m），管道涂层的电阻率为 $1\times10^5\Omega\cdot m$。

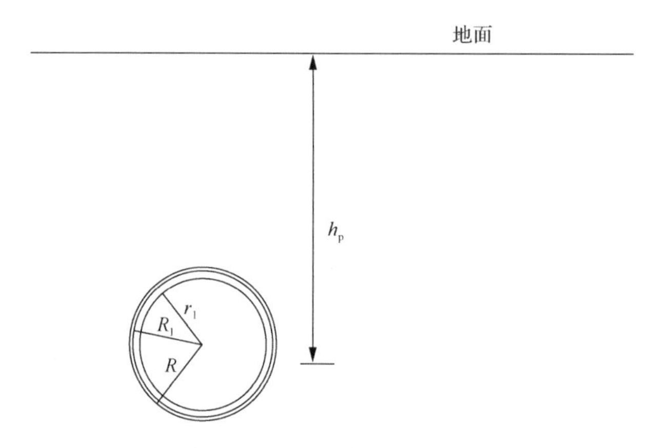


图 4-2　天然气管道结构图

图 4-3 为天然气管道的坐标图，表 4-1 为天然气管道中 $P_1$～$P_6$ 点的坐标参数。

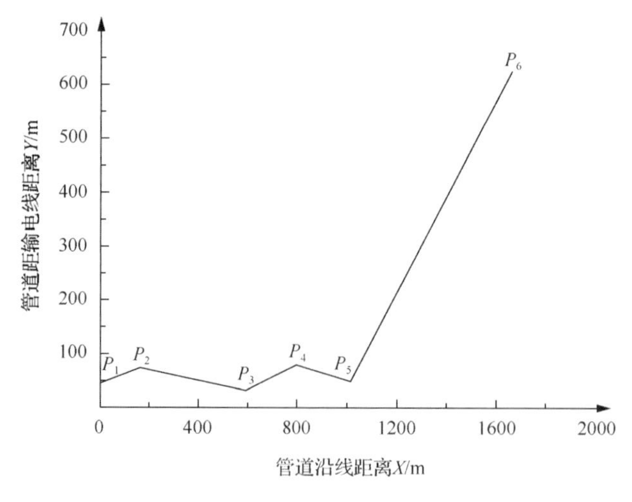


图 4-3　天然气管道坐标图

**表 4-1　天然气管道 3 坐标参数**

| 点 | X/m | Y/m | Z/m |
| --- | --- | --- | --- |
| $P_1$ | 0 | 46 | –1.5 |
| $P_2$ | 153 | 72 | –1.5 |
| $P_3$ | 591 | 36 | –1.5 |
| $P_4$ | 798 | 80 | –1.5 |
| $P_5$ | 1019 | 49 | –1.5 |
| $P_6$ | 1682 | 643 | –1.5 |

3) 输电线路坐标及其他相关参数

输电线路采用双地线，型号为 7 No. 8 Alumoweld；相线分裂数为 8，相线型号为 795 MCM ACSR Drake；杆塔接地阻抗为 32.3 Ω；杆塔档距为 300m；地线及各相线断面如图 4-4 所示，同塔双回逆向序布置。地线及各相线断面参数如表 4-2 所示，其中 $H_3$ 为距地面距离最小相导线的平均高度。表 4-3 为输电线路地线及各相线坐标参数。

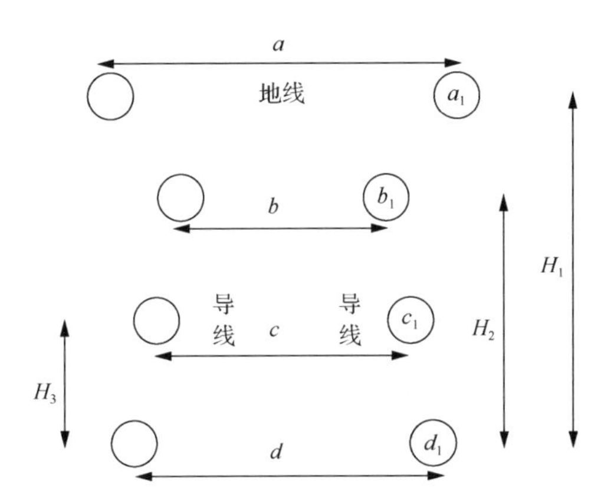


图 4-4　地线及各相线断面图

**表 4-2 输电线路地线及各相线断面参数表**　（单位：m）

| a | b | c | d | $H_1$ | $H_2$ | $H_3$ | $H_4$ |
| --- | --- | --- | --- | --- | --- | --- | --- |
| 34.8 | 22.9 | 24.1 | 25.9 | 55 | 41.6 | 20.8 | 30 |

**表 4-3　输电线路地线及各相线坐标参数**

| 相序 | x/m | y/m |
| --- | --- | --- |
| $a_1$ | 17.40 | 85.00 |
| $b_1$ | 11.45 | 71.60 |
| $c_1$ | 12.05 | 50.80 |
| $d_1$ | 12.95 | 30.00 |

4）输送容量及单相短路电流数值

根据相关资料，在正常负载情况下，泰州—苏州段线路输送容量为 2×5000～2×6000MW；按较大输送容量确定的每根相线内的正常最大线路负载三项平衡线电流值为 3.46kA。

对于电力传输线路出现短路故障的情况，根据中国建筑西南设计研究院提供的设计资料，图 4-5 绘出了泰州—苏州段特高压交流输电线路发生单相接地短路故障时沿线不同位置的短路电流分布曲线。

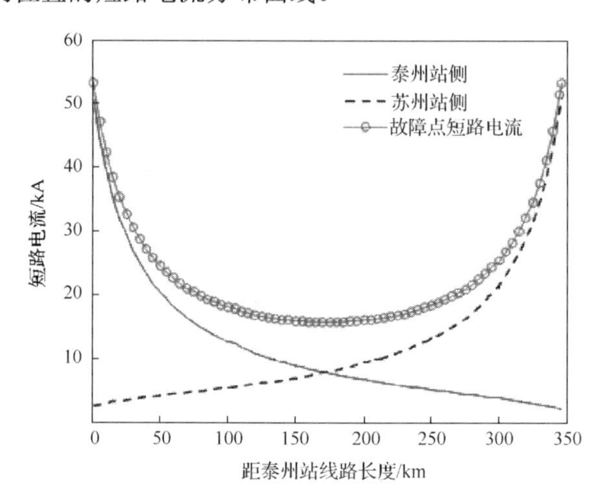


图 4-5 1000kV 泰州至苏州变电站间线路发生单相接地短路时的故障电流分布

系统结构模型包括 10 段天然气管道，距泰州 332.1km，其平行接近线路的长度约 1km，由图 4-5 可知发生短路故障时，天然气管道处通过线路杆塔流进大地的电流最大值约为 30kA，约为稳态运行电流的 10 倍。

5）土壤特性

天然气管道埋设层土壤电阻率为 32.3Ω·m。

## 4.2 仿真计算及结果分析

CDEGS 是基于矩量法开发的电力系统电磁干扰仿真计算软件包，它是以电磁理论为基础编写分析程序的，不受频率大小的限制，所以，分析结果极为精确。CDEGS 的功能十分丰富，其最重要、最有创新和最有实际应用价值的核心功能就是在输电线路正常负载运行和发生各种故障两种不同的状态下，能够对输电线路与一定范围内与其接近的金属管道的任意位置的电场、电磁场及电磁干扰电压、电流的分布及变化情况进行直观、生动和量化的仿真计算分析。下面采用 SESTLC 子软件仿真计算包 10 段输电线路正常负载运行及发生单相接地短路故障情况下对天然气管道的电磁干扰及各种影响电磁干扰因素的计算分析。

### 4.2.1　稳态条件下电磁干扰的仿真计算及结果分析

图 4-6 为 CDEGS 软件包启动界面。

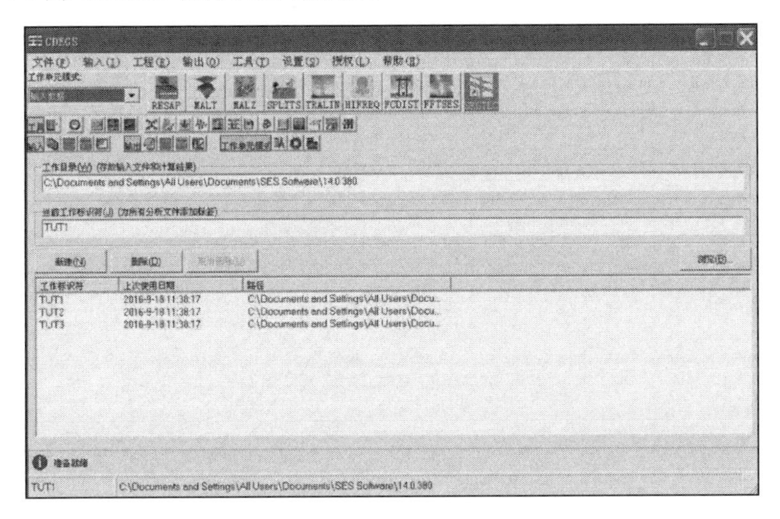


图 4-6　CDEGS 软件包启动界面

首先按程序各步骤输入 4.1 节数据准备中的各项相关参数，直至计算出天然气管道上的感应电压、管道涂层感应电压及管道上纵向电流的分布曲线以及分布数值。在计算过程中需要注意以下条件的设定。

(1) 系统单位：我国规定电力系统标准频率为 50Hz。对容量在 3000MW 以上的系统，频率允许偏差为 (50±0.2) Hz。因此，计算时，电力系统工作频率应设定为 50Hz；系统单位采用公制。

(2) 受干扰线路：在该界面需要定义外半径、内半径、管道和涂层材料特性以及终端的阻抗值。在本书中，因为天然气管道与输电线路不是平行的，所以视为弯曲被干扰线路，同时，根据管体关键点坐标定义该线路路径。

(3) 为了更精确地计算天然气管道电位，输电线路每段跨长和每档距的分段数分别采用 300m 和 3m 来控制管道的分段情况。

(4) 左端接地阻抗和右端接地阻抗分别定义管道左端点和右端点的接地电阻。本系统结构模型左端管道在进用户食堂前由钢质管道换为非金属的 PE 管道且钢质管道端部无接地，所以此端点相当于悬空。右端点也设为悬空，接地阻抗视为无穷大。

(5) 相线及中性线外半径、内半径、相对电阻率及相对电磁率等参数分别由其线型号 795MCMACSR Drake 和 7 No. 8Alumoweld 在计算过程中从导体数据库中获取。

(6) 本系统结构模型线路的额定电流为 3.46kA，由于通常情况下可以忽略埋地管道的电容耦合影响，需选择不考虑感应到中性线的电流。

图 4-7 是经过仿真计算得到的天然气管道上的感应电压(涂层感应电压)沿线分布曲线。在稳定状态运行条件下，管道感应电压和管道涂层感应电压是相同的。

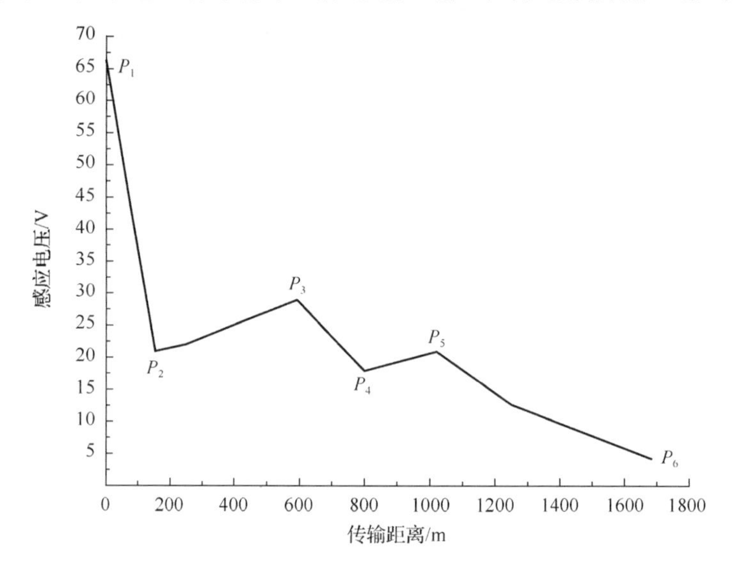


图 4-7　天然气管道上的感应电压(涂层感应电压)沿线分布曲线

由感应电压分布曲线可以看出，天然气管道上沿线大部分电压处于 30V 以下，但在进户位置上产生的相对于大地的感应电压达到了约 66V，大于国家标准的 60V 人身无风险电压限值，通过对模型一系列数据的分析得出，主要原因有以下两个。

(1) 天然气管道与输电线路在 1km 范围内的接近距离很小，大部分位置接近距离在 30～75m，接近距离越小，输电线路对管道的感性耦合程度反而会越大，干扰电压就会越大。

(2) 天然气管道在进用户食堂之前由钢质管道换为非金属的 PE 管，金属管道无接地。管道上的感应纵向电流在进户端只能经由防腐层入地，相较于两端无限延伸的管道，其防腐层电阻率远大于延伸段管道的等效对地阻抗，这也就使得无延伸管道端部的对地电压高于两端延伸管道的对地电压。

### 4.2.2　稳态条件下影响电磁干扰因素的计算分析

影响高压电力传输线路对管道感应电压大小的因素很多，其中包括管道、高压电力线路及线路与管道对象间一定范围内的相互接近位置等。这其中有些是重要因素，而有些则是理论上有影响，但实际影响很小，可以忽略。管道影响因素主要表现为管道直径、管道的不同防腐层材料的绝缘电阻率等特性参数的变化；

输电线影响因素主要表现为载流量等特性参数的变化；其他的影响因素还有管道埋深、线路与管道的距离及土壤层电阻率等参数的变化。

下面对每个影响因素选取 3 到 4 组数据，在其他参数不变的情况下，分别利用 SESTLC 软件逐一计算分析各重要因素及易变化因素对电磁干扰水平的影响规律。

1)不同大小的负荷电流对电磁干扰的影响

本书中输电线路载流为 3.46kA，其干扰结果在 4.2.1 节已计算出。这里再选取载流为 1.2kA 和 4.6kA 两组数据进行模拟计算。在输电线路及其他相关参数不变的情况下，这两组不同载流的管道上交流感应电压计算结果如图 4-8、图 4-9 所示，其电力传输线路载流的大小对干扰结果的影响规律见表 4-4。

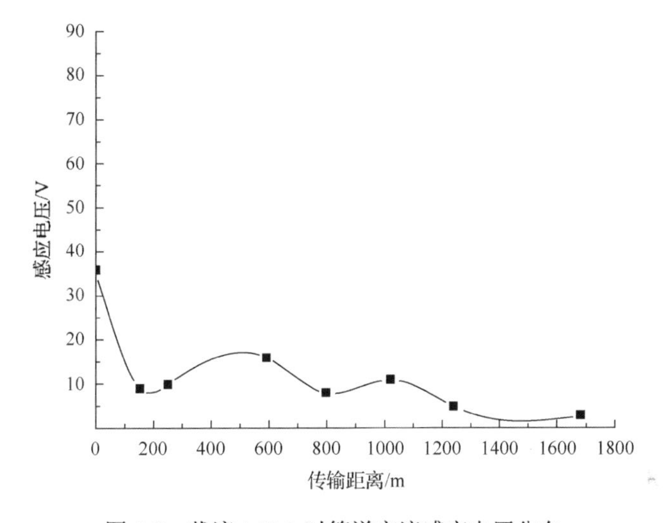


图 4-8 载流 1.2kA 时管道交流感应电压分布

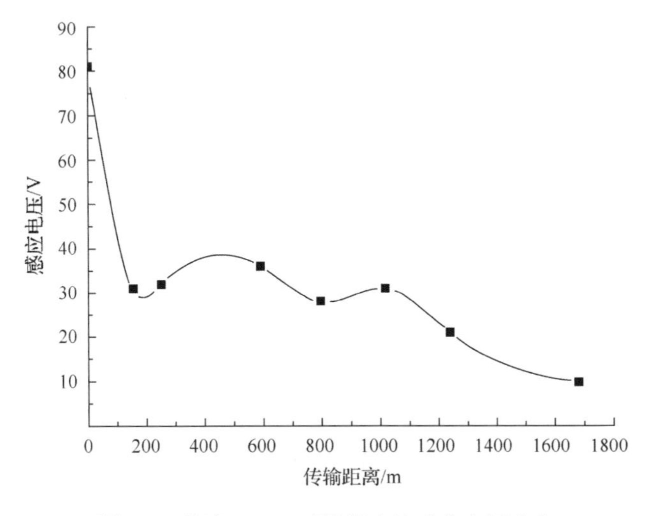


图 4-9 载流 4.6kA 时管道交流感应电压分布

**表 4-4　输电线路不同载流对干扰结果的影响**

| 载流量/kA | 最大管道对地交流感应电压/V |
|---|---|
| 1.2 | 36 |
| 3.46 | 66 |
| 4.6 | 81 |

从模拟的计算结果可以看出，管线上的电磁干扰电压在负荷电流不断增大变化时，其值也跟着不断增大。

2) 不同绝缘电阻率的防腐层产生不同电磁影响

本书中天然气管道防腐层材料类型为 3 层 PE，其电阻率为$1\times10^5\Omega\cdot m^2$，其干扰结果在 4.2.1 节已计算出。这里再选取石油沥青和熔结环氧两组数据进行模拟计算，如表 4-5 所示。在电力传输线路及其他相关参数不变的情况下，这两组不同的防腐层类型的管道上交流电磁感应电压运算结果如图 4-10、图 4-11 所示，不同防腐层类型对干扰结果的影响见表 4-6。

**表 4-5　典型防腐层绝缘电阻率**

| 防腐层类型 | 绝缘电阻率/($\Omega\cdot m^2$) |
|---|---|
| 石油沥青 | 5000 |
| 熔结环氧 | 10000 |
| PE(3 层) | 100000 |

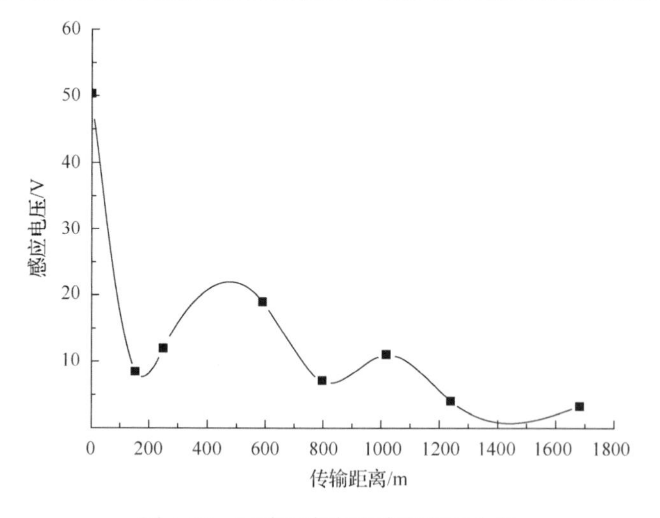


图 4-10　石油沥青交流感应电压分布

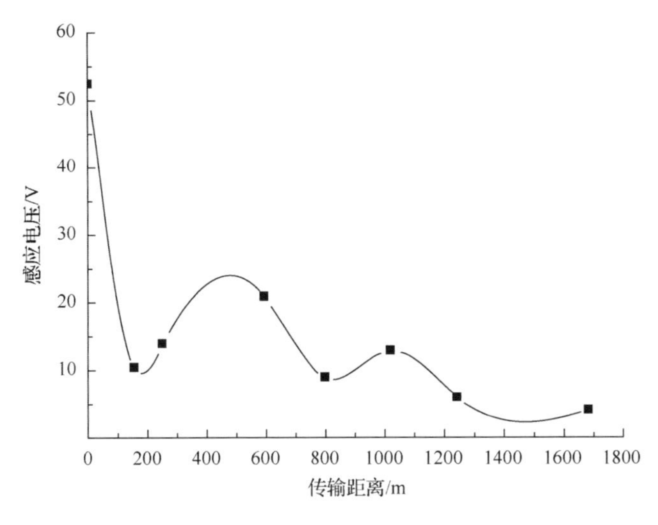


图 4-11　熔结环氧交流感应电压分布

**表 4-6　不同防腐层类型对干扰结果的影响**

| 防腐层类型 | 绝缘电阻率/（$\Omega\cdot m^2$） | 最大管道对地交流感应电压/V |
|---|---|---|
| 石油沥青熔结环氧 PE(3 层) | 5000 | 50.3 |
| | 10000 | 52.5 |
| | 100000 | 66 |

从仿真的计算结果中可以总结出，防腐层绝缘电阻率增大时，感应电压也随之增大。

3) 不同的管道间距对电磁干扰的影响

本书中天然气管道与输电线路平行接近长度约为 1km，但这 1km 范围内路径是弯曲的。管道大致可分成 5 段(6 个关键点 $P_1$～$P_6$)，与线路的间距各不相同。在 4.2.1 节稳态条件下电磁干扰的仿真计算方法及结果分析中，图 4-7 已经反映出 $P_1$～$P_6$ 不同管位处的感应电压随间距变化的规律。

天然气管道在用户食堂进户位置虽距输电线路有 46m，但对地电压却达到了约 66V，游离于规律之外。管道的其他各管位干扰电压突出反映了其随着线路与管道空间位置大小变化的规律。

在与输电线路平行接近的 1km 内及管道远离线路的整个 $P_1$～$P_6$ 段，天然气管道始终受到电磁干扰；在距用户食堂进户位置 1400m 处，感应电压降为 10V 以下，此处管位距线路间距约为 280m；在距用户食堂进户位置 1710m 处，感应电压降为 4V 以下，此处管位距线路间距约为 850m。

按照《埋地钢质管道交流干扰防护技术标准》(GB/T 50698—2011)中要求的4V作为电压限值，850m可作为天然气管道的安全距离；若按照有关标准中较宽松的10V作为电压限值，280m可作为天然气管道的安全距离。此安全距离也可作为其他管道工程施工的参考。

4)不同的管道外径对电磁干扰的影响

本书中天然气管道的外半径为505mm，其电磁干扰结果在4.2.1节中已计算出。下面再以天然气管道外半径为中心，分别选取其两侧管道外径为305mm、405mm、605mm、705mm四组数据进行计算。在电力传输线路及其他相关参数不变的情况下，这四组外径各异的管道上交流感应电压沿传输线路分布情况如图4-12～图4-15所示。

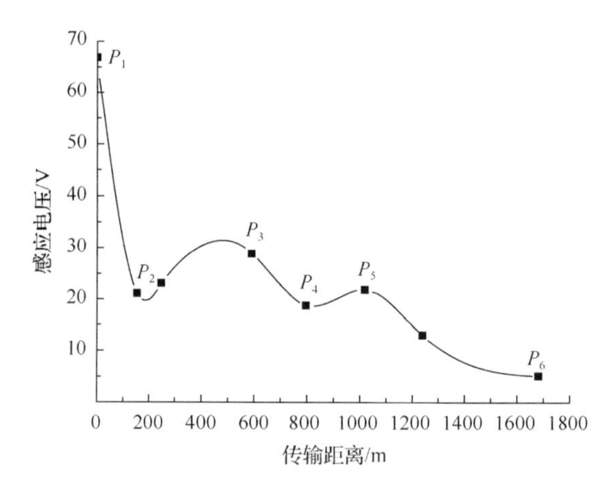


图4-12　305mm外径管道交流感应电压分布

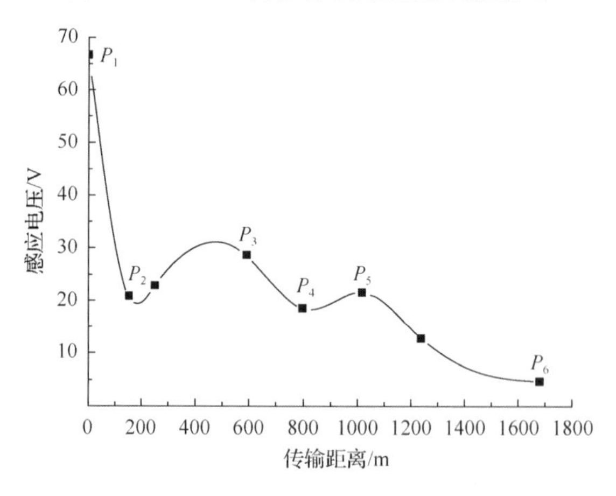


图4-13　405mm外径管道交流感应电压分布

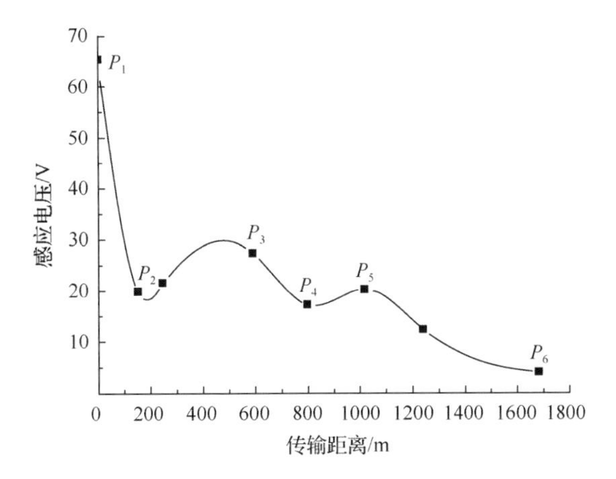


图 4-14　605mm 外径管道交流感应电压分布

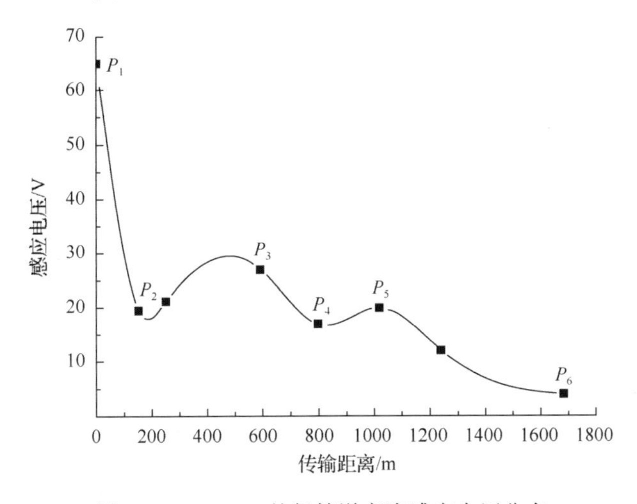


图 4-15　705mm 外径管道交流感应电压分布

由图 4-12～图 4-15 可知，管道上受到的交流感应电压随管道外径的增加而减小，但根据模拟计算结果可以看出，其变化值不大，说明实际影响很小，可以忽略。

5) 不同埋深的管道产生的不同电磁影响

本书中天然气管道埋深为 1.5m，其干扰结果在 4.2.1 节中已计算出。再选取管道埋深为 1m 和 5m 进行模拟计算。在输电线路及其他相关参数不变的情况下，这两组不同埋深的管道上交流感应电压计算结果如图 4-16、图 4-17 所示。

由图 4-16 和图 4-17 可知，管道上受到的电磁感应电压随埋深的增加而变小，但根据模拟计算结果可以看出，其变化值不大，说明实际影响很小，可以忽略。

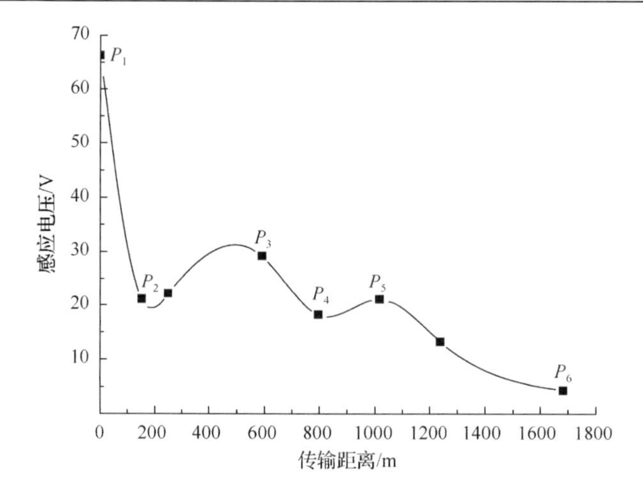


图 4-16　埋深为 1m 时交流感应电压分布

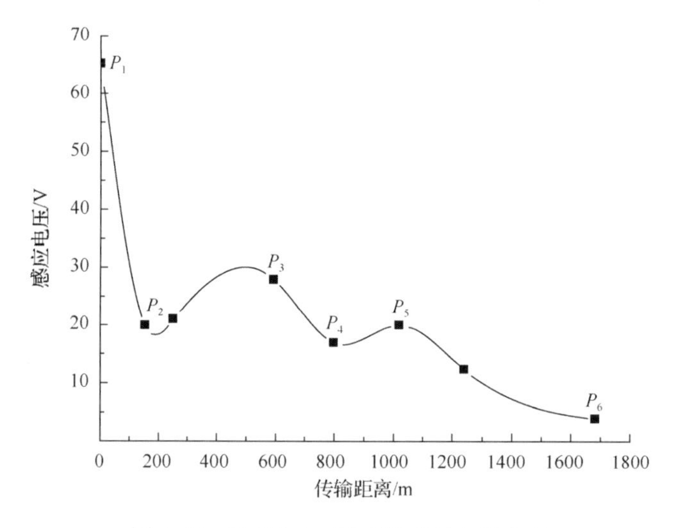


图 4-17　埋深为 5m 时交流感应电压分布

6）不同土壤电阻率产生不同的电磁影响

本书中管道土壤电阻率为 32.3Ω·m，其干扰结果在 4.2.1 节已计算出。这里再分别选取土壤层的电阻率为 10Ω·m、100Ω·m、1000Ω·m 三组数据进行模拟计算。在输电线路及其他相关参数不变的情况下，从计算结果可以得知，与不同的管道埋深影响相似，管道埋设处不同的土壤电阻率对管道上的交流感应电压影响也不大，其交流感应电压计算结果图形及不同土壤电阻率对干扰结果的影响汇总表在此忽略。

输电线路在稳态运行下，影响感应电压的因素可总结如下：随着输电线路中电流的不断增大，感应电压则呈线性正比例增长；防腐层绝缘电阻率增大时，电磁电压也随之增大；随着间距的增大，管道的感应电压明显变小。这三个因素的影响较大，属于重要影响因素。理论上感应电压随管道外径的增加而减小；随埋深的增加而减小；土壤电阻率增大时，电磁电压也随之增大，但仿真计算结果数值变化很小，显示其影响不大。

### 4.2.3　暂态条件下电磁干扰的仿真计算及结果分析

暂态条件下干扰是指交流输电线路遭受雷击或系统发生单相接地短路故障时在金属管线上产生的瞬态电磁影响。鉴于目前高压输电线路良好的雷电防护条件，发生雷击的概率极低，本书主要计算分析系统发生单相接地短路故障时的电磁影响。

交流电力传输线路发生意外故障时，线路上的电流幅值会比正常运行时大数倍，甚至数十倍，此时在阻性及感性两种影响的协同作用下，相对于大地，在金属传输管道上生成感应电位。

下面主要利用 SESTLC 软件探讨本系统结构模型中 1000kV 输电线路在天然气管道附近的 J119#杆塔处($P_2$、$P_3$间 1500m 处)发生意外短路故障时，如何分析计算天然气管道上的感应电压(包括感应分量和传导分量)、管道涂层感应电压和管道纵向电流的方法，并给出结论。

在计算过程中除了需注意 4.2.1 节稳态条件下干扰的仿真计算中的相关条件，还要特别注意以下两个独有的计算条件。

(1)中心站：在 SESTLC 中，故障点总是位于中心站，即进行研究的位置。它通常为发生接地短路故障的变电站，也可以是一个输电线路杆塔或者一个建筑物，此处指 J119#杆塔，来自两个终端的输电线路与其相连。

(2)终端：在输电线路发生接地短路故障情况下，要定义终端的故障电流、终端的接地阻抗、杆塔档距及杆塔接地阻抗(本书故障电流为 30kA，终端的接地阻抗为 0.5Ω，杆塔档距为 300m，杆塔接地阻抗为 32.3Ω)。由于流入非故障相线的电流通常要远小于流入故障相线的电流，在计算故障条件下电磁干扰影响时可以只考虑故障电流的影响。

计算过程与 4.2.2 节稳态情况相似，选择故障条件的干扰计算类型，然后，按程序各步骤输入故障情况下的数据，除了中心站、终端、激励部分，数据与稳态情况相似。通过 4.2.1 节的计算，我们已经有了稳态情况下的电磁干扰模型，因此，也可以载入该模型并做一定的修改以得到故障情况下的电磁干扰模型。图 4-18～图 4-21 是经过仿真计算得到的天然气管道上的感应电压沿线分布曲线，包括管道感应电压(感应分量)沿线分布曲线、管道感应电压(传导分量)沿线分布曲线、管道涂层感应电压沿线分布曲线和管道纵向电流沿线分布曲线。

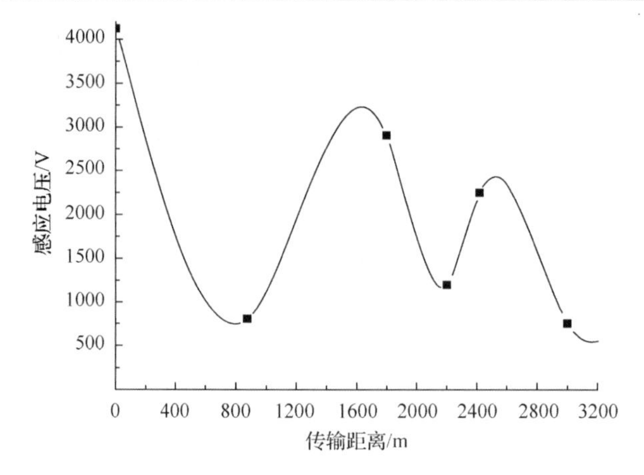


图 4-18　管道感应电压(感应分量)分布

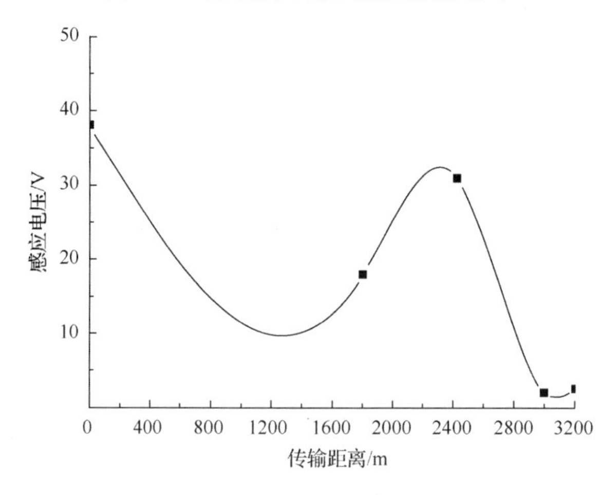


图 4-19　管道感应电压(传导分量)分布

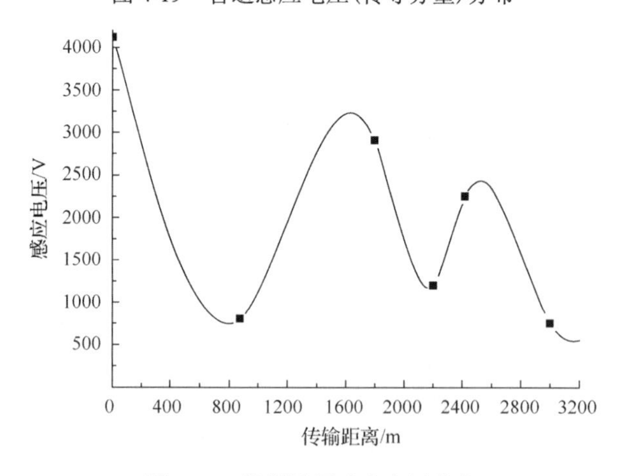


图 4-20　管道涂层感应电压分布

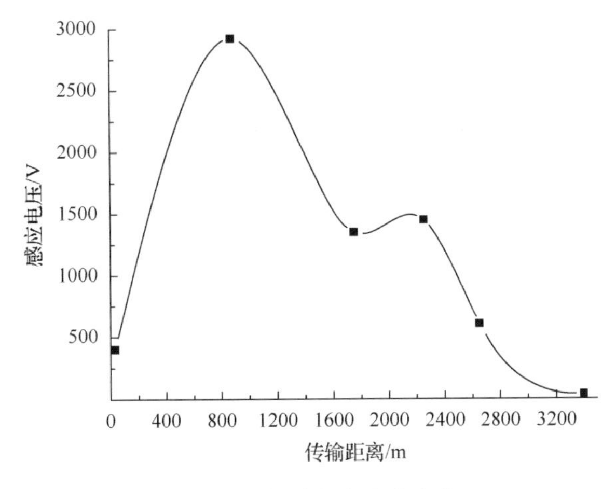


图 4-21　管道纵向电流分布

经以上计算结果分析比较可以看出：淮南—南京—上海 1000kV 特高压交流输电线路包 10 段发生意外故障时，邻近的天然气管道的感应电压的最高值约为 4120.9V，且仅在用户食堂出口附近的接近段内出现。部分管段的感应电压超出了 1500V 的人身瞬时无伤害电压限值。

### 4.2.4　暂态条件下影响电磁干扰因素的计算分析

交流电力传输线路发生短路意外故障时，其对油气传输管道的电磁影响程度，与线路和管道的相近段长度、线路杆塔和大地间电阻、架空地线型式及数量(地线电阻、地线半径)、土壤电阻率、线路和管道平行接近距离及管道外径等一系列参数密切相关。

按照 4.1.2 节中线路单相接地短路故障时电磁影响的计算方法，选取以上各影响因素的不同组数据，利用 SESTLC 软件计算分析便可得出管道感应电压随以上因素的变化规律：交流电力传输线路发生意外故障时在管道上生成的感应电压随着线路与管道平行长度的加大而逐渐变大，而且变化十分明显；线路杆塔对地电阻不断变大时感应电压反而逐渐变小，发生显著变化；输电线路同管道之间的平面距离的大小变化，对管道感应电压的影响也十分剧烈，前者不断增加的结果，是后者的逐渐减少。由此可见，以上三个是影响管道感应电压的重要因素。此外，随着不同防腐材料电阻率的持续增大，管道的干扰电压也不断增大，发生显著变化；感应电压随着土壤电阻率的增大而逐步增大；导线的对地高度、管径及架空地线半径等参数的变化对管道上产生的感应电压影响很小，可以忽略。

## 4.3 本章小结

本章根据中国建筑西南设计研究院提供的资料，选取淮南—南京—上海1000kV特高压交流输电线路泰州站与苏州站之间的包10段输电线路与邻近区域的天然气管道作为研究对象，建立仿真系统的结构模型，分析计算归纳管道、输电线路、土壤的相关参数；利用CDEGS软件包中的SESTLC子软件分别仿真计算了包10段输电线路正常负载运行下及单相接地短路故障情况下对天然气管道的电磁感应电压(包括感应分量和传导分量)、管道涂层感应电压和管道纵向电流的影响，绘制相关沿线分布曲线；根据仿真计算结果，对电磁影响程度及原因进行了分析和评估。其结论如下。

(1)输电线路正常运行时，天然气管道在进户位置上产生的对地电压达到了66V，超过了国标的60V人身安全电压限值。

(2)线路发生意外故障时，天然气管道3的感应电压最大值约为4120.9V，且仅在用户食堂出口附近的接近段内出现，管道的部分管位感应电压超过了1500V的人体瞬时安全电压限值。

本章通过对每个影响因素提取3～4组数据，在其他参数恒定的情况下，进行仿真计算，分析了输电线路稳态条件及单相接地短路故障两种情况下诸多因素对电磁干扰的影响规律，并将影响因素归纳为管道特性参数、高压输电线特性参数及其他参数三大类，分析归纳了重要影响因素及可以忽略的影响因素。在稳态条件下，干扰电压随着线路电流的不断变大而变大，而且呈线性正比关系；防腐层绝缘电阻率增大时，电磁电压也随之增大；随着间距的增大，管道的感应电压明显变小；在意外故障的情况下，感应电压随线路与管道相互靠近段长度的不断变大而变大，十分显著。而当线路杆塔的接地电阻不断增加时，感应电压反而不断减小，变化显著。以上这些因素的影响较大，属重要影响因素。土壤电阻率、管径、架空地线半径等参数的变化对管道上产生的感应电压影响很小，属于可以忽略的影响因素。

通过仿真计算还得出天然气管道如下结论：在与输电线路平行接近的1km内及管道远离线路的整个$P_1$～$P_6$段，天然气管道始终受到电磁干扰；若将4V作为电压限值，850m可作为天然气管道的安全距离，若将10V作为电压限值，280m可作为天然气管道的安全距离。

# 第5章　计算分析与评估管道的交流腐蚀

埋地金属管道与高压输电线路相邻敷设时，通过大量的现场实际平面布设结构可以看出，传输线路的相导线在架构上绝大多数与传输管道呈非对称形态，因此，电感耦合的影响比较明显，是产生交流电磁干扰电压的主因。在正常的负载运行情况下，感性耦合最终会在传输管道上形成一定幅值的感应电动势，致使管道金属层、管道绝缘层和大地三者之间构成一个松散的电流回路，电流循环于管道之中，并且不断地侵蚀管道、腐蚀其本体[13]。如果交流腐蚀形成长期的累积效应，就会使金属管道出现裂缝、穿孔等意外损伤，管道外层防腐材料就有可能出现脱离，而传输管道金属也可能出现氢脆现象，同时，还会极大地降低阴极保护传输管道设备设施的保护功能的发挥，产生更为严重的后果，致使阴极保护设备设施停止工作直至故障损坏。

## 5.1　管道交流腐蚀的评价准则及计算方法

当传输管道上感应出的电磁感应电压大于 4V 时，应当使用交流泄漏电流密度进行评估。具体为：当管道泄漏电流密度大于 10mA/cm$^2$ 时，交流电磁干扰程度可以认定为“强”，此时，要根据工程的具体情况选用合适高效的防护措施；当传输管道泄漏电流密度为 3～10mA/cm$^2$ 时，交流电磁干扰程度可以认定为“中”，可以视情况采取电磁干扰防护；当传输管道泄漏电流密度小于 3mA/cm$^2$ 时，交流电磁干扰程度可以认定为“弱”，此时，可以不用采取任何电磁干扰防护。

由此可见，金属管道是否被侵蚀、是否发生腐蚀，可由交流泄漏电流密度分析计算决定，因此用于分析研究埋地管道被侵蚀程度的是交流泄漏电流密度而不是交流感应电压，并据此来分析和测算交流腐蚀发生的概率，评估埋地传输管道被侵蚀的程度。

如果已知埋地金属传输管道处土壤电阻率和传输管道的电磁感应电压，则可以采用式(5-1)来计算交流泄漏电流密度，并以此来判定腐蚀的概率和程度。需要说明的是，油气传输管道在涂层完好的情况下几乎是不会发生泄漏电流风险的，但是考虑到传输管道的涂层往往会在运输、敷设和焊接等过程中出现各种各样的损伤而形成涂层缺陷，式(5-1)是在假设传输管道上正好有一块面积约 1cm$^2$ 大小的破损点的情况下来计算得到交流泄漏电流密度的：

$$J = \frac{8V_{AC}}{\rho \pi d} \tag{5-1}$$

式中，$J$为交流泄漏电流密度，A/m$^2$；$V_{AC}$为管道相对远方大地的交流电压，V；$\rho$为土壤电阻率，Ω·m；$d$为涂层缺陷点的平均直径，考虑最坏的情况下，可以按照0.0113m进行计算。

## 5.2　稳态运行下管道交流腐蚀的计算与评估

4.2.1节中计算出了包10段天然气管道感应电压最大值及沿线各管位的交流泄漏电流密度，如表5-1所示。可知，管道感应电压最大数为66V，管道埋设层土壤电阻率为 32.3 Ω·m ，代入式(5-1)中即可计算出交流泄漏电流密度最大值约为46.07mA/cm$^2$。按相同方法可计算出各主要管位($P_1$～$P_6$)的交流泄漏电流密度，并据此画出输电线路正常运行时管道泄漏电流沿线分布，见图5-1。

**表5-1　管道感应电压最大值及各管位的交流泄漏电流密度**

| 管道关键点位及位置/m | 交流感应电压/V | 交流泄漏电流密度/(mA/cm$^2$) |
|---|---|---|
| $P_1$(0) | 66 | 46.07 |
| $P_2$(153) | 20.1 | 14.03 |
| $P_3$(591) | 29 | 20.24 |
| $P_4$(798) | 18 | 12.57 |
| $P_5$(1019) | 21.4 | 14.94 |
| $P_6$(1682) | 4.3 | 3.00 |

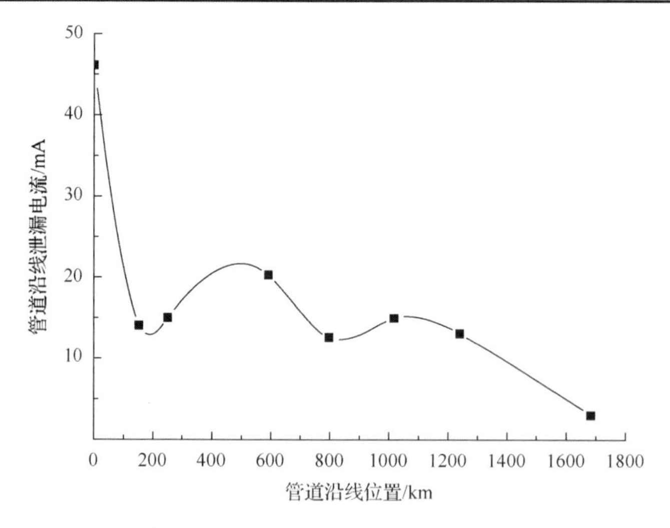


图5-1　输电线路正常运行时管道泄漏电流沿线分布图

由计算结果可以得出：在电力传输线路正常工作情况下，天然气管道的感应电压高于 4V，且其在用户食堂进户处(管道左端点)产生的最大交流泄漏电流密度约为 46.07mA/cm$^2$。在管道沿远离用户食堂进户处的方向不断延伸时，泄漏电流与对地电压也伴随着管道与电力输电线路之间距离的不断拉大，而呈现出衰减下降趋势。天然气管道各管位的泄漏电流密度基本上都超过了 3mA/cm$^2$ 的限值要求，因此，需要采取防护措施。

淮南—南京—上海 1000kV 特高压电力传输线路正常情况下是以双回线路运行的，而输电线路对管道的交流腐蚀影响是长期效应，因此，以输电线路双回运行的情况进行计算评估更科学合理。根据中国建筑西南设计研究院提供的资料，本案例中包 10 段天然气管道双回防腐层电压最大值为 39.96V，管道埋设层土壤电阻率为 32.3Ω·m，代入式(5-1)中可计算出双回线路运行时交流泄漏电流密度的最大值约为 27.88mA/cm$^2$。

## 5.3 本章小结

本章对管道交流腐蚀产生的原因及最终坏处进行了探究；给出了交流腐蚀的评价准则及计算方法；结合工程实例，对天然气管道在交流输电线路正常运行情况下各主要管位产生的交流泄漏电流密度进行了计算，绘制了泄漏电流沿管线分布曲线，并得出了如下结论：交流泄漏电流在用户食堂进户处(管道左端点)值最大，随着管道远离输电线路而逐渐波动衰减。天然气管道各管位的泄漏电流密度基本上都超过了限值要求，因此，需要采取防护措施。

# 第6章 电磁影响超标的防护

## 6.1 稳态运行下管道交流腐蚀超标的防护

由仿真计算可知，输电线路正常运行时，包10段天然气管道在用户食堂进户位置上产生了约66V的对地电压，已经超过了60V(较宽松)的人身无危险电压允许值。同时，其最大交流泄漏电流密度在输电线路双回运行的情况下达到约27.88mA/cm$^2$，超过了3mA/cm$^2$的限值要求，因此，需采取防护措施。

根据现场的实际可知，现在施工中常用的金属传输管道免电磁干扰防护措施基本上有三个。一是改变杆塔接地电阻。当输电线路与传输管道铺设存在跨越时，通过有效的方法改变特定位置的杆塔接地电阻，会非常显著地减小线路出现意外故障时的管道电磁感应电压，但在线路正常工作且与管道大范围接近的情况下，对管道电磁干扰电压的影响很小。二是改变架空地线电阻。线路非正常情况运行时，如果采取合理有效的措施使架空地线的电阻变小，就会使地线中的电流呈现出上升趋势，使得经由杆塔流向大地的故障电流呈现下降趋势，从而对传输管道的电磁干扰影响也趋于减小，但是通过改变架空地线电阻这一措施来达到降低电磁干扰强度的方法，在线路与管道在一定范围内并行靠近的情况下同样不适用。三是对一定范围内传输管道接近段埋设裸铜带。这也是目前我国管道部门采用较多的一项措施。裸铜带与管道利用阻隔断直流即能有效排除杂散电流的去耦合器相连，这种结构能产生良好的接地，较好地发挥屏蔽效应，这就好比传输管道接上一个限小阻值的电阻接地，从而可以显著降低传输管道的电磁干扰电压，最终能够使电磁影响降低至满足相关的限值要求程度。同时，通过选择适当的裸铜带参数，也可达到适度控制成本的目的。根据以上分析，鉴于本书中天然气管道与输电线路为长距离平行接近状态，因此，在输电线路稳态运行下，从技术性和经济性两个方面综合考虑，本书选用第三种防护措施，即沿传输管道敷设裸铜带。

根据本书中的实际及参考中国电力科学研究院相关的研究资料，天然气管道3上的防护措施具体如下(位置示意图见图6-1)：其平行接近段共设置两个集中接地网(接地网A和B)，其中接地网A的尺寸大小为80m×40m，接地网B的尺寸大小为120m×60m，网格的具体尺寸均为10m×10m，埋深为2m。同时，在管道的一侧3m处敷设单根镀锌裸铜带，镀锌裸铜带半径为3mm，其与天然气管道3间的距离为2m，埋深与传输管道底部在同一个水平线上。这3处裸铜带的总长度约为650m。其中，镀锌裸铜带①的长度约为250m，设置于相距接地网A与管道连接点约 110m 处，连接点共设 1 处，在裸铜带的中部与传输管道相连接；镀锌裸铜带②的长可为 200m，设置于距接地网 B 与传输管道连接点约 160m 处，连接点共设 1 处，在裸铜带端部与传输管道相接；镀锌裸铜带③的长可为 200m，设置于距接地网 B 与传输管道连接点约为 290m 处，连接点共设 1 处，在裸铜带中部与传输管道相连接；其中，隔直去耦合器的安装方式可采用地表安装，先将其中的一端连接在传输管道上，把另一端连接在接地网上。如果要提高隔直去耦合器的使用时间，也可采取支架安装的方式，将其安放在防爆箱结构的设施中，具体情况可根据现场的实际情况来确定。表 6-1 为天然气管道 3 防护措施中相关接地装置的参数。

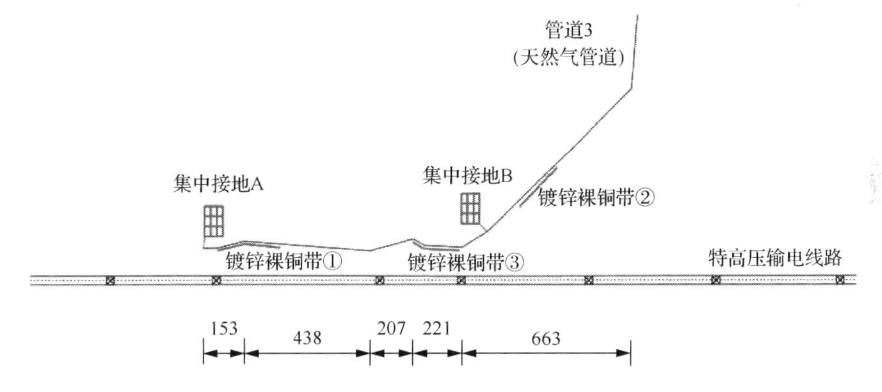


图 6-1　天然气管道 3 防护措施位置示意图(单位：m)

**表 6-1　天然气管道 3 防护措施中相关接地装置的参数**

| 包段位置 | 管道编号 | 集中接地网参数 | | | 敷设裸铜带的参数 | | |
|---|---|---|---|---|---|---|---|
| | | 数量/个 | 尺寸/m | 隔直去耦合器数量/个 | 敷设方式 | 长度/m | 隔直去耦合器数量/个 |
| 包 10 段 | 天然气管道 3 | 2 | 接地网 A：80×40<br>接地网 B：120×60<br>网格：10×10 | 2 | 沿管道单侧敷设 | 650 | 3 |

在天然气管道上采取相应防护措施后，其总体的接地泄漏电阻大幅度减小(沿管道敷设裸铜带相当于管道通过小电阻接地)，重新对其进行仿真计算，图 6-2、图 6-3 是采取防护措施前后包 10 段天然气管道的对地电压沿线分布图形。

对比图 6-2 和图 6-3 可以看到，采用防护措施之后特高压输电线路在正常运行时管道对地电压的最大值约为 8.32V，且无论对地电压的最大值还是平均值均降低了，其中除了个别位置处的电压值大于 4V，多数管位处的电压值都小于 4V，对地电压总的均值也远小于 4V。经过计算可知，此时，管道最大交流泄漏电流密度降至约 5.81mA/cm$^2$，比采取措施前下降了 79.2%，满足了管道交流腐蚀指标要求。

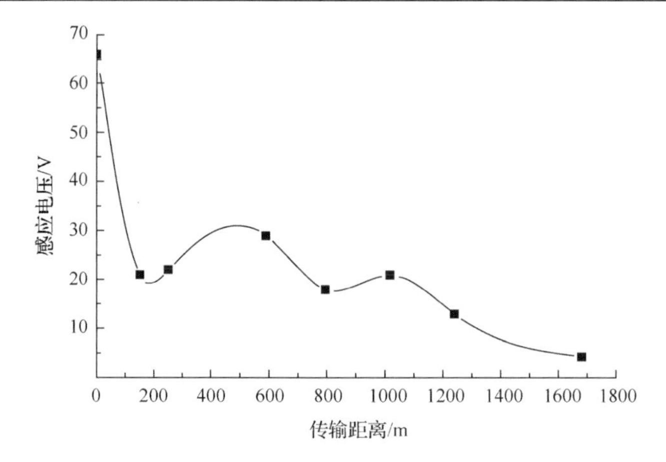


图 6-2　防护前天然气管道感应电压沿线分布曲线

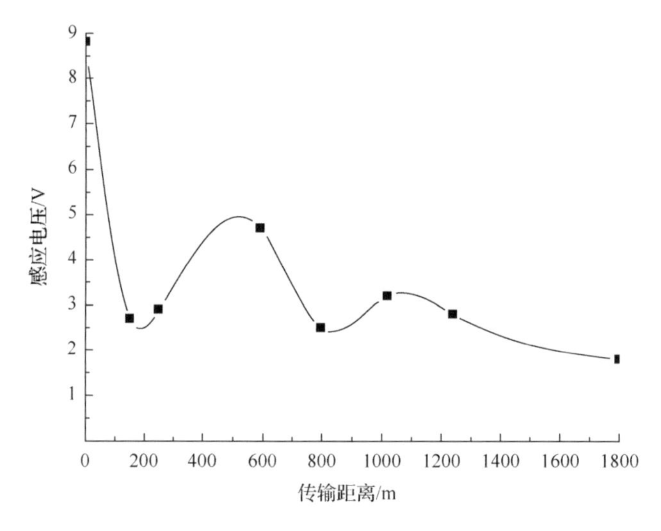


图 6-3　防护后天然气管道感应电压沿线分布曲线

## 6.2　单相短路故障时管道对地电压超标的防护

根据前述仿真研究分析结果可知，包 10 段天然气管道 3 的部分管段相对大地的感应电压值超出了 1500V 的人身瞬时无危险电压允许值。同时，根据计算分析及现场的实践经验，超限影响多发生在管道测试桩等人能够触碰到的传输管道金属裸露的地方。通过输电线路出现单相故障条件下影响干扰因素的计算分析可知，能够影响电磁干扰的因素很多。

根据理论和实践总结的经验可知，在抑制交流高压输电线路对管道电磁影响的效能方面，从输电线路各参数的可行性来说，采用单地线不如采用双地线有优势，而采用钢绞线不如采用良导体地线有优势。因此，采用良导体双地线可作为减少邻近管道电磁干扰的预防措施之一。此外，根据历史的实践积累，还有很多如管道排流及设屏蔽线等行之有效的措施，但要在施工现场组织实施这些措施不但显得尤为复杂，而且其最终效果还要受到土壤电阻率大小的影响，实践证明，如果实施地区的土壤电阻率比较大，就不易采取这些措施。因为一般超限影响多在管道金属伸出地面的部分产生，所以只需要在感应电压超标的有限范围内的测试桩处实行有效防护，即可显著降低交流输电线路的电磁影响。电位测试桩处防护措施比较成熟的有两种：①接地垫防护；②绝缘垫或敷设绝缘地面防护。

### 6.2.1　接地垫防护

将类似锌镁等金属材料安装在测试桩等处，可在电磁干扰电压超标的区域采取分点布施，可以做成临时性的，在需要进行维护维修及其他管道作业时再进行临时接通。接地垫的主要功效是不但可以防止跨步电压以及触碰电压对工作人员意外、突然的击打，在传输管道上电磁干扰电压短时间内超过限值时，还能可靠地保证管道维修维护工作人员的生命安全。

接地垫在使用过程中，其上方最好铺设一层排水良好的、干净的砾石层，而且，砾石层的厚度不要小于 8cm，砾石粒径不应小于 1.3cm。

接地垫与传输管道的相接点应该超过两处，可以通过去耦隔直装置设施连接。虽然接地垫可以有效地解决工作人员的接触电压危险，但是，由于需在每个接地桩处均设置去耦合器，这相对于传输管道对地干扰电压超过限值的电位测试桩数量较多的情况费用较高，极不经济。

### 6.2.2　绝缘垫或敷设绝缘地面防护

采取接地垫的措施主要是保证工作人员所站地面与传输管道金属部分的电压一致，从而有效地避免相关工作人员受到接触电压的影响。除接地垫防范措施外，还可以通过增大人和地面相互接触的阻抗以较大幅度地减小人所承受的接触电压。由此可知，保证人体与大地绝缘可考虑两种措施，一是配置绝缘垫，二是敷设绝缘地面。

绝缘垫措施是指给传输管道的相关工作人员配备一个方便携带，并且能承受较高电压的性能良好的绝缘材料制作的垫子。在工作人员需要操作时，将其安设在所需站立的地面上，从而起到使地面与人脚之间相互绝缘的作用。同时，绝缘垫最大的优势是可循环利用。

绝缘地面则是针对每个传输管道测试桩处固定安设的。图 6-4 所示为相关工作人员站在厚度为 $d$ 的绝缘地面上接触到与传输管道相连金属组件时接触电压得到降低的示意图。这里，绝缘地面相当于在人的身体和大地之间串联了一个大的电阻，绝缘地面的这个大电阻能分担大部分的传输管道对地电压，从而使得施加在人体的接触电压大幅降低。另外，传输管道金属部分伸出地面的测量引线均被电位测试的水泥桩包围，仅在测试桩某一个侧面有一个小门可以打开进行测量，因此，在绝缘地面施工过程中，仅需在测试桩上打开小门的一侧预设一块合适的面积，确保管道维修工作人员进行相关测试工作时的站立位置正好可以落在绝缘地面的上面就可以。

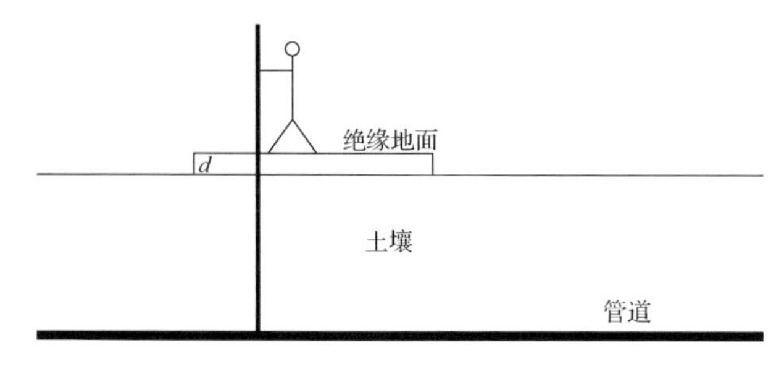


图 6-4 绝缘地面降低接触电压示意图

在工程实际施工中，绝缘地面的厚度要结合现场的具体情况来决定，但一般情况下，可以按 10cm 来考虑。绝缘地面的防护方法虽然比较经济，施工时也比较安全不会接触到传输管道的金属部分，但绝缘地面可能涉及电位测试桩所在位置处其他的一些沟通事宜及相关费用，并且绝缘地面只在天气干燥的情况下才有效果。因此，该项措施对于传输管道金属伸出地面部分正好位于室内的情况(如传输管道阀室)比较有效果。

### 6.2.3 针对管道对地电压超标的防护措施

系统结构模型的相关参数显示，包 10 段天然气管道与输电线路平行接近的长度约为 1km，一般来讲，1km 长度应设两个电位测试桩，同时，根据 4.2.3 节暂态条件下电磁干扰的仿真计算结果可知，在未采取防护措施时，其平行段中有约 80%的管段超限，即超限长度约为 0.8km。表 6-2 给出了包 10 段天然气管道对地电压有可能超过限值的电位测试桩的个数及管道超限长度。

**表 6-2 管道对地电压有可能超过限值的电位测试桩的数量**

| 标段位置 | 管道名称 | 管道超限长度/km | 电位测试桩个数/个 |
|---|---|---|---|
| 包 10 段 | 管道 3 | 0.8 | 2 |

由于包 10 段天然气管道 3 在特高压输电线路正常运行时必须采取相应防护措施(详见 6.1 节)以降低线路对管道的交流腐蚀影响，而上述管道的防护措施在高压线路意外故障时也能起到降低管道与大地间电压差的作用，且基于新的计算结果，天然气管道 3 相对于大地的电压已符合不大于 1500V 的无危险最大允许值的要求。

在此基础上，本书认为针对特高压电力传输线路发生故障时降低管道对地电压还应酌情考虑采取以下三种措施。

(1) 设置接地垫。根据需要而灵活地进行设置。

(2) 配置绝缘垫。给管道操作人员配备绝缘性能良好的临时绝缘垫，每次在对管道对地电压有可能超过人体瞬时安全电压限值的管道段进行操作前进行设置。

(3) 敷设绝缘地面。对于管道对地电压有可能大于人体瞬时安全电压允许最大值的管道段，在有管道金属裸露的位置处可敷设绝缘地面。此外，为了确保绝缘地面始终具有良好的绝缘效果，一般需要在上方加盖一个小型防护棚或防护屋，以确保在极其不良的天气下仍能保证工作人员的正常工作，如雨天和大风天，有了防护棚或防护屋即可避免被雨淋或风沙弥漫的侵害。

在实际工作中，究竟采取什么防护措施还要考虑包括经济在内的各种因素。除涉及材料费，可能还会涉及人工费、安装费，甚至有些地方还可能涉及征地费、管理费以及管道部门的配合费用等。其中，人工费和安装费都需结合防护工程量和当地实际情况进行考虑。管理费用及管道部门的配合费用等均需结合当地政策及管道部门的需求考虑，以上给出的相关防护措施仅供参考。

## 6.3　本 章 小 结

本章针对输电线路稳态运行及输电线路单相接地短路故障两种情况下管道对地电压超标的防护措施进行了分析和研究，在输电线路稳态运行的情况下，结合本系统结构模型的实际，根据包 10 段天然气管道端部感应电压超标及交流腐蚀超限值的情况，提出了可采用沿管道敷设裸铜带或设置集中接地网或两者相结合方式的防护措施，给出了防护措施位置示意图及相关参数，制定了防护措施具体的实施方案，并对采取防护措施后的输电线路对管道的电磁干扰重新进行了仿真计算，验证了防护措施的有效性，管道对地电压的最大值比采取措施前下降了 87.4%，交流腐蚀降低至满足相关限值要求；在输电线路单相接地短路故障情况下，对可采取减少电磁干扰的各项预防措施的利弊进行了分析。针对本书中天然气管道相对于大地电压超过人身短时间无危险最大允许值的情况，本章在输电线路稳态运行已采取沿管道设置裸铜带及集中接地网防护措施的基础上，提出了还应酌情考虑采取在管道对地电压超限范围内有管道金属部分伸出地面处，电位测试桩全部设置接地垫防护、绝缘垫防护及敷设绝缘地面防护三种措施。采取上述措施后，可以防止跨步电压及触碰电压对管道操作人员可能产生的电击，在管道上电磁干扰电压短时间内超过限值时，可靠地保证管道维修维护的工作人员的生命安全。以上结论可应用于工程实际中，作为管道部门施工时的参考依据。

# 第三篇　输电线路邻近树木运行特征

# 第 7 章　特高压直流输电线路线下树障隐患净空距离数学模型

## 7.1　引　　言

本章针对线下树障隐患，考虑导线温度的变化建立导线动态应力数学模型，推导导线弧垂、档距、应力之间的非线性数学关系；并利用 Richard 生长方程，建立线路走廊内树木生长高度预测数学模型，将树木生长高度预测数学模型作为树障隐患的动态边界条件；基于动态应力数学模型和树木生长高度预测数学模型，建立线下树障净空距离数学模型；根据云广线实际工程概况，对线下树障隐患进行理论计算，确定线下树木生长高度极限值，推导树高达到极限值时树木生长年限，用于管理规划线路走廊内树木修剪频率。

## 7.2　建立导线应力弧垂动态数学模型

架空输电导线的弧垂是衡量线下树障最小安全净空距离的重要参数。在控制气象等其他工况条件不发生变化的前提下，导线应力一般采取架空线最低点处的轴向应力。但在实际工程中，导线的应力随温度的变化而变化，应力变化引起弧垂发生变化，因此需要建立动态应力数学模型。

### 7.2.1　建立动态应力数学模型

通电导线温度随导线内载流量不同而发生变化，导线温度的升降会引起架空线的热胀冷缩，使导线线长、弧垂、应力发生相应变化。基于导线状态方程，建立动态应力数学模型如式(7-1)、式(7-2)所示：

$$\frac{\mathrm{d}T}{\mathrm{d}t}=\frac{1}{mC_p}RI^2 \tag{7-1}$$

$$\sigma_n-\frac{E\gamma_n^2 l^2\cos^3\beta}{24\sigma_n^2}=\sigma_m-\frac{E\gamma_m^2 l^2\cos^3\beta}{24\sigma_m^2}-\alpha E\cos\beta\left(\int_{T_m}^{T_n}\frac{RI^2}{mC_p}\mathrm{d}t\right) \tag{7-2}$$

式中，$T$ 为导线温度，℃；$m$ 为单位长度导线的质量，kg/m；$C_p$ 为导线综合热容系数，J/(kg·℃)；$\sigma_m$、$\sigma_n$分别为两种状态下架空线弧垂最低点处的应力，N/mm²；$\gamma_m$、$\gamma_n$分别为两种状态下架空线的比载，MPa/m；$T_n$、$T_m$分别为导线的温度，℃；$l$为该档的档距，m；$\alpha$、$E$分别为架空线的温度膨胀系数和弹性系数；$\beta$为导线所在平面高差角。

根据导线温度的变化，利用MATLAB软件离散不同时刻导线随时间变化的应力$\sigma = f(t)$，取7000个离散点进行拟合。

离散分析后，得到应力随时间变化的二阶拟合方程为

$$\sigma(t) = 6.839\times10^{-4}t^2 - 0.2t + 56.7358 \tag{7-3}$$

离散分析后通过应力随时间变化的二阶拟合方程，绘制应力随时间变化的动态应力拟合方程的曲线，并对7000个应力离散点进行描点绘制曲线，如图7-1所示。

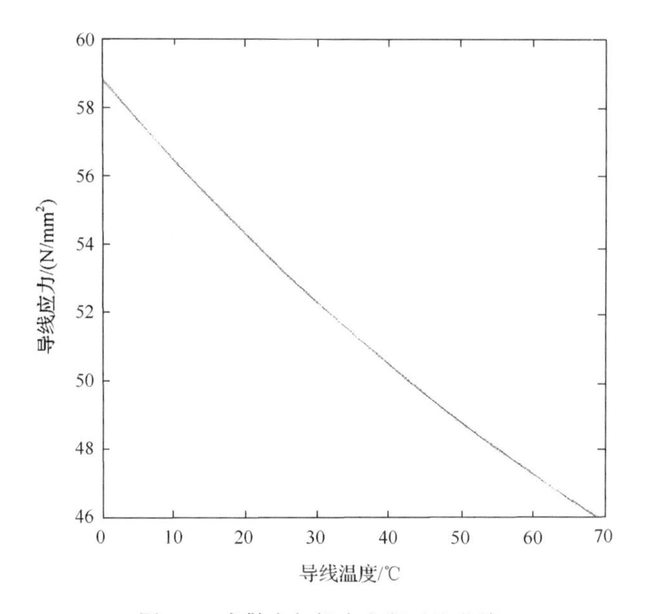


图7-1　离散点与拟合方程对比曲线

该曲线为动态应力拟合方程曲线，上方曲线为应力离散点曲线。为判断方程拟合精度，放大离散点与拟合方程对比曲线，得到离散点与拟合方程对比曲线局部图，如图7-2所示。

由图7-2可得，当导线温度为40.5℃时，拟合方程对应的导线应力为49.88N/mm²，离散点对应的导线应力为49.89N/mm²。离散点曲线与拟合方程曲线趋势一致，误差为0.01N/mm²。因此，随时间变化动态应力拟合方程拟合程度高。

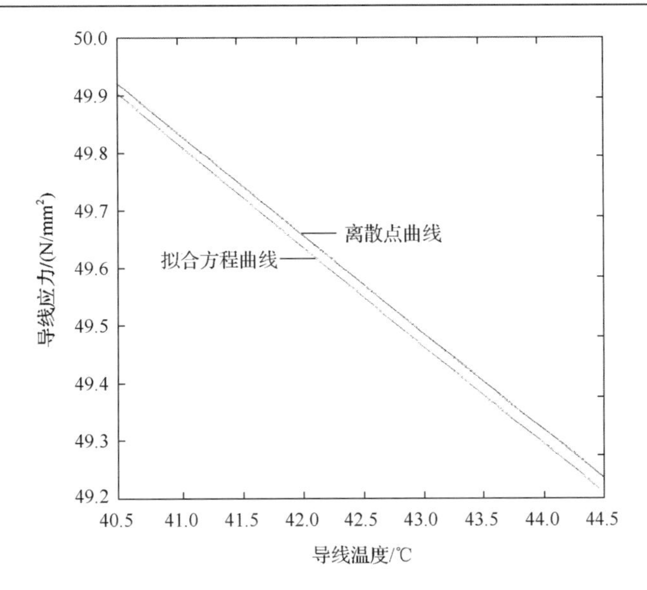


图 7-2　离散点与拟合方程对比曲线局部

### 7.2.2　建立弧垂与应力之间的非线性光学数学关系

±800kV 输电线路正、负极导线两悬挂点间距大，并且导线材料属性为刚性，对其在空中的形状影响较小，所以视导线为柔性链条。架空线任意一点处的导线弧垂是指该点距两悬挂点连线的垂向距离，如图 7-3 所示。

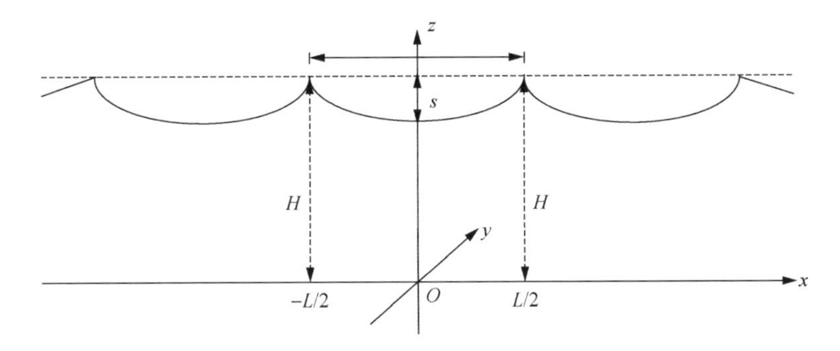


图 7-3　导线弧垂示意图

根据动态应力方程推导出弧垂和应力之间的非线性数学关系，将所求的随时间变化的动态应力 $\sigma_n(t)$ 结合架空悬链线方程，推导出导线任意点处弧垂：

$$z=\frac{L}{a}\left(\cosh\frac{ax}{L}-\cosh\frac{a}{2}\right)+H,\qquad -\frac{L}{2}\leqslant x\leqslant\frac{L}{2} \tag{7-4}$$

$$s=\frac{L}{2}\left(\cosh\frac{a}{2}-1\right) \tag{7-5}$$

$$a=\frac{\gamma L}{\sigma(t)} \tag{7-6}$$

则

$$s=\frac{L}{2}\left(\cosh\frac{\gamma L}{2\sigma(t)}-1\right) \tag{7-7}$$

式中，$L$ 为云广线一个档距，m；$s$ 为导线弧垂，m；$H$ 为杆塔呼称高，m；$\gamma$ 为当地气象条件下比载，MPa/m。

根据式(7-7)可推导出导线上任意时刻任一点处的动态弧垂。

## 7.3　建立树木生长高度预测数学模型

### 7.3.1　拟合树木生长高度回归方程

输电线路线下树木隐患主要是树木生长过高所致，树冠距极导线的距离小于最小安全净空距离。因此，预测树木生长高度可有效地对线-树净空距离进行预判，减少线路树闪故障的发生。可应用 Richard 生长方程对树木生长高度进行预测，Richard 生长方程是描述树种各调查因子总生长量随年龄生长变化规律的数学模型，主要通过对需要预判的特定树种的生长历史数据进行统计，利用规划求解方法求定各个参数值，其中包括树木的生长极限、树木的形状参数、树木的生长速度等。

Richard 生长方程：

$$y=q(1-\mathrm{e}^{-kt})^{c} \tag{7-8}$$

生长方程中树高生长量 $y$ 随树木生长年龄 $t$ 逐年增加，参数 $q$、$k$、$c$ 为生长调查因子，其中，$k$ 是模拟树木生长高度的规律的修订参数，修订值在 0～1 范围内。$q$、$k$、$c$ 可结合历史调查数据，采用回归拟合分析法进行求解。由式(7-8)可知，Richard 生长方程是非线性回归数学模型。

根据待预测区域不同的地理条件，在实际调查中得到多组桉树树高观测数据，如表 7-1 所示。

**表 7-1　树龄与树高观测值**

| 第 1 组 | | 第 2 组 | | 第 3 组 | |
|---|---|---|---|---|---|
| 树龄/年 | 树高观测值/m | 树龄/年 | 树高观测值/m | 树龄/年 | 树高观测值/m |
| 10 | 8.1 | 10 | 8.4 | 10 | 8.8 |
| 11 | 10.6 | 11 | 10.5 | 11 | 10.3 |
| 12 | 13.2 | 12 | 13 | 12 | 13 |
| 13 | 14.11 | 13 | 14.52 | 13 | 14.76 |
| 14 | 15.93 | 14 | 15.93 | 14 | 16.76 |
| 15 | 17.84 | 15 | 17.64 | 15 | 17.39 |
| 16 | 18.33 | 16 | 18.39 | 16 | 18.65 |
| 17 | 19.5 | 17 | 19 | 17 | 19.2 |
| 18 | 19.3 | 18 | 19.6 | 18 | 19.8 |
| 19 | 20.1 | 19 | 20.4 | 19 | 20.3 |
| 20 | 21.6 | 20 | 21.8 | 20 | 21.7 |

根据观测数值绘制散点图，并添加趋势线可清楚地得到桉树生长趋势，如图 7-4 所示。

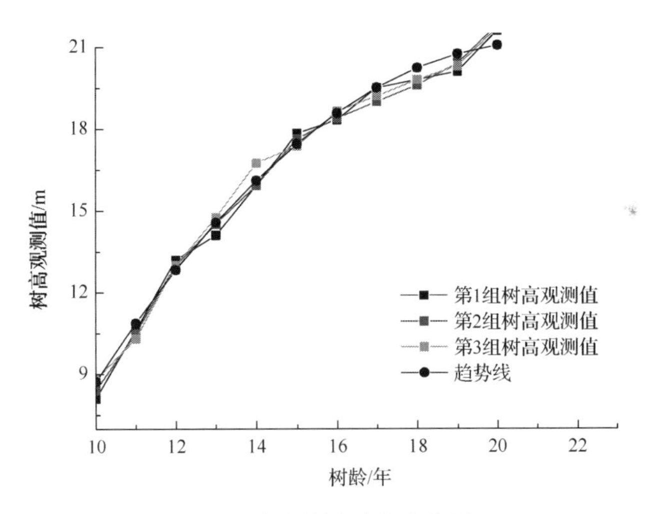


图 7-4　桉树树高生长曲线图

对桉树树高和树龄自动进行拟合，并得到回归方程：

$$y = -0.1026x^2 + 4.312x - 24.141$$

式中，$R_2 = 0.9903$ 为回归方程的拟合度，拟合度越接近 1，则说明拟合优度越高，反之则越差。

### 7.3.2 规划求解生长方程参数

根据桉树树高生长数据，取三个树龄代入回归方程中求得相应的理论树高值，树龄分别取 10 年、15 年、20 年，所求的相应树高为 $H_1$=8.719m、$H_2$=17.454m、$H_3$=21.059m。

根据 $H_1$、$H_2$、$H_3$ 求其观测比：

$$\lambda = \frac{\lg H_2 - \lg H_1}{\lg H_3 - \lg H_1} = 0.787 \tag{7-9}$$

为确定各参数值，将 $H_1$、$H_2$、$H_3$ 代入式(7-8)与式(7-9)联立可得

$$\lambda = \frac{\lg[(1-\mathrm{e}^{-15k})/\lg(1-\mathrm{e}^{-10k})]}{\lg[(1-\mathrm{e}^{-20k})/\lg(1-\mathrm{e}^{-10k})]} \tag{7-10}$$

令 $\mathrm{e}^{-10k}=x$，$\lambda=0.787$ 则可得

$$(1+x)^{0.787}(1+x)+x^{\frac{3}{2}}=1 \tag{7-11}$$

确定观测比后，求定生长方程中各参数值。对式(7-11)进行规划求解，从而可求定各参数结果，如表 7-2 所示。

表 7-2 树木高度生长预测数学模型各参数求定

| 参数 | 数值 | | |
|---|---|---|---|
| 树龄/年 | 10 | 15 | 20 |
| 树高/m | 8.719 | 17.454 | 21.059 |
| 观测比（$\lambda$） | | 0.787078503 | |
| 参数 $k$ 值 | | 0.253927029 | |
| 目标值 | | 0.999999999 | |
| 变量 $x$ | | 0.07892397 | |
| 参数 $q$ 值 | | 22.64292983 | |
| 参数 $c$ 值 | | 11.60859742 | |

由表 7-2 得，根据树龄为 10 年、15 年、20 年树木的树高值求得桉树树高观测比为 0.787。根据观测比求得参数 $q$ 为 22.643、参数 $k$ 为 0.254、参数 $c$ 为 11.608，根据以上参数建立的树木高度生长预测数学模型为

$$y = 22.643(1-\mathrm{e}^{-0.254t})^{11.608} \tag{7-12}$$

利用树木高度生长预测数学模型，可对线路走廊内树木树高生长量进行预测。

## 7.4　建立线下树障隐患净空距离数学模型

云广线的电压等级高，桉树、竹子等高杆植物不需要直接触碰导线就会引起其对植物的放电。当线路与树木间距过小时，线路短路，线路短路后引起跳闸停电，同时线路短路引起的电火花会灼伤植物端部。考虑到自然环境特点，本节针对线下树障隐患建立最小净空距离数学模型。

### 7.4.1　建立线下净空距离数学模型

根据云广特高压直流输电线路工程，复合绝缘子串长配置表 7-3 可知，悬垂复合绝缘子串长度为 10.2m。

**表 7-3　复合绝缘子串长配置**　（单位：m）

| 海拔高度 | 轻污（$0.05mg/cm^2$） | 中污（$0.08mg/cm^2$） | 重污（$0.15mg/cm^2$） |
|---|---|---|---|
| 1000 | 10.2 | 10.6 | 10.6 |
| 1500 | 10.6 | 10.6 | 12.0 |
| 2000 | 10.6 | 10.6 | 12.0 |
| 2500 | 10.6 | 10.6 | 12.0 |

针对±800kV 特高压输电线路线下树障隐患，根据动态应力数学模型、弧垂和应力之间的非线性数学关系、Richard 树木生长高度预测数学模型，可推导出导线距线下树木最小净空距离数学模型：

$$H = h - s - y - \Delta h - 10.2 \tag{7-13}$$

式中，$H$ 为极导线距树冠最小垂直距离，m；$h$ 为杆塔呼称高，m；$s$ 为导线任意点处弧垂，m；$y$ 为桉树树高生长预测值，m；$\Delta h$ 为施工裕度，m。

根据线下树木最小净空距离数学模型，可对导线下方树木高度是否对线路外绝缘构成威胁做出预判。

### 7.4.2　线下树障隐患净空距离数学模型实际应用

针对±800kV 架空输电线路邻近树木的安全距离，《±800kV 直流架空输电线路设计规范》（GB 50790—2013）中规定：当输电线路跨越林区时，架空导线与线下树木垂直距离不小于 13.5m。《中华人民共和国森林法》规定，对于重点工程中种植的植被，不能进行伐木移种。所以，在设计线路时，为保证导线距树木顶端距离满足规程要求，一味地追加杆塔高度，既会造成不必要的成本投入，杆塔高度增加，塔身自重荷载增加，还会致使杆塔本身的稳定性降低。

为确定云广线线下树木距导线的最小净空距离，防止线下树闪故障的发生，应根据线下树障隐患最小净空距离数学模型，对线下树障隐患进行实际工程理论计算。从理论上确定生长于导线下方树木生长高度的极限值，以及树高达到极限值时树木的生长年限。理论计算参数如表 7-4 所示。

**表 7-4　云广线线下树障理论计算参数**

| 参数 | 单位 | 取值 |
|---|---|---|
| 每极电流 | A | 4000 |
| 温度 | ℃ | 30 |
| 杆塔呼称高 | m | 39 |
| 绝缘子串长 | m | 10.2 |

根据云广线实际立地环境，架空导线下方存在最多的优势速生树种为桉树。当地环境气温为 30℃，导线处于风速为 0m/s 的无风状态，导线型号为 LGJ-630/45 铝、钢股数为 45×4.20/7×2.80、总截面积为 666.55mm$^2$、直径为 33.6mm。架空导线两相邻杆塔之间档距取平均值为 300m，极导线悬挂点对地高度为 20m。根据动态应力数学模型和应力、弧垂之间的非线性关系，得到架空导线任意一点处弧垂随时间变化的曲线，如图 7-5 所示。

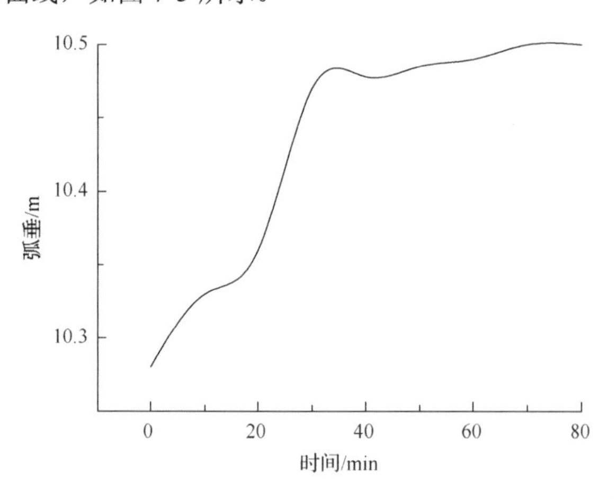


图 7-5　弧垂随时间变化的曲线

由图 7-5 可根据动态应力数学模型和应力、弧垂之间的非线性关系算得，导线在 30℃无风状态下导线弧垂变化范围在 10.25～10.50m。由于弧垂变化影响树木顶端与极导线的空间距离，对树障隐患做预判分析时弧垂取最大值，即 $s$=10.50m。根据档距长度不同，各种档距条件下输电杆塔施工裕度 $\Delta h$ 如表 7-5 所示。

**表 7-5　各档距下杆塔施工裕度**　（单位：m）

| 档距 | <200 | 200～350 | 350～600 | 600～800 | 800～1000 |
|---|---|---|---|---|---|
| 施工裕度 | 0.5 | 0.5～0.7 | 0.7～0.9 | 0.9～1.2 | 1.2～1.4 |

根据算例参数可知，云广线设定档距为 300m，根据表 7-5 可知，施工裕度 $\Delta h = 0.7\text{m}$。基于线下树障隐患导线距树木的最小净空距离数学模型 $H = h - s - y - \Delta h - 10.2$ 可知线下树木生长高度极限值为

$$y = h - H - s - \Delta h - 10.2 \tag{7-14}$$

由《±800kV 直流架空输电线路设计规范》(GB 50790—2013)可知线路走廊内存在树木时，架空导线与线下树木垂直距离应大于 13.5m，即 $H = 13.5\,\text{m}$。结合式(7-14)可推得云广线线下树木生长高度极限值为 4.1m，基于 Richard 生长方程可得树高达到极限值时树龄约为 4 年。

## 7.5　本 章 小 结

(1)建立温度随时间变化的动态应力数学模型，利用 MATLAB 软件离散不同时刻随温度变化的应力，得到应力随时间变化的二阶拟合方程，推导出导线弧垂、档距、应力之间的非线性数学关系。

(2)利用 Richard 生长方程对树木生长高度进行预测，并根据现场实测得到的多组树高观测值进行回归分析，得到回归方程。通过规划求解分析确定生长方程中的各参数值，建立树木生长高度预测数学模型作为树障的动态边界条件。

(3)根据导线动态应力数学模型和树木生长高度预测数学模型，建立树障净空距离判距的基本数学模型，并且采用数学-物理方程数值分析法，对该模型进行求解，从而确定导线下方树木与导线的最小安全净空距离。

(4)通过动态应力数学模型和应力、弧垂之间的非线性关系算得，导线在 30℃无风状态下导线弧垂变化范围在 10.25～10.50m。基于线下树障隐患导线距树木的最小净空距离数学模型和 Richard 生长方程，求解云广线线下树木生长高度极限值为 4.1m，树高达到极限值时树龄约为 4 年。

# 第8章　特高压直流输电线路线下树障隐患电场分布仿真分析

## 8.1 引　　言

为进一步确定±800kV 架空输电线路跨越树木时，线路下方树木顶端与导线的最小安全垂直距离，本章通过建立特高压直流极导线和线下树木二维有限元分析模型，用 Ansoft 有限元仿真软件对导线周围、导线距树冠空间、树冠处电场分布进行分析。根据树木的不同高度，得到不同的树冠与导线的垂直距离[14]。分别分析正、负极导线下，导线周围、导线距树冠空间、树冠处电场分布。通过对不同树高树冠处的场强值与间隙击穿场强进行比较，确定±800kV 架空输电线路线下树木顶端与正、负极导线的最小安全垂直距离。

## 8.2 计算线下树木空间间隙击穿场强

为判断当树木高度不同时，线路下方树木是否引发树闪故障，需要计算线下树木距导线空间间隙击穿场强。对于间隙均匀和不均匀场，由于击穿放电的分散性很小，直流及工频以及 50%冲击击穿电压实际上都相同。

在直流输电线路工频电压作用下，空气作为击穿介质，导线对线下树木放电存在击穿场强。生长于±800kV 特高压输电线路走廊的树木，树冠距极导线空间近似看成仅存在空气一层介质，当空气相对密度不发生变化时认为树冠与极导线的空间间隙是均匀间隙，利用经验公式计算间隙击穿电压和击穿场强，见式(8-1)、式(8-2)。

(1)树冠距极导线间隙击穿电压：

$$U_{\mathrm{b}} = 24.22\delta d + 6.08\sqrt{\delta d} \tag{8-1}$$

式中，$d$ 为树冠距极导线的空间间隙距离，cm；$\delta$ 为空气相对密度。

(2)树冠距极导线间隙击穿场强：

$$E_{\mathrm{b}} = U_{\mathrm{b}} / d \tag{8-2}$$

式中，$E_{\mathrm{b}}$ 为击穿场强，kV/m；$U_{\mathrm{b}}$ 为击穿电压，kV。

通过式(8-1)、式(8-2)可求得导线下方树木树冠距极导线空间间隙击穿场强，其中空气相对密度为 1.283kg/m$^3$。当空气相对密度不发生变化时，减小空间间隙距离，间隙击穿场强值变大。云广特高压直流输电线路架空导线对地高度为 20m，对线路下方树木高度为 6～14m，所对应的不同树冠距极导线空间间隙及计算空间间隙击穿场强值的计算结果如表 8-1 所示。

**表 8-1　不同树高下树冠距极导线空间间隙击穿场强**

| 项目 | 树高 | | | | | | | | | |
|---|---|---|---|---|---|---|---|---|---|---|
| | 6m | 7m | 8m | 9m | 10m | 11m | 11.5m | 12m | 13m | 14m |
| 空间间隙/m | 14 | 13 | 12 | 11 | 10 | 9 | 8.5 | 8 | 7 | 6 |
| 击穿场强/(kV/m) | 33.172 | 33.246 | 33.321 | 33.415 | 33.507 | 33.626 | 33.691 | 33.765 | 33.949 | 34.143 |

由表 8-1 可得，特高压直流输电线路从导线中心至线下树冠处场强值随着空间空隙的减小依次减小，间隙击穿场强值变化不明显，在 33～34.2kV/m 浮动。

## 8.3　线下树障电场仿真流程

本节利用有限元法对输电线路线下存在树木时，树木对线下空间电场分布的影响进行仿真分析，采用的仿真分析软件为 Ansoft Maxwell 2D，仿真分析流程图如图 8-1 所示。

根据图 8-1 可知，线下树障电场仿真分析流程包含仿真前期规划、建立仿真模型、定义材料属性、加载激励源电压等级、对模型进行网格划分、软件求解分析、后处理等。求解步骤如下：

(1)生成云广线线下树障隐患电场分布仿真分析求解项目，根据云广线实际工程工况，选取与之相适应的求解器和笛卡儿参考坐标系；

(2)根据云广线六分裂导线实际尺寸和极导线下方树木，分别建立正极导线和负极导线线下树障隐患电场分布求解分析物理模型；

(3)根据模型，分别赋予导线、线下树木、空气材料属性；

(4)建立分析边界条件并分别对正、负极导线加载激励源；

(5)赋予求解参数值；

(6)求解设置。

有限元分析网格划分模块具有划分单元形状灵活确定的优点，在对分裂导线和线下树木二维模型进行网格划分时，采用三节点单元。由于云广线线下树障隐患电场分布求解模型在求解量变化明显处，网格划分时相比求解量变化不明显处单元数量多，应遵从物理原则进行网格划分。

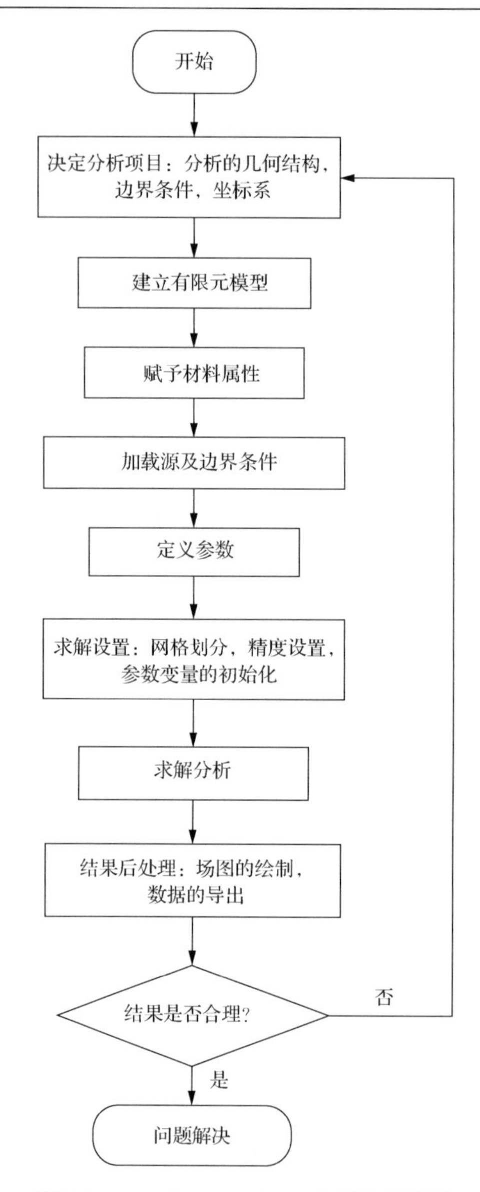


图 8-1　Ansoft Maxwell 2D 电场分析流程

# 8.4　线路电场分布建模与仿真分析

## 8.4.1　建立线下树障隐患仿真模型

由于±800kV 特高压输电线路有正极导线和负极导线，本节分别对正、负极导线线下树障电场分布情况进行仿真分析。本节综合考虑计算的有效性和计算速度，建立了有限元模型，其计算参数见表 8-2。模型最内层为六分裂导线，第二层为导线下方树木，第三层为周围的空气域。对于正极导线线下树障仿真分析，对六分裂导线加载 800kV 电压作为激励源；对于负极导线线下树障仿真分析，加载 –800kV 电压作为激励源。

**表 8-2　云广±800kV 特高压输电线路计算参数**

| 参数 | 单位 | 取值 |
| --- | --- | --- |
| 导线对地高度 | m | 20 |
| 分裂间距 | m | 0.45 |
| 分裂导线半径 | m | 0.168 |

根据云广±800kV 特高压输电线路计算参数，利用划分模块遵从物理原则对线下树障隐患电场分布仿真分析模型进行网格剖分，剖分结果如图 8-2 所示。

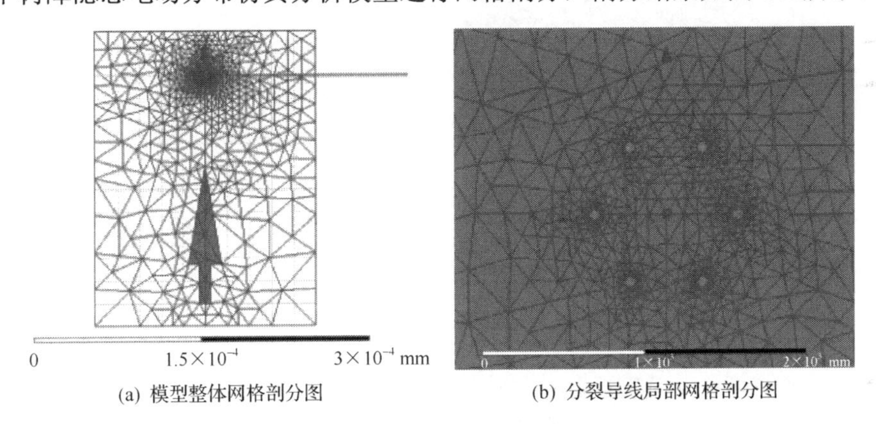


(a) 模型整体网格剖分图　　(b) 分裂导线局部网格剖分图

图 8-2　有限元网格剖分图

由图 8-2(a)可看出，曲线段表示剖分线，其单元形状为三角形剖分单元。设置求解三角形单元的允许最大边长为 20m，空气域至模型边界采用自适应法划分单元。整个三角形单元为 17023 个，全部节点数为 24532 个。由图 8-2(b)可看出，分裂导线周围进行了加密剖分。对导线周围进行加密划分，在起晕场强的假设条件下可提高模型准确性。最后，设置其自适应的求解步数和误差精度值，将此处最大收敛求解步数设置为 10 步，其收敛精度设为 0.001%。

### 8.4.2　正极导线下树障隐患电场分布

本节针对线路走廊内正极导线下方树障隐患电场分布进行分析。正极导线下方，由于树木生长高度不同，树冠顶部与正极导线的垂直距离逐渐减小。在正极导线下方，分别对树高为 10m、11m、11.5m、12m，树冠与正极导线垂直距离为 10m、9m、8.5m、8m 的树冠处合成电场分布情况进行分析，如图 8-3 所示。

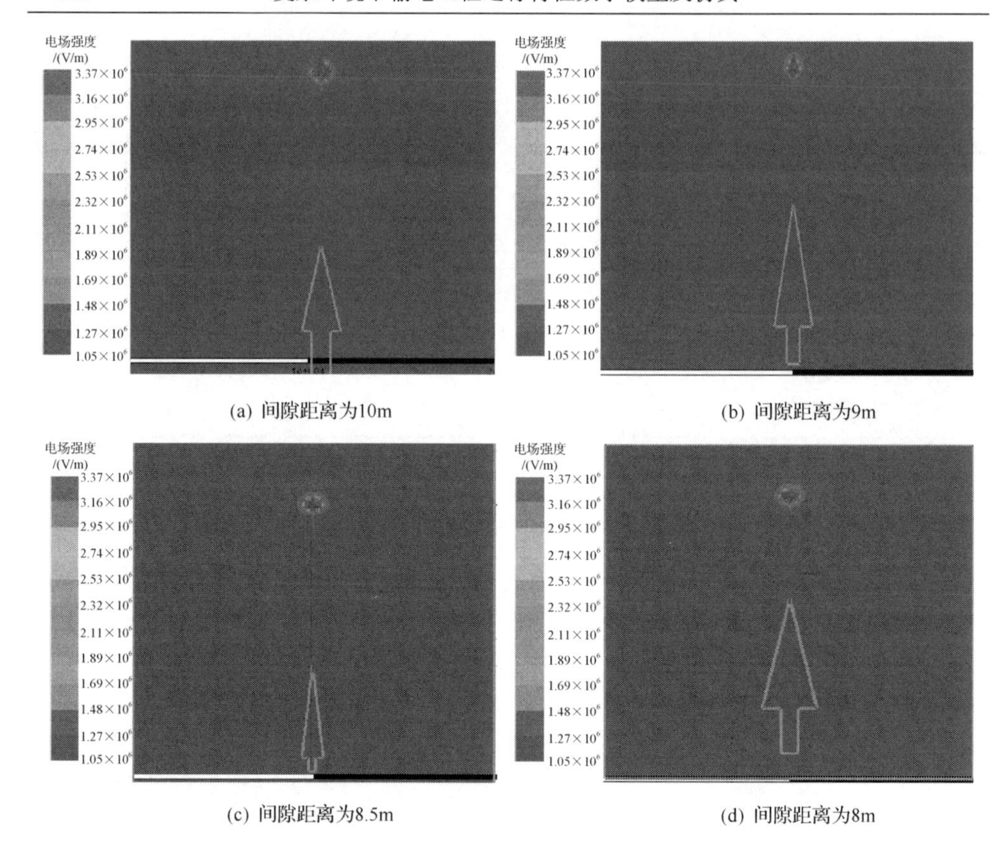


(a) 间隙距离为10m

(b) 间隙距离为9m

(c) 间隙距离为8.5m

(d) 间隙距离为8m

图 8-3　正极导线与树冠不同间隙距离的电场分布仿真云图

由图 8-3 可得，越靠近分裂导线周围合成电场强度值越大，越靠近树冠电场强度值越减小。由于树木高度不同，图 8-3(a)～图 8-3(d)中导线与树冠空间间隙逐渐减小。为分析不同的空间间隙距离树冠处的合成电场强度，利用 Maxwell 模块分别分析空间间隙为 10m、9m、8.5m、8m 时树冠处合成场强值，如图 8-4 所示。

由图 8-4 可得，分裂导线周围场强值达到峰值，从分裂导线到树冠电场强度逐渐减小，到树根电场强度为 0kV/m。由图 8-4(a)可得，正极导线距树冠 10m 处合成电场值为 28.12kV/m；由图 8-4(b)可得，距树冠 9m 处合成电场值为 32.25kV/m；由图 8-4(c)可得，距树冠 8.5m 处合成电场值为 32.89kV/m；由图 8-4(d)可得，距树冠 8m 处合成电场值为 39.15kV/m。

将正极导线下合成场强仿真分析结果与间隙击穿场强进行比较可得：间隙距离为 10m 时，树冠处合成场强值小于间隙击穿场强 33.507kV/m；间隙距离为 9m 时，树冠处合成场强值小于间隙击穿场强 33.626kV/m；间隙距离为 8.5m 时，树冠处合成场强值小于间隙击穿场强 33.691kV/m；间隙距离为 8m 时，树冠处合成场强值明显大于间隙击穿场强 33.765kV/m。综上所述，正极导线下方树冠与导线的安全距离为 8.5m。

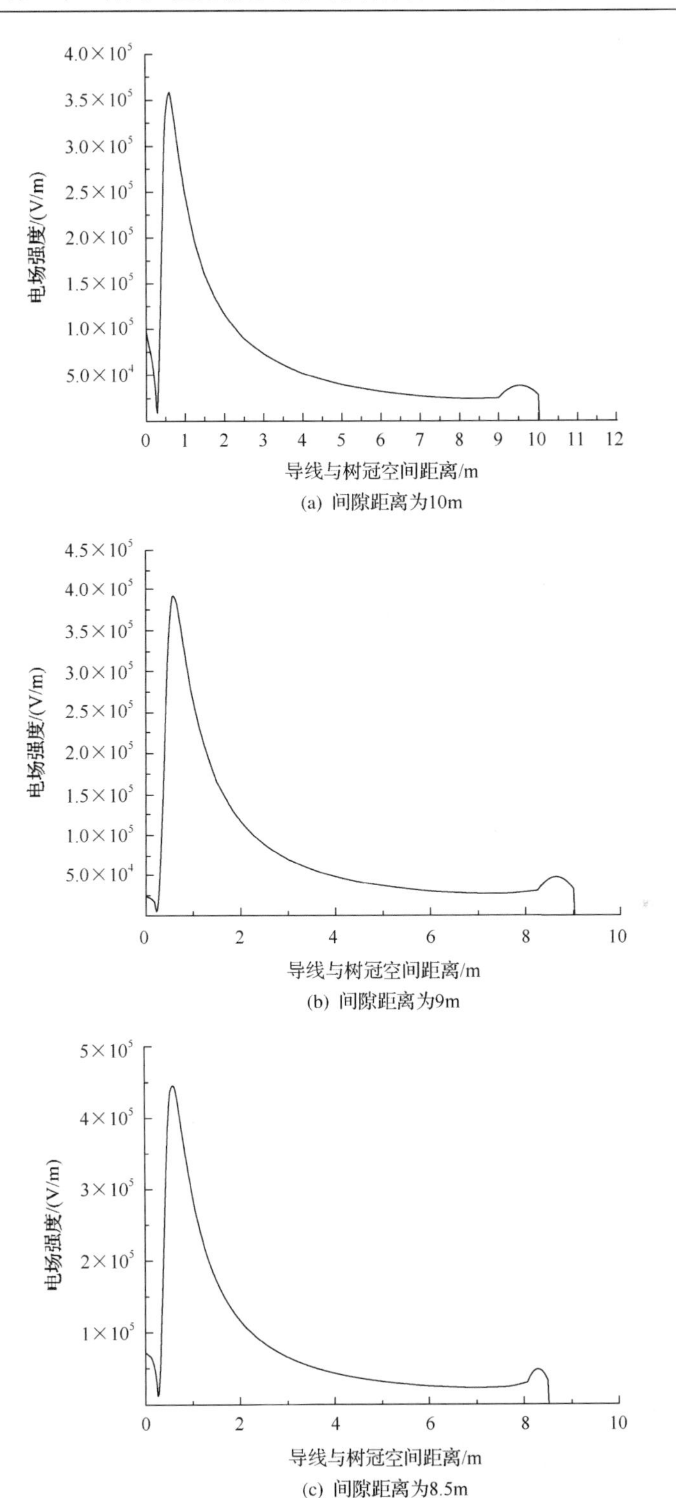


(a) 间隙距离为10m

(b) 间隙距离为9m

(c) 间隙距离为8.5m

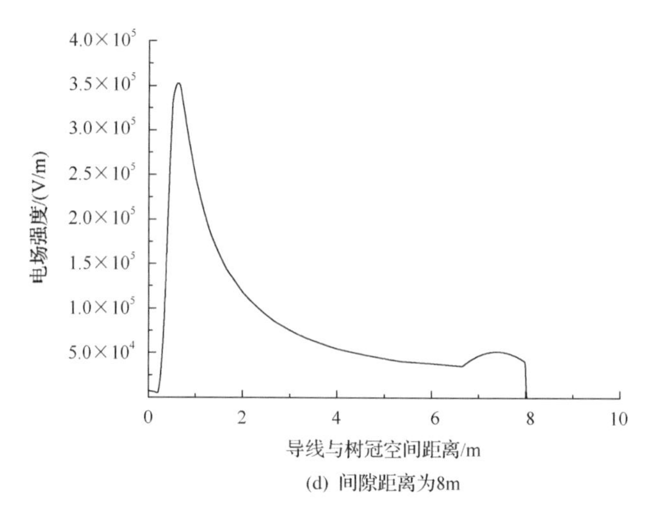

(d) 间隙距离为8m

图 8-4　正导线与树冠不同间隙距离空间电场分布曲线

### 8.4.3　负极导线下树障隐患电场分布

在负极导线加载–800kV 电压，对负极导线下方树障隐患电场分布进行分析。在负极导线下方，分别对树高为 6m、6.5m、7m、8m，树冠与负极导线间隙距离为 14m、13.5m、13m、12m 的树冠处合成电场分布情况进行分析，如图 8-5 所示。

由图 8-5 可得，负极导线周围合成电场强度值大，越靠近线下树木树冠处场强值越小。与正极导线线下合成电场强度值比较，负极导线下方合成电场强度高于正极导线下方。图 8-5(a)～图 8-5(d)中树木高度逐渐变大，树冠与极导线空间间隙距离逐渐减小。为分析不同空间间隙距离树冠处的合成电场强度，利用 Maxwell 模块分别分析空间间隙为 14m、13.5m、13m、12m 时树冠处合成场强值，如图 8-6 所示。

在负极分裂导线中心选点引一条直线从树木顶端贯穿至地面。从图 8-6(a)可看出，负极导线下方距离树冠 14m 处合成电场值为 29.1448kV/m；从图 8-6(b)可看出，距离树冠 13.5m 处合成电场值为 30.5435kV/m；从图 8-6(c)可看出，距离树冠 13m 处合成电场值为 34.7162kV/m；从图 8-6(d)可看出，距离树冠 12m 处合成电场值为 38.4913kV/m。

将负极导线下树冠处合成场强值与空间间隙击穿场强进行比较可得，空间间隙为 14m 时，树冠处合成场强值小于树冠与负极导线间隙击穿场强 33.17kV/m；空间间隙为 13.5m 时，树冠处合成电场值小于间隙击穿场强 33.19kV/m；空间间隙为 13m 时，树冠处合成电场值略大于间隙击穿场强 33.24kV/m；空间间隙为 12m 时，树冠处合成电场值明显大于间隙击穿场强 33.32kV/m。综上所述，负极导线与树冠的安全距离为 13m。

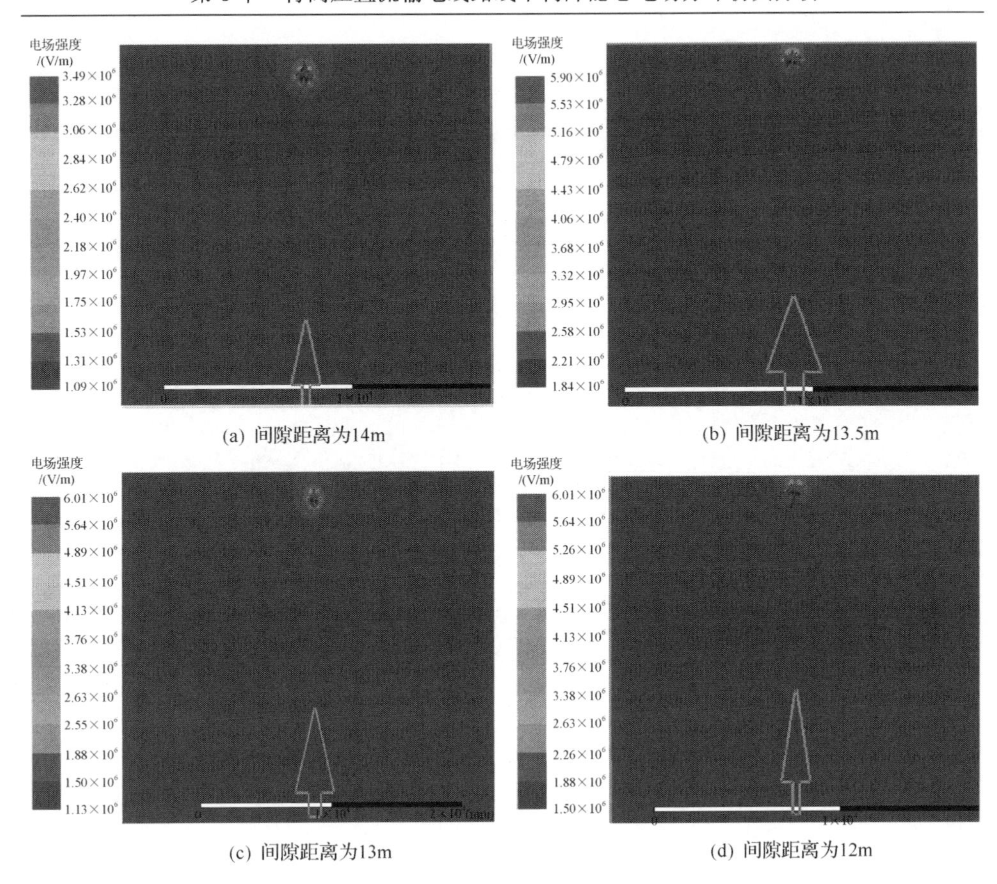


(a) 间隙距离为14m　(b) 间隙距离为13.5m

(c) 间隙距离为13m　(d) 间隙距离为12m

图 8-5　负极导线与树冠不同间隙距离的电场分布仿真云图

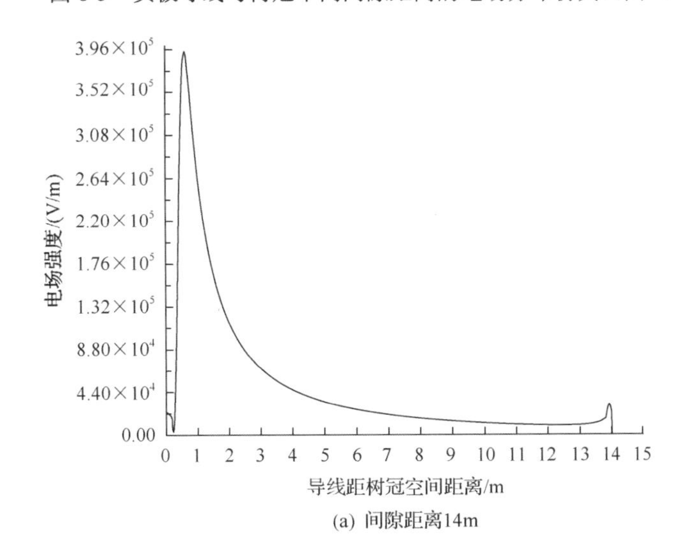


(a) 间隙距离14m

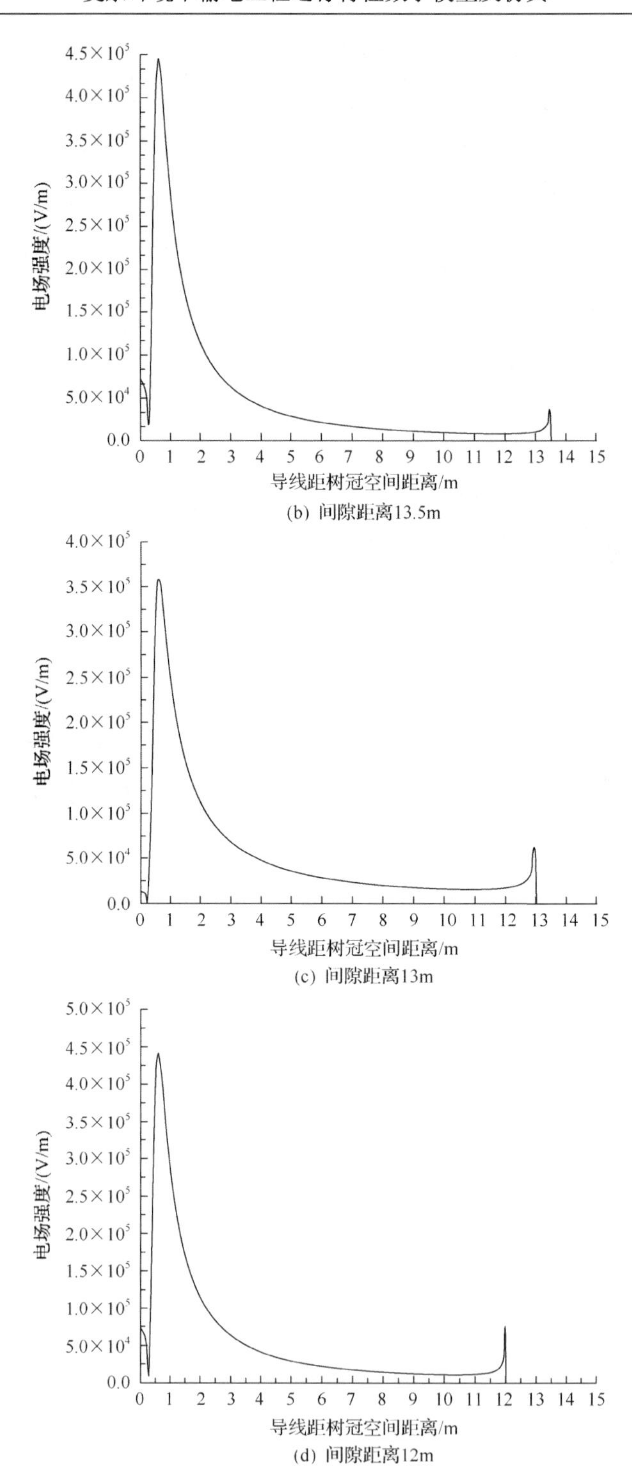

(b) 间隙距离13.5m


(c) 间隙距离13m


(d) 间隙距离12m

图 8-6　负导线与树冠不同间隙距离的空间电场分布曲线

## 8.5 本 章 小 结

本章通过建立特高压线下树障隐患二维有限元模型，利用有限元的计算方法计算得到正极导线下方、负极导线下方、树冠距极导线空间场强分布，通过与间隙击穿场强对比分析得出如下结论。

(1)特高压直流输电线路从导线中心至线下树冠处场强值依次减小，间隙击穿场强值变化不明显，浮动于 33～34kV/m。

(2)针对正极导线线下树木，将树冠处合成场强仿真分析结果和树冠与正极导线间隙击穿场强进行比较可得：间隙距离为 10m 时，树冠处合成场强值小于间隙击穿场强 33.07kV/m；间隙距离为 9m 时，树冠处合成场强值小于间隙击穿场强 33.626kV/m；间隙距离为 8.5m 时，树冠处合成场强值小于间隙击穿场强 33.691kV/m；间隙距离为 8m 时，树冠处合成电场值明显大于间隙击穿场强 33.765kV/m。根据树冠处合成场强与间隙击穿场强的比较，确定正极导线下方树冠距导线安全距离为 8.5m。

(3)针对负极导线线下树木，将树冠处合成场强值与空间间隙击穿场强进行比较可得，空间间隙为 14m 时，树冠处合成场强值小于树冠与负极导线间隙击穿场强 33.17kV/m；空间间隙为 13.5m 时，树冠处合成电场值小于间隙击穿场强 33.19kV/m；空间间隙为 13m 时，树冠处合成电场值略大于间隙击穿场强 33.24kV/m；空间间隙为 12m 时，树冠处合成电场值明显大于间隙击穿场强 33.32kV/m。根据树冠处合成场强与间隙击穿场强的比较，确定负极导线距离树冠的安全距离为 13m。

(4)正极导线线下树冠与导线的安全距离为 8.5m，负极导线与树冠的安全距离为 13m，因此，负极导线与树冠空间合成场强高于正极导线与树冠空间合成场强。

# 第9章　特高压直流输电线路临线树障绝缘特性数学模型

## 9.1　引　　言

为研究架空导线临线树障隐患，本章基于动力学方程确定导线风偏位移，利用MATLAB软件对动力学方程进行求解，得到导线风偏位移；基于导线距树木的空间绝缘特性，分析导线周围空间电场的分布，计算树木端部的空间合成场强[15]；将空间合成场强值与导线距树木端部空间击穿场强值进行比较，建立临线树障绝缘特性数学模型，用于预判临线树木对线路是否构成树障隐患。

## 9.2　计算导线风偏位移

在±800kV特高压输电线路中，正、负极导线通过连接金具挂于复合绝缘子串上。对于±800kV电压等级的输电线路，杆塔呼称高为20m。由于导线对地高度过高，在高空中风荷载作用下挂于绝缘子串上的导线会产生明显的风偏位移，可利用结构动力学方程确定导线风偏位移：

$$mx'' + cx' + kx = \sigma(t)A' \tag{9-1}$$

式中，$m$为单位长度导线的质量，$m = 2060\,\text{kg/km}$；$c$为阻尼常数，$c$=0.03996；$k$为刚度系数，$k$=0.897kN/m；$\sigma(t)$为动态应力，$\text{kN/m}^2$；$A'$为导线截面积，$A = 623.45\,\text{mm}^2$。

根据动态应力数学模型可求极导线应力随时间变化的数学方程为：$\sigma(t) = 6.839\times10^{-4}t^2 - 0.2t + 56.7358$。利用MATLAB软件计算应力关于时间变化的二阶微分方程，通过求解此结构动力学方程，可求得风偏位移关于时间的图像，如图9-1所示，从而可确定导线在风荷载作用下的风偏位移。

由图9-1可知，导线受风荷载作用后发生受迫运动，风偏位移随时间逐渐减小。以无风情况下，即风速为0m/s时导线位置为初始位置，此时风偏位移为0m。导线风偏动力学方程通过数学方法求解。

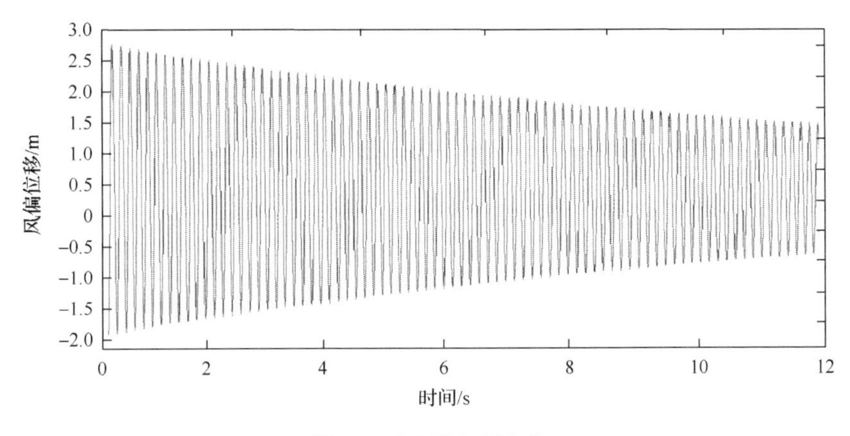


图 9-1 动力学方程曲线

根据 MATLAB 软件所描绘的图像，选取图像中的点绘制导线受风荷载作用后，导线风偏位移随时间变化的图像，如图 9-2 所示。

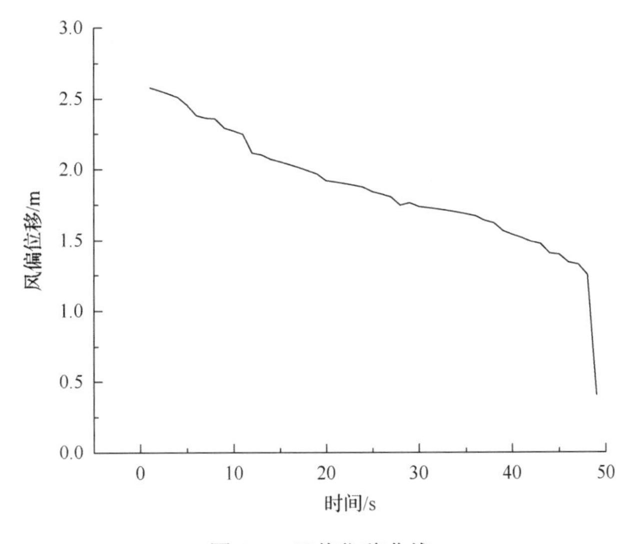


图 9-2　风偏位移曲线

由导线风偏位移曲线图可知，利用 MATLAB 软件计算时以单极导线为研究对象，当单极导线受风荷载作用后发生简谐振动，图像描绘了导线最大风偏位移。当无风时导线静止不动不发生风偏位移，2s 后单极导线风偏至最大风偏处，风偏位移为 2.578m。随着时间推移，风偏位移逐渐减小，大约 50s 后单极导线恢复至初始位置。

# 9.3　计算线旁树障空间合成电场

## 9.3.1　计算单极导线标称电场

特高压直流线路与树冠空间合成电场主要由极导线表面的标称电场和导线周围空间离子流场组成。由于极导线在正常输电情况下存在电荷，电荷存在于导线表面形成标称电场，标称电场属于静电场。特高压直流线路发生电晕现象时，极导线周围空气被电离产生电荷[16]。正极导线电离空气产生正离子，负极导线电离空气产生负离子。这些由电离空气产生的电荷，在电场力的作用下向极间区域移动，导致正负极导线与桉树树冠之间充满了空间电荷，运动电荷产生的电场为离子流场。

本节采用解析法对±800kV 云广线，极导线与线路周边树木树冠空间合成电场进行求解。架空导线受到自身重力作用以及导线通电时载流量的影响产生弧垂，为化繁为简，利用解析法在求解过程中做出假设：认为直流架空导线与地面平行，线旁树木交错生长受风荷载作用时不发生偏移。

根据美国电力研究协会对直流线路电场研究得出的结论，线路在两种不同条件下产生电场。当线路不发生电晕现象时，线路仅由导线表面电荷产生标称电场。当线路发生饱和电晕现象时，合成电场受空间运动电荷影响。标称电场的计算是一个二维静电场问题，根据相关研究报告并考虑导线受风荷载作用产生风偏位移，当导线受风荷载作用时，导线风偏至虚线处，风偏位移为 $x$。风偏后树木与极导线中心垂直线路方向的距离，由静止时的 $X$ 减少为 $X–x$，综合分析得出计算公式，如图 9-3 所示。

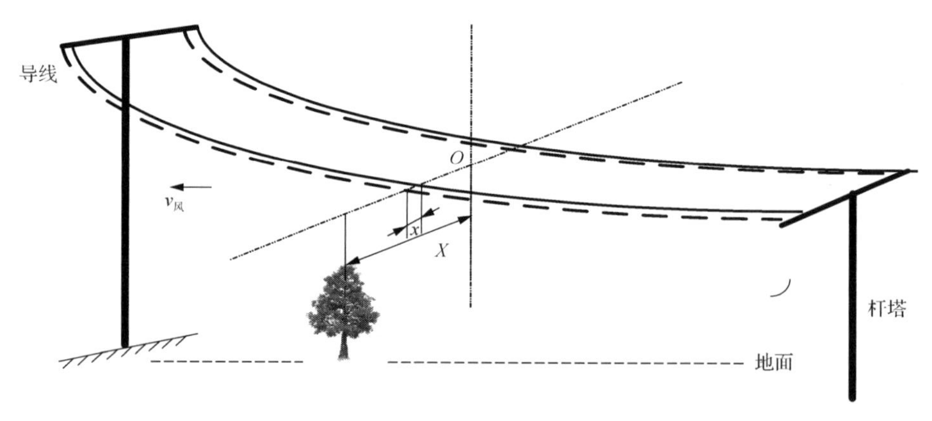


图 9-3　单极导线标称电场示意图

求解单极导线标称电场：

$$E = \ln \frac{2V}{\ln \frac{4H}{d}} \cdot \frac{H}{H^2 + (X - x)^2} \tag{9-2}$$

式中，$E$ 为标称电场，kV/m；$V$ 为极导线对地电压，kV；$H$ 为极导线距树冠高度，m；$d$ 为极导线直径，m；$X$ 为树木距线路中心垂直线路方向的距离，m；$x$ 为导线风偏位移，m。

### 9.3.2　解析法计算空间合成电场

极导线周围空气被电离产生带电离子，带电离子在极导线与树冠空间范围内非线性分布，导致极导线与树冠空间合成场强呈非线性分布。对合成电场进行求解时，基于 Sarma 假设提高电场强度求解精度和运算稳定性。

对于电压等级为±800kV 的特高压直流输电线路，利用解析法求解导线与树冠空间合成电场时，极导线周围空气电离产生的离子流密度、导线与树冠空间合成电场、导线与树冠空间带电电荷密度均符合式(9-3)～式(9-5)：

$$\nabla \cdot E_s = -\rho / \varepsilon \tag{9-3}$$

$$J = K \rho E_s \tag{9-4}$$

$$\nabla \cdot J = 0 \tag{9-5}$$

式中，$E_s$ 为导线与树冠空间合成电场；$\rho$ 为空间电荷密度；$\varepsilon$ 为真空介电常数；$J$ 为极导线与树冠空间离子电流密度；$K$ 为电子迁移率。

根据式(9-3)～式(9-5)推导得

$$E_s \cdot \nabla(\nabla \cdot E_s) + (\nabla \cdot E_s)^2 = 0 \tag{9-6}$$

带电离子在极导线与树冠空间范围内非线性分布，导致极导线与树冠空间合成场强非线性分布。利用解析法无法对极导线与树冠空间合成电场进行求解，因此基于 Sarma[17]、Deutsch 等的假定，对解析法求解极导线与树冠空间合成电场提出以下假设。

(1) 分布电荷仅对合成电场场强值存在影响，对合成电场方向不产生影响，即 Deutsch 假定：

$$E_s = AE \tag{9-7}$$

根据假定条件在式(9-7)中引入标量函数 $A$，求解导线与树冠空间合成电场是一个烦琐的二维非线性静电场问题。通过极导线表面电荷产生的标称场强与标量函数的结合，可将二维非线性静电场问题简化为可计算的微分方程组。

(2) 当极导线周围空气发生电离现象后，此时导线表面场强值将被认为是起晕电场强度值，不发生变化。当线路极导线对地电压值保持不变时，空间电荷电位值与对地电压值相等。当导线对地电压值为零时，空间电荷电位为零，即 $\varphi = V$ 时 $\varphi_s = V$；$\varphi = 0$ 时 $\varphi_s = 0$，其中，$\varphi$ 为极导线与树冠空间无电荷时某点电位，V；$\varphi_s$ 为极导线与树冠空间存在电荷时某点合成电位。导线与树冠空间某点表面电位和空间某点合成电位变化关系 $A_t$ 可表示为

$$A_t = V_0/V \tag{9-8}$$

(3) 对于直流输电线路正负极导线，求解极导线与树冠空间合成电场时假定：当导线表面发生电晕现象时，正负极导线临界电压值相等。

(4) 忽略空间离子流扩散作用，扩散系数为零。

(5) 极导线与树冠空间离子受电场力牵引具有离子迁移率，忽略离子迁移率对合成电场强度值的影响。并且假定正极导线与树冠空间分布的正离子，和负极导线与树冠空间分布的负离子的离子迁移率相同。

单极导线表面标称电场 $E$ 可根据式 (9-2) 推得，由于极导线与树冠空间分布电荷仅对合成电场场强值存在影响，对合成电场方向不产生影响，根据式 (9-7) 推导出标量函数 $A$，则可求解极导线与树冠空间合成电场。

标量函数 $A$ 根据式 (9-5) ～式 (9-7) 推导得

$$E \cdot \nabla(A\rho) = 0 \tag{9-9}$$

通过式 (9-9) 可得出结论，在导线与树冠空间不存在电荷情况下，导线与树冠空间每一条电场力线 $A\rho$ 为常数值，即

$$A\rho = A_1\rho_1 \tag{9-10}$$

式中，$A_1$ 为导线距树冠空间不存在电荷情况下电场标量函数；$\rho_1$ 为极导线表面电荷密度。

由于分布电荷仅对合成电场场强值存在影响，对合成电场方向不产生影响，根据式 (9-3)、式 (9-8) 及关系式 $\nabla \cdot E = 0$ 推导得

$$\nabla \cdot E_s = E \cdot \nabla A = -\rho/\varepsilon_0 \tag{9-11}$$

由 $E = -\mathrm{d}\varphi/\mathrm{d}l$（$l$ 为沿电力线的距离）及式 (9-6) 求解出空间电荷密度 $\rho$，代入式 (9-11) 中推导得

$$A\mathrm{d}A = \frac{A_1\rho_1}{\varepsilon_0} \cdot \frac{\mathrm{d}\varphi}{E^2} \tag{9-12}$$

对式 (9-12) 进行积分，推导出标量函数 $A$：

$$A^2 = A_1^2 + \frac{2A_1\rho_1}{\varepsilon_0}\int_0^U \frac{\mathrm{d}\varphi}{E^2} \tag{9-13}$$

由于电荷仅对合成电场场强值存在影响，将式(9-7)、式(9-9)联立推导得到的关系式 $\nabla \cdot E_s = -E_s \nabla \rho / \rho$ 代入式(9-6)中，由于导线与树冠空间每一条电场力线存在关系式 $\mathrm{d}\rho / \rho^2 = -\mathrm{d}l / \varepsilon_0 E_s$，将 $E = -\mathrm{d}\varphi / \mathrm{d}l$ 与式(9-13)联立求解，推导出 $\rho$：

$$\frac{1}{\rho^2} = \frac{1}{{\rho_1}^2} + \frac{2}{\varepsilon_0 A_1 \rho_1} \int_0^U \frac{\mathrm{d}\varphi}{E^2} \tag{9-14}$$

$$A = \sqrt{A_1^2 + \frac{2A_1\rho_1}{\varepsilon_0} \int_0^U \frac{\mathrm{d}\varphi}{E^2}} \tag{9-15}$$

式中，$U$ 为云广线运行电压，V。

根据式(9-7)、式(9-14)、式(9-15)可求解得到极导线与树冠空间合成场强 $E_s$：

$$E_s = \sqrt{A_1^2 + \frac{2A_1\rho_1}{\varepsilon_0} \int_0^U \frac{\mathrm{d}\varphi}{E^2}} \cdot E \tag{9-16}$$

### 9.3.3　计算线旁树木间隙击穿场强

本节计算输电线路线旁树木端部与极导线的间隙击穿场强。其中击穿间隙距离为线旁树木树冠与极导线的空间间隙距离，如图 9-4 所示。在极导线旁构建 7 棵虚拟树，以 2m 为间隔栽种一棵树。从靠近极导线的第 1 棵树至第 7 棵树标号为 1～7，树木高度分别取 6m、7m、8m、9m、10m、11m、12m。

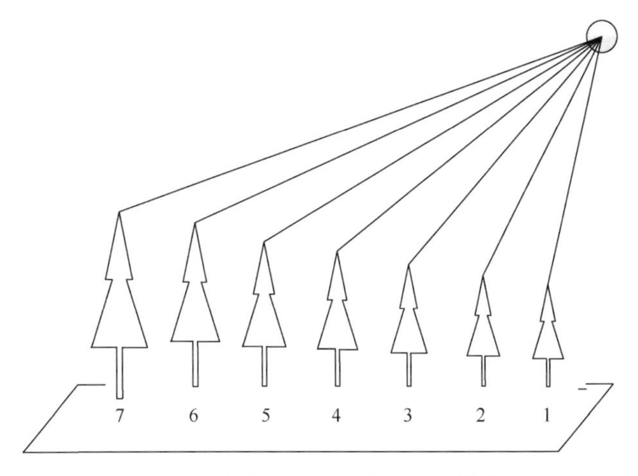


图 9-4　线旁树木间隙击穿场强计算模型

根据线旁树木间隙击穿场强计算模型，计算出树木高度分别取 6m、7m、8m、9m、10m、11m、12m 时的间隙击穿场强。其中由于树木高度不同，不同树高情况下将树冠与极导线空间距离等效为三角形斜边，计算结果如表 9-1 所示。

**表 9-1 线旁树木间隙击穿场强计算结果** （单位：kV/m）

| 序号 | 树高 | | | | | | |
|---|---|---|---|---|---|---|---|
| | 6m | 7m | 8m | 9m | 10m | 11m | 12m |
| 1 | 33.15 | 33.18 | 33.29 | 33.39 | 33.48 | 33.59 | 33.73 |
| 2 | 33.13 | 33.17 | 33.26 | 33.36 | 33.42 | 33.51 | 33.63 |
| 3 | 33.09 | 33.15 | 33.21 | 33.31 | 33.33 | 33.41 | 35.52 |
| 4 | 31.02 | 33.11 | 33.14 | 33.23 | 33.18 | 33.29 | 33.37 |
| 5 | 30.98 | 33.03 | 33.07 | 33.15 | 33.14 | 33.21 | 32.24 |

由表 9-1 可看出，当极导线旁树高值不同时，导线与树冠空间间隙击穿场强值不同。竖直方向树高越大，导线与树冠空间间隙越小，击穿场强值越大。相反，树高越小，导线与树冠空间间隙越大，击穿场强值越小。水平方向距离极导线越近的树木，导线与树冠空间间隙越小，击穿场强值越大。相反，距离极导线越远的树木，导线与树冠空间间隙越大，击穿场强值越小。

### 9.3.4 建立临线树障隐患绝缘特性数学模型

当导线受风荷载作用偏移后，导线与树冠空间合成电场应小于线路间隙最小击穿电场。根据式(9-6)和式(9-2)，建立的临线树障隐患绝缘特性数学模型为

$$\sqrt{A_1^2+\frac{2A_1\rho_1}{\varepsilon}\int_0^U\frac{\mathrm{d}\varphi}{E^2}}\cdot E<U_{\mathrm{b}}/d \tag{9-17}$$

式中，$U_{\mathrm{b}}$为击穿电压。

根据临线树障隐患绝缘特性数学模型可知，通过比较导线与树冠空间合成电场场强值和间隙击穿电场场强值，可判断临线树木对线路是否构成威胁存在树障隐患。当导线与树冠空间合成电场$E_{\mathrm{s}}$小于击穿场强$E_{\mathrm{b}}$时，树木引起的畸变电场对导线不构成威胁。当合成电场$E_{\mathrm{s}}$大于击穿场强时$E_{\mathrm{b}}$，导线与树冠空间绝缘间隙被击穿，易发生树闪故障，应及时对故障树木进行处理。

## 9.4 临线树障隐患绝缘特性数学模型实际应用

本节基于临线树障隐患绝缘特性数学模型，对云广线临线树障隐患进行实际工程理论计算，通过数学模型，从理论上求解云广线线路走廊内临线树木生长高度的极限值。考虑导线受风荷载作用产生的风偏位移，确定水平方向上树木与架空极导线安全距离，理论计算参数如表 9-2 所示。

**表 9-2　云广线临线树障理论计算参数**

| 参数 | 单位 | 取值 |
| --- | --- | --- |
| 电压等级 | kV | 800 |
| 导线对地高度 | m | 20 |
| 极间距 | m | 20 |

对于云广线工程实际参数，可利用 MATLAB 求解临线树木影响下，不同树木高度标称电场和树木与导线空间合成电场场强值。树木高度选取 9m、10m、11m、12m，导线对地高度为 20m，计算结果如图 9-5 所示。

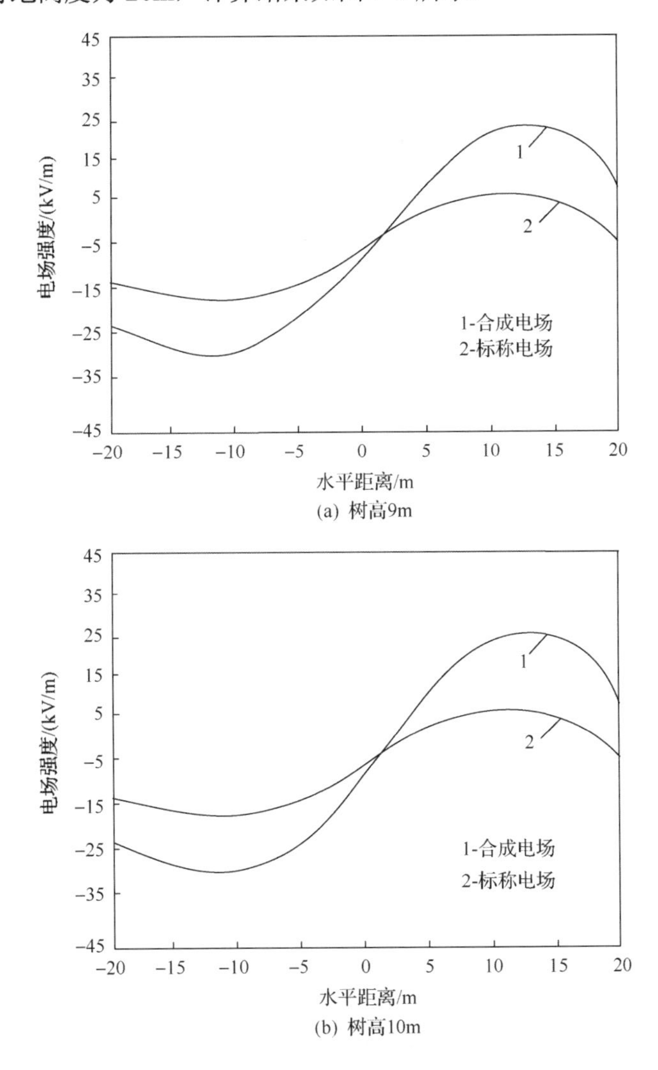

(a) 树高9m

(b) 树高10m

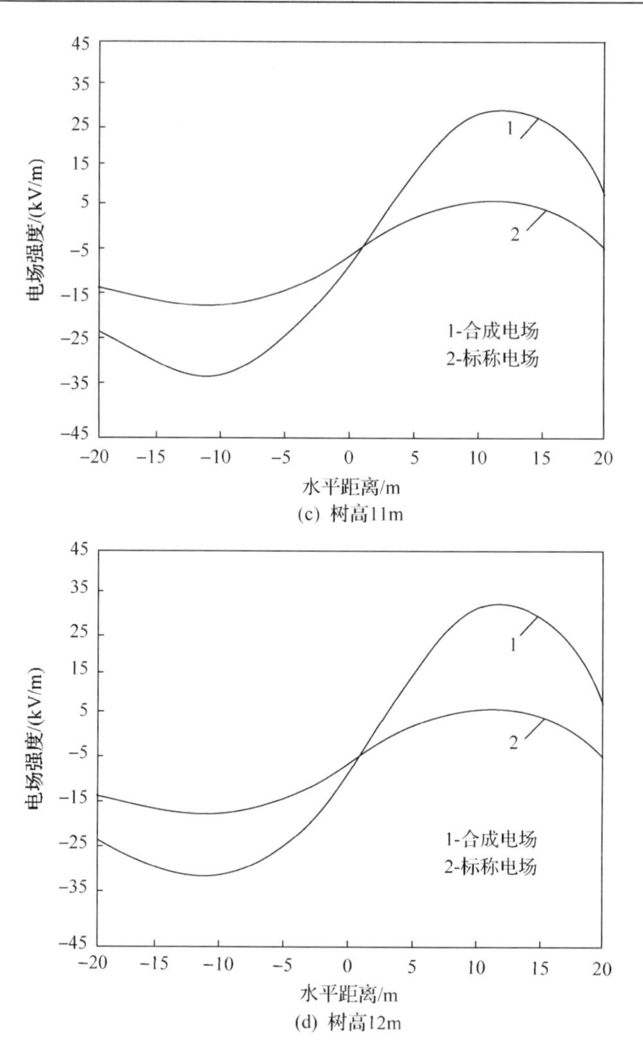

(c) 树高11m

(d) 树高12m

图 9-5 线旁不同树高合成电场和标称电场分布曲线

由图 9-5 可知，临线树木与导线空间合成电场场强值大于标称电场场强值，最大空间合成电场均在与线路水平距离为 12m 处。由图 9-5(a)得，当树木高度为 9m 时，导线与线旁树木垂直距离为 11m，最大合成场强值为 23.64kV/m。由表 9-1 可知，9m 树高时线旁树木间隙击穿场强最小值为 33.15kV/m，最大合成电场值小于最小击穿场强值，此时线旁树木对导线不构成威胁。由图 9-5(b)得，当树木高度为 10m 时，导线与线旁树木垂直距离为 10m，最大合成场强值为 28.31kV/m。10m 树高时线旁树木间隙击穿场强最小值为 33.14kV/m，最大合成电场值小于最小击穿场强值，此时线旁树木对导线不构成威胁。由图 9-5(c)得，当树木高度为 11m 时，导线与线旁树木垂直距离为 9m，最大合成场强值为 30.52kV/m。由表 9-1

可知，11m 树高时线旁树木间隙击穿场强最小值为 33.21kV/m，最大合成电场值小于最小击穿场强值，此时线旁树木对导线不构成威胁。由图 9-5(d)得，当树木高度为 12m 时，导线与线旁树木垂直距离为 8m，最大合成场强值为 34.52kV/m。12m 树高时线旁树木间隙击穿场强最小值为 32.24kV/m，最大合成电场值大于最小击穿场强值，此时线旁树木对导线存在威胁。综上所述，临线树木极限高度为 11m。考虑到导线最大风偏位移为 2.578m，因此水平方向临线树木距导线 9m 为安全距离。

## 9.5　本 章 小 结

本章通过建立特高压输电线路临线树障绝缘特性数学模型，确定了线旁树木端部与极导线的空间合成电场；通过分析线旁树木端部与极导线空间合成电场，确定了线旁树木与极导线的安全距离。

(1) 由于导线对地高度过高，在高空中风荷载作用下挂于绝缘子串上的导线会产生明显的风偏位移，利用结构动力学方程确定导线风偏位移；利用 MATLAB 软件计算当单极导线受风荷载作用后发生简谐振动，图 9-2 描绘了导线风偏最大位移。当无风时，导线静止不动不发生风偏位移，2s 后单极导线风偏至最大风偏处，风偏位移为 2.578m。导线风偏位移随时间逐渐减小，大约 50s 时单极导线恢复至原来位置。

(2) 通过经验公式计算单极导线标称电场，利用解析法计算单极导线与树木端部空间合成场强值。

(3) 利用经验公式计算间隙击穿电压和击穿场强，计算出树木高度分别取 6m、7m、8m、9m、10m、11m、12m，水平方向为 2m 间距时导线与树冠空间间隙击穿场强。

(4) 基于临线树障隐患绝缘特性数学模型和导线最大风偏位移，求解出云广线线旁树木生长高度极限值为 11m，水平方向临线树木距导线 9m 为安全距离。

# 第10章　特高压直流输电线路临线树障隐患电场分布仿真分析

## 10.1　引　　言

本章应用Ansoft有限元仿真软件，根据线-树位置主要分三种情况对线旁树障空间合成电场进行研究：正极导线旁树木空间电场分布、负极导线旁树木空间电场分布、正负极导线间树木空间电场分布，并分别与间隙击穿场强进行比较，确定线旁树木安全生长高度极限值。

## 10.2　建立临线树障隐患仿真模型

确定线路的二维模型时主要分三种情况对线旁树障空间合成电场进行研究：正极导线旁树木空间电场分布、负极导线旁树木空间电场分布、正负极导线间树木空间电场分布。综合考虑计算的有效性和计算速度，建立的有限元模型最内层为六分裂导线，第二层为导线下方树木，由于仿真分析时主要突出线旁树木尖端，树木形状为三角形，第三层为周围的空气域。

首先，建立正极导线旁临线树障仿真模型，在正极导线旁每隔2m的水平间距设置一棵树，共设置5棵树。为提高建模的准确性，将5棵树等效成5个长三角形，间距为2m，依次排列在正极导线左边，为方便研究，从右到左设置编号为1～5。对于负极导线旁树木仿真分析，加载–800kV电压作为激励源。同样的，以间距为2m依次排列在负极导线右边。根据线-树位置，构建以下三种线旁树障隐患仿真模型，其中正负极导线旁树障隐患仿真模型如图10-1所示。

其次，为分析正负极导线间树木对空间电场分布的影响，这里建立正负极导线间树障电场分布仿真模型。云广特高压直流输电线路正负极导线间距离为20m，以2m为间距在正负极导线间一共设置10棵树，从左到右设置编号为1～10，如图10-2所示。

利用剖分软件对模型进行剖分，首先设置求解三角单元的允许最大边长为20m，空气域部分至边界采用自适应法划分单元。其次，为了保证在起晕场强的假设条件下提高模型准确度，对分裂导线周围进行了加密剖分。最后，设置其自适应的求解步数和误差精度值，将此处最大收敛求解步数设置为10步，其收敛精度设为0.001%。

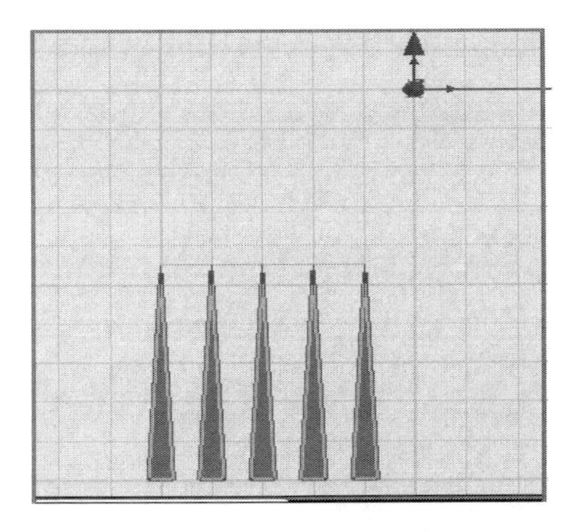

(a) 正极导线旁树障隐患仿真模型

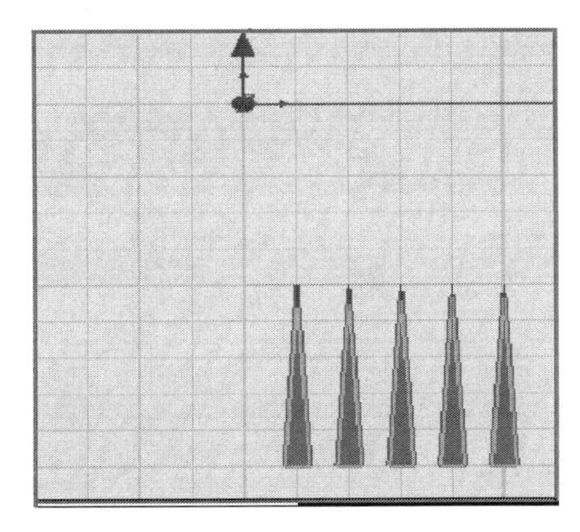

(b) 负极导线旁树障隐患仿真模型

图 10-1　正负极导线旁树障隐患仿真模型

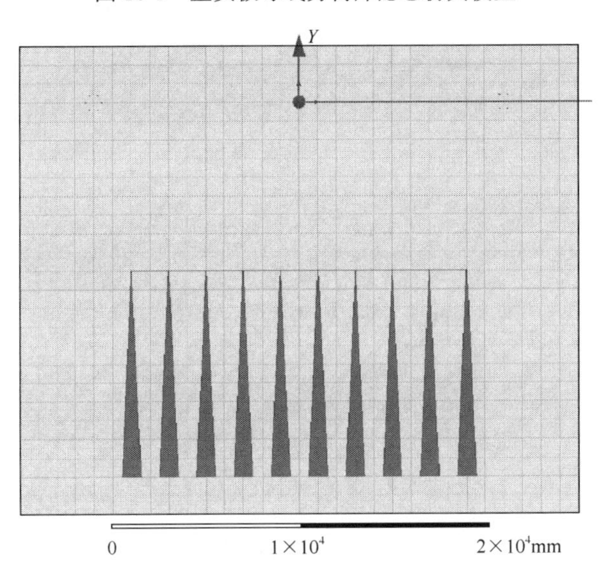


图 10-2　正负极导线间树障隐患仿真模型

# 10.3　临线树障隐患导线与树木空间合成电场分布仿真分析

## 10.3.1　正极导线旁树木电场仿真分析

本节对正极导线旁树障隐患电场分布进行分析，正极导线加载 800kV 电压作为激励源。正极导线旁，由于树木生长高度不同，树冠顶部与正极导线净空距离逐渐减小。在正极导线旁分别对树高为 9m、10m、11m、12m，与正极导线水平距离不同的 1～5 号树，树冠处合成电场分布情况进行分析，如图 10-3 所示。

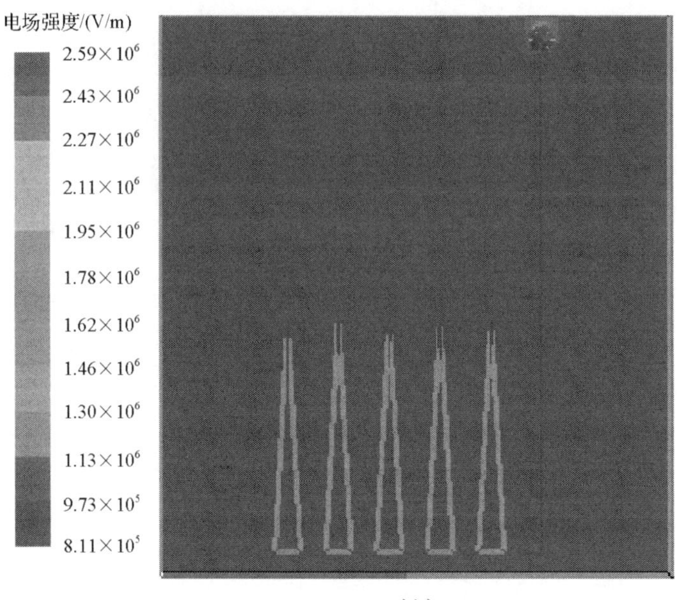


(a) 树高9m

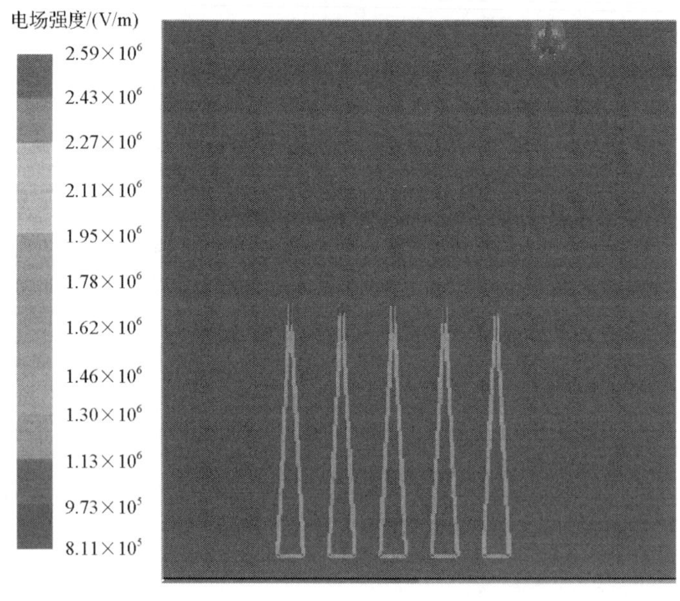


(b) 树高10m

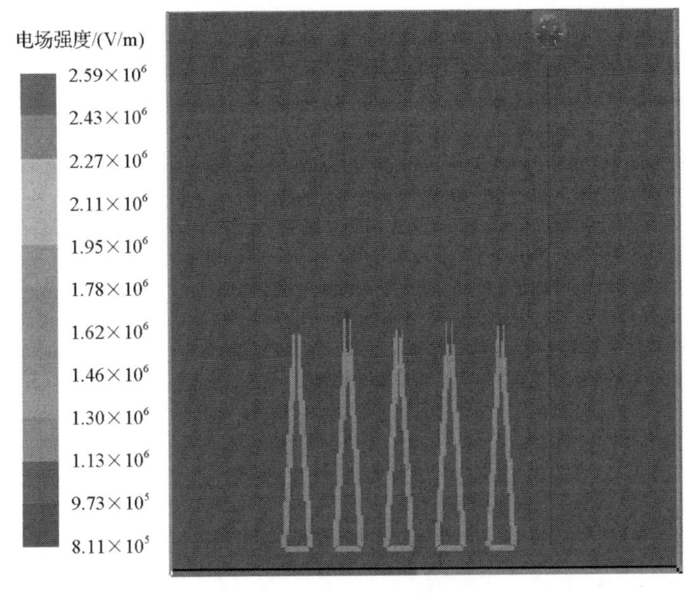


(c) 树高11m

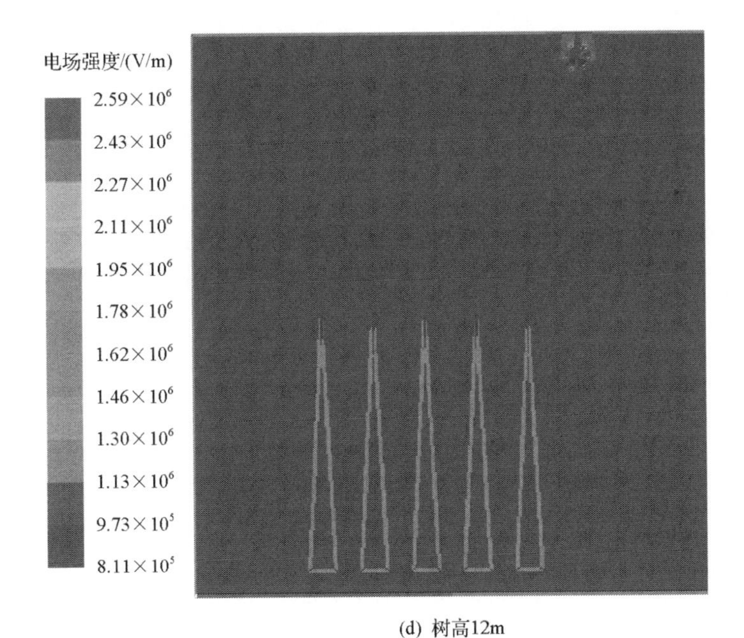


(d) 树高12m

图 10-3　正极导线旁不同树高空间电场仿真云图

由图 10-3 可看出正极导线至树冠，越靠近树冠电场强度越小。为分析不同空间间隙距离树冠处的合成电场强度，利用 Maxwell 模块分别分析树高为 9m、10m、11m、12m，树木与正极导线水平距离为 2m、4m、6m、8m、10m 时树冠处合成场强，结果如图 10-4 所示。

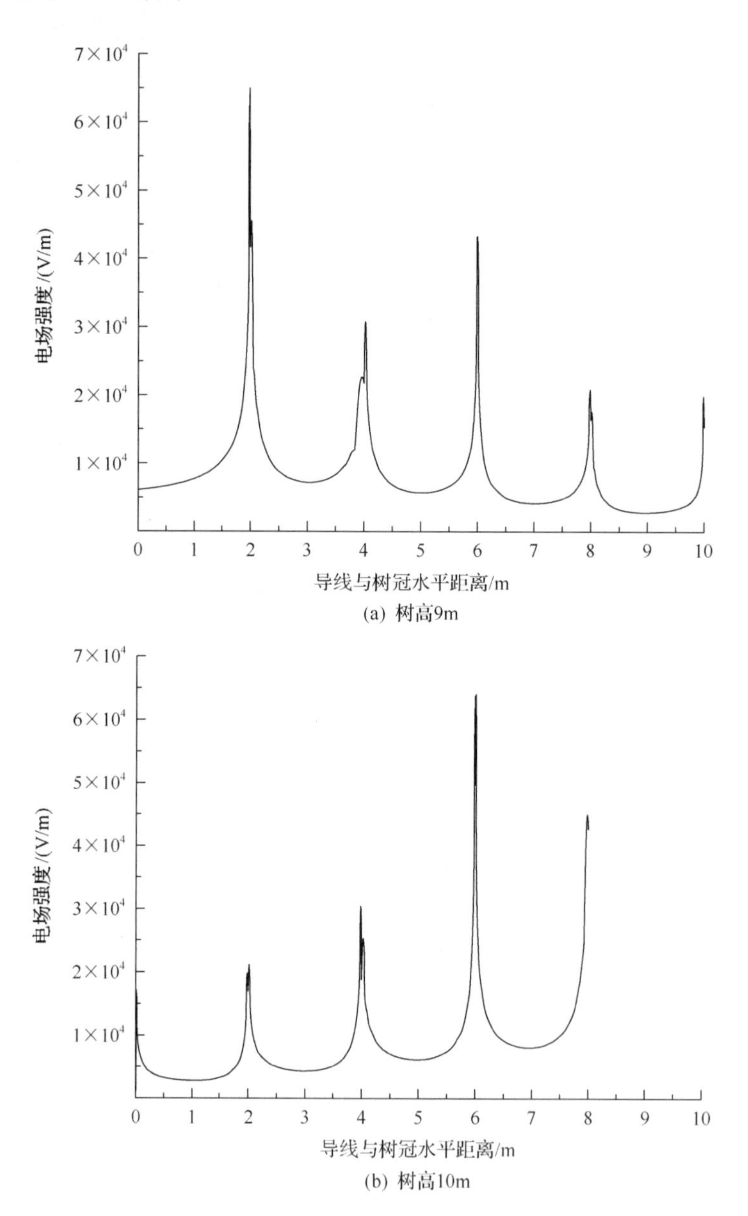


(a) 树高9m

(b) 树高10m

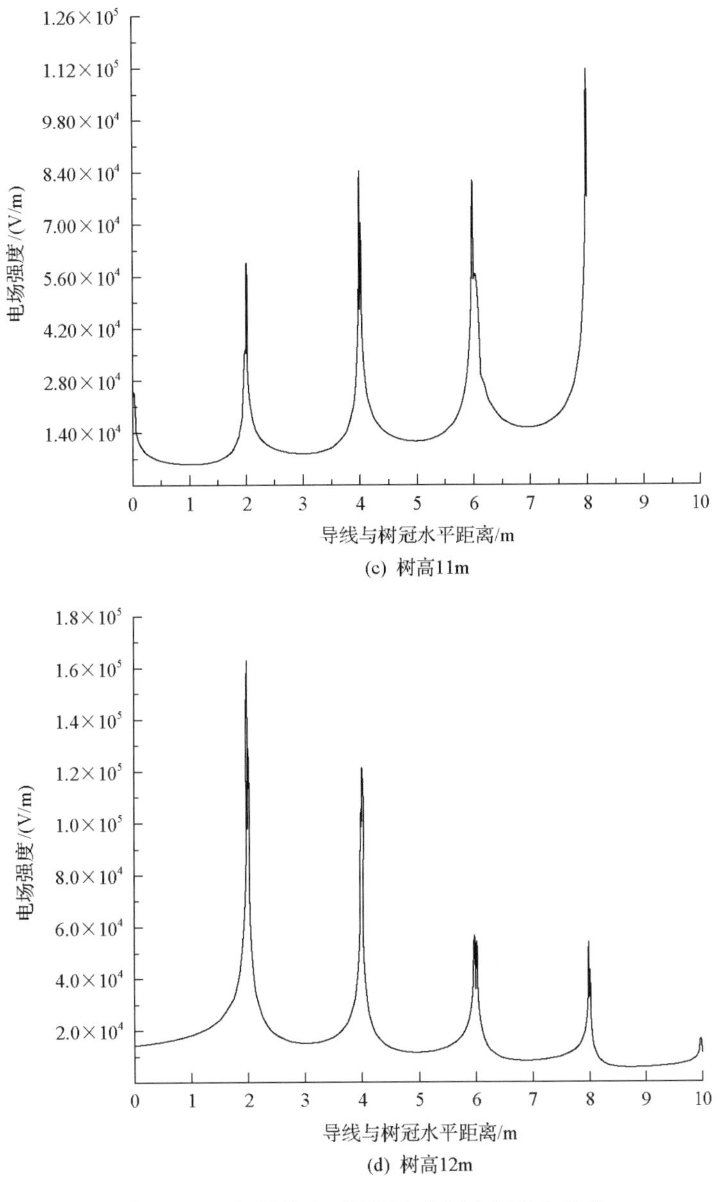


图 10-4　正极导线旁不同树高空间电场分布曲线

从正极导线旁不同树高空间电场分布曲线可看出，在正极导线水平方向上由近到远树冠处的合成电场强度不同，大体上树冠处合成电场场强值呈递减趋势，但最大场强值不一定出现在第一棵树树冠的位置。

将正极导线旁树冠处的合成场强与间隙击穿场强进行比较，如表 10-1 所示。

表 10-1　正极导线旁树冠处合成场强与击穿场强比较

| 序号 | 9m | | 10m | | 11m | | 12m | |
|---|---|---|---|---|---|---|---|---|
| | 合成场强/(kV/m) | 击穿场强/(kV/m) | 合成场强/(kV/m) | 击穿场强/(kV/m) | 合成场强/(kV/m) | 击穿场强/(kV/m) | 合成场强/(kV/m) | 击穿场强/(kV/m) |
| 1 | 41.68 | 33.36 | 42.71 | 33.48 | 46.76 | 33.59 | 1174.98 | 33.73 |
| 2 | 30.78 | 33.31 | 49.73 | 33.42 | 67.31 | 33.52 | 800.81 | 33.63 |
| 3 | 43.34 | 33.26 | 18.85 | 33.33 | 35.53 | 33.42 | 567.93 | 33.51 |
| 4 | 20.87 | 33.19 | 16.984 | 33.18 | 30.12 | 33.31 | 291.25 | 32.58 |
| 5 | 19.87 | 33.11 | 17.27 | 33.14 | 21.07 | 33.21 | 108.91 | 32.25 |

由表 10-1 可得，正极导线旁 9m 树高的 1 号树和 3 号树树冠处合成场强值均大于间隙击穿场强值；10m 树高的 1 号树和 2 号树树冠处合成场强值均大于间隙击穿场强值；11m 树高的 1 号、2 号 3 号树树冠处合成场强值均大于间隙击穿场强值；12m 树高的每棵树树冠处合成场强值均远大于间隙击穿场强值。综上所述，正极导线旁树木垂直方向树木高度不能高于 11m，由于导线风偏位移最大值为 2.578m，水平方向与正极导线水平距离应大于 9m。

### 10.3.2　负极导线旁树木电场仿真分析

同样的，考虑树木生长在负极导线旁时在负极导线旁每隔 2m 的水平间距设置一棵树，共设置 5 棵树，水平间距为 2m，依次排列在负极导线右边，为方便研究从左到右设置编号为 1～5。根据负极导线旁临线树障模型，利用 Maxwell 模块对不同树高条件下，树冠与负极导线空间合成电场进行分析，如图 10-5 所示。

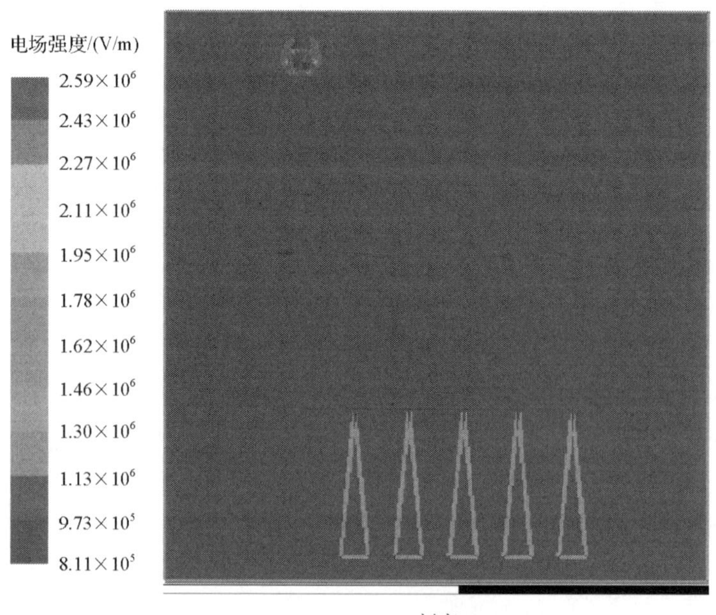


(a) 树高6m

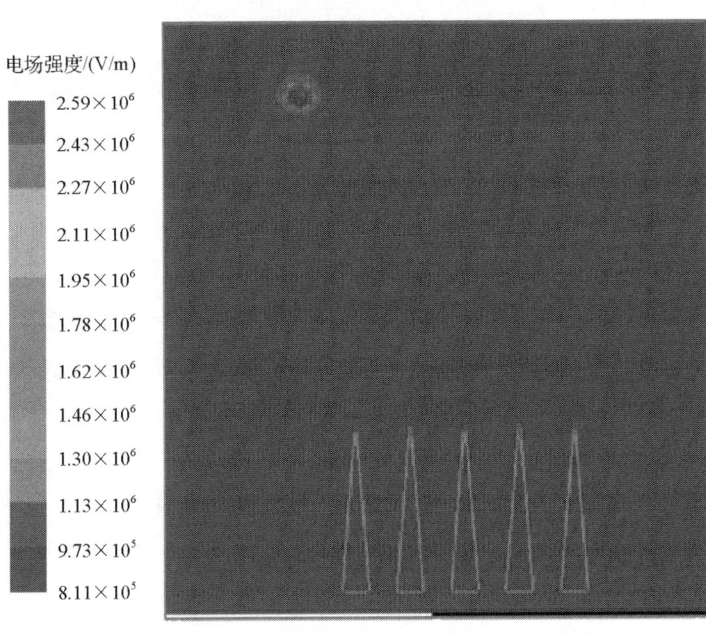
电场强度/(V/m)
2.59×10⁶
2.43×10⁶
2.27×10⁶
2.11×10⁶
1.95×10⁶
1.78×10⁶
1.62×10⁶
1.46×10⁶
1.30×10⁶
1.13×10⁶
9.73×10⁵
8.11×10⁵
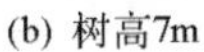

(b) 树高7m

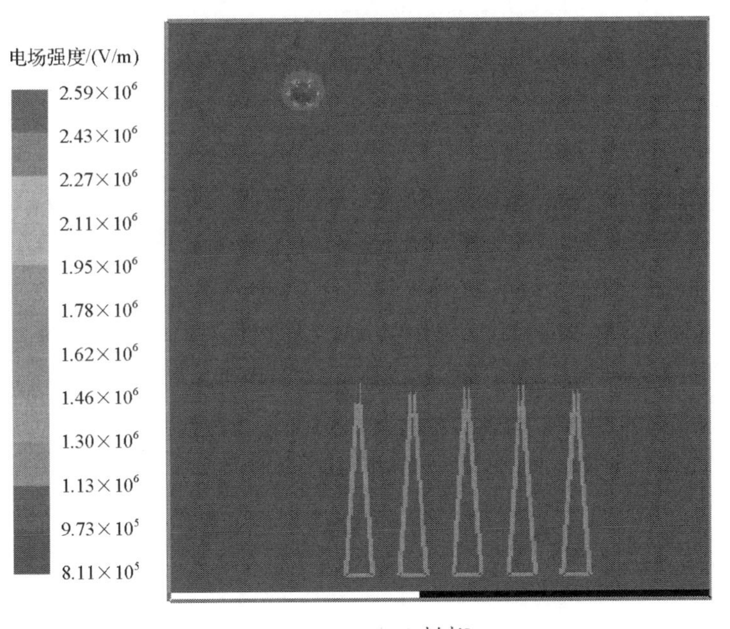
电场强度/(V/m)
2.59×10⁶
2.43×10⁶
2.27×10⁶
2.11×10⁶
1.95×10⁶
1.78×10⁶
1.62×10⁶
1.46×10⁶
1.30×10⁶
1.13×10⁶
9.73×10⁵
8.11×10⁵

(c) 树高8m

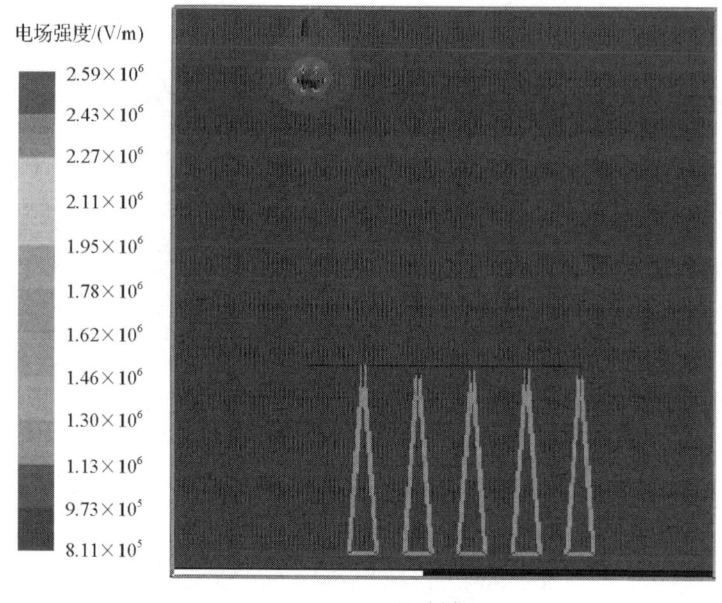


(d) 树高9m

图 10-5　负极导线旁不同树高空间电场仿真云图

由图 10-5 得，分裂导线周围合成电场值大，越靠近树冠电场强度越小。为分析不同树高条件下树冠处的电场强度，分别分析树高为 6m、7m、8m、9m 时，树冠与导线的空间间隙合成电场分布曲线，如图 10-6 所示。

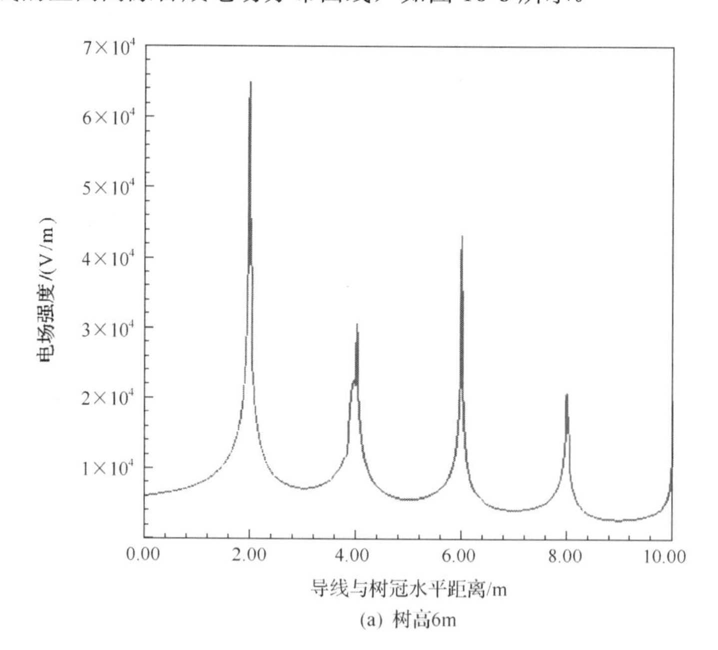


(a) 树高6m

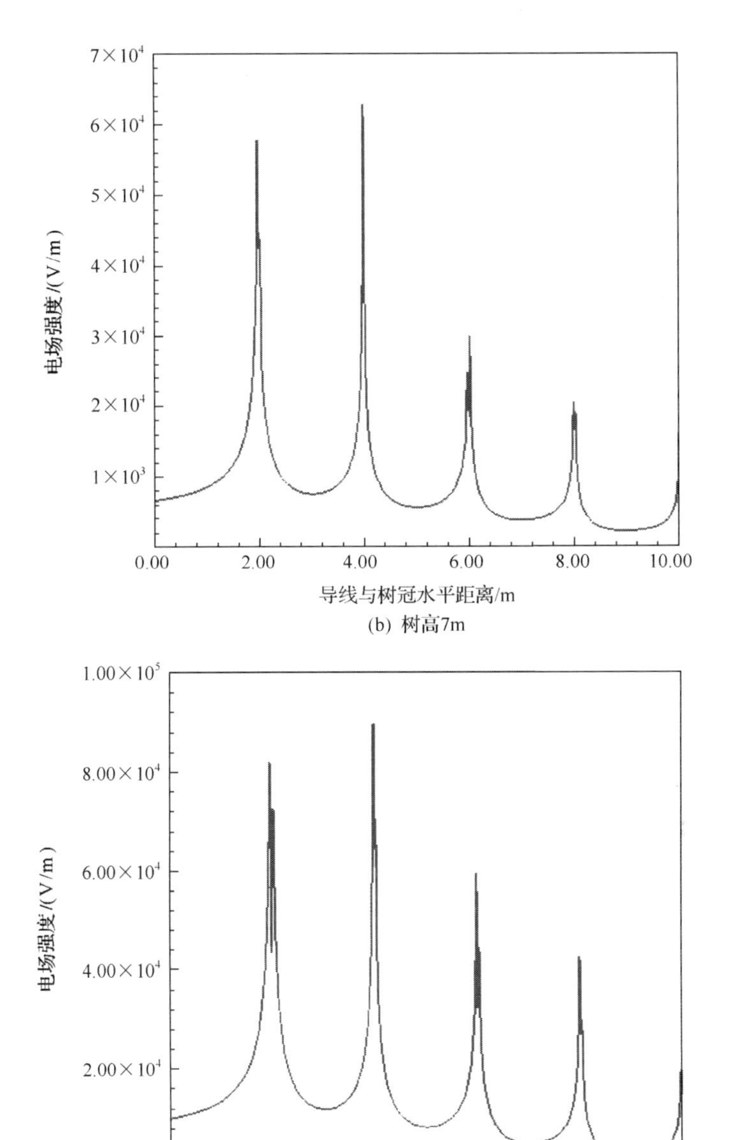
7×10^4
6×10^4
5×10^4
4×10^4
3×10^4
2×10^4
1×10^3
电场强度/(V/m)
0.00
2.00
4.00
6.00
8.00
10.00
导线与树冠水平距离/m
1.00×10^5
8.00×10^4
6.00×10^4
4.00×10^4
2.00×10^4
电场强度/(V/m)
0.00
2.00
4.00
6.00
8.00
10.00
导线与树冠水平距离/m

(b) 树高7m

(c) 树高8m

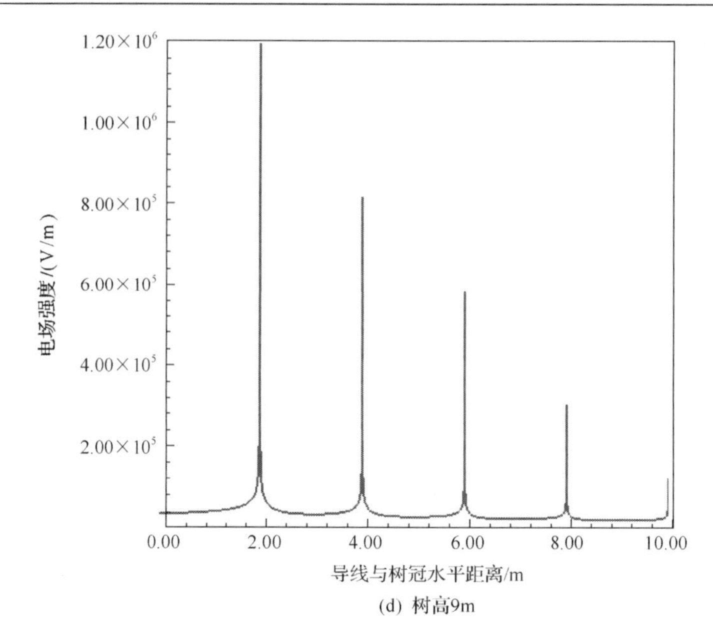

(d) 树高9m

图 10-6　负极导线旁不同树高空间电场分布曲线

将负极导线旁树冠处的合成场强与间隙击穿场强进行比较，如表 10-2 所示。

**表 10-2　负极导线旁树冠处合成场强与击穿场强比较**

| 序号 | 6m | | 7m | | 8m | | 9m | |
|---|---|---|---|---|---|---|---|---|
| | 合成场强/(kV/m) | 击穿场强/(kV/m) | 合成场强/(kV/m) | 击穿场强/(kV/m) | 合成场强/(kV/m) | 击穿场强/(kV/m) | 合成场强/(kV/m) | 击穿场强/(kV/m) |
| 1 | 25.01 | 33.15 | 73.38 | 33.18 | 25.12 | 33.29 | 819.56 | 33.59 |
| 2 | 19.24 | 33.13 | 33.21 | 33.17 | 30.81 | 33.26 | 771.843 | 33.52 |
| 3 | 12.79 | 33.09 | 24.89 | 33.15 | 47.29 | 33.21 | 677.01 | 33.42 |
| 4 | 11.01 | 31.31 | 17.39 | 33.09 | 25.75 | 33.14 | 604.59 | 33.31 |
| 5 | 8.75 | 30.98 | 15.08 | 33.03 | 16.52 | 33.07 | 341.48 | 33.21 |

从表 10-2 可得，负极导线旁 6m 树高的 1～5 号树树冠处合成场强值均小于间隙击穿场强值；7m 树高的 1 号树树冠处合成场强值大于间隙击穿场强值，2 号树树冠处合成场强值略大于间隙击穿场强值；8m 树高的 3 号树树冠处合成场强值大于间隙击穿场强值；9m 树高的每棵树树冠处合成场强值均远大于间隙击穿场强值。综上所述，负极导线旁树木垂直方向树木高度不能高于 8m，由于导线风偏位移最大值为 2.578m，水平方向与负极导线水平距离应大于 9m。当树高小于 6m 时，水平距离没有影响。

### 10.3.3　正负极导线间树木电场仿真分析

树木不仅生长在正极导线和负极导线两旁，还会生长于正负极导线间，受到正极导线和负极导线两方面的影响。因此，本节进一步对正负极导线间树障隐患进行仿真分析。±800kV 云广线正负极导线间距离为 20m，以 2m 为间距在正负极导线间设置 10 棵树，为方便研究，从左到右设置树木编号为 1～10。

根据正负极导线间树障模型，利用 Maxwell 模块对不同树高条件下，树冠与极导线空间合成电场进行分析，如图 10-7 所示。

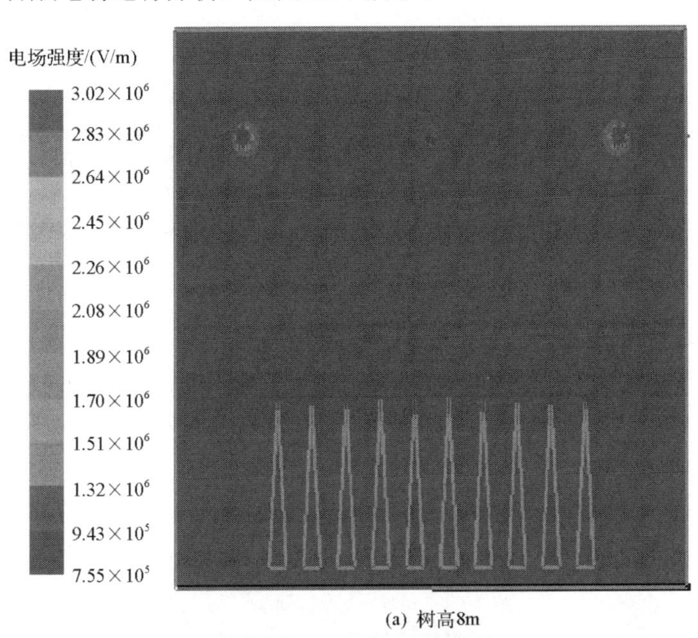


(a) 树高8m

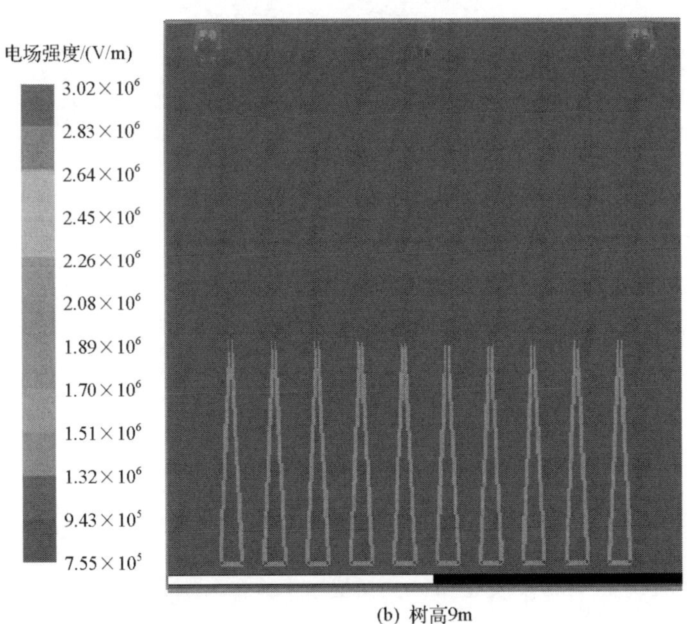


(b) 树高9m

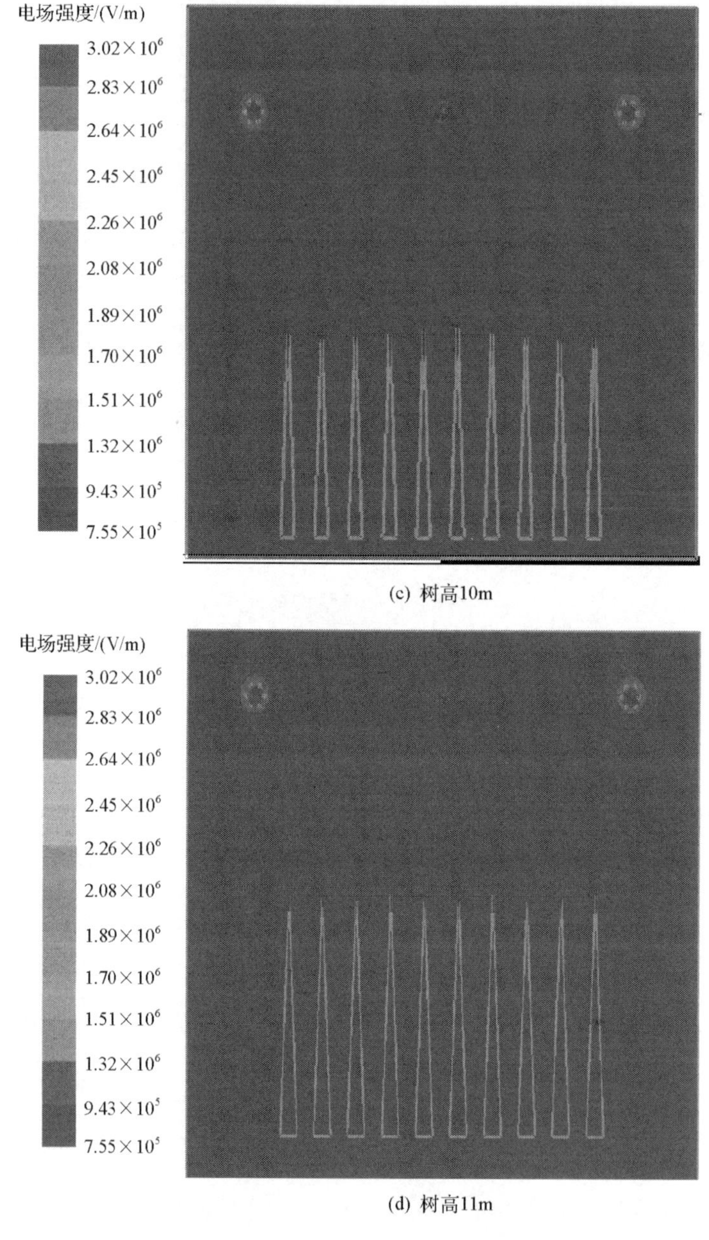


(c) 树高10m



(d) 树高11m

图 10-7　正负极导线间不同树高空间电场仿真云图

从正负极导线间不同树高空间电场仿真云图可看出，分裂导线周围合成电场值大，越靠近树冠电场强度越小。为分析不同树高条件下树冠处的电场强度，应参照前面所得结论：在正极导线旁树木高度不高于 11m，负极导线旁树木高度不高于 8m。因此，综合考虑正负极导线旁树障隐患安全距离，分别分析树高为 8m、9m、10m、11m，水平方向每隔 2m 共 10 棵树的树冠与导线的空间间隙合成电场分布曲线，如图 10-8 所示。

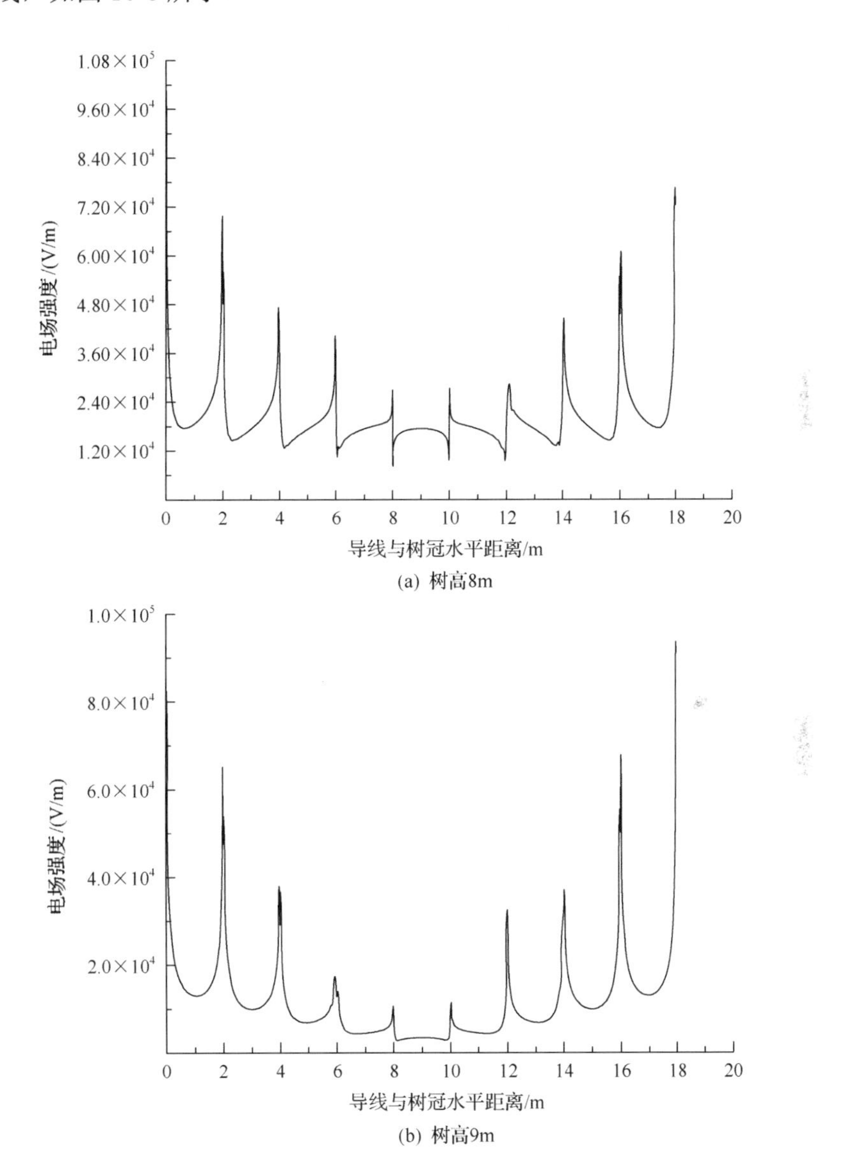


(a) 树高8m

(b) 树高9m

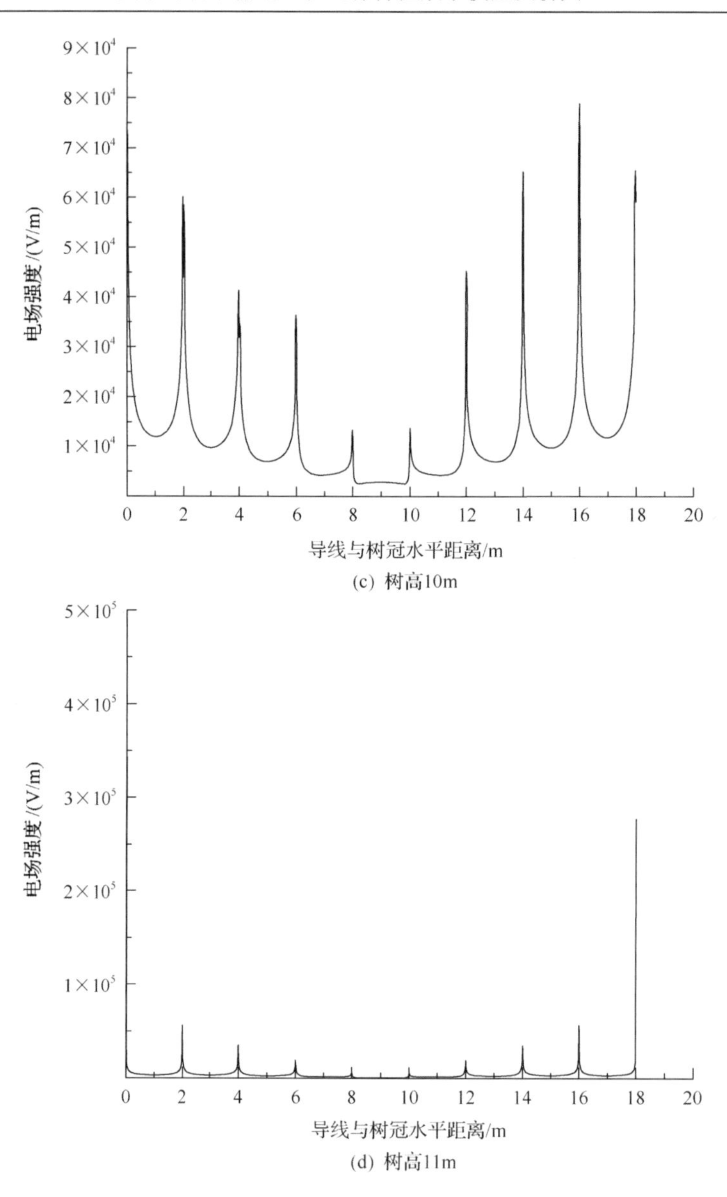


(c) 树高10m

(d) 树高11m

图 10-8　正负极导线间不同树高空间电场分布曲线

分析可得，正负极导线间树木，正极导线旁树木树冠处的合成电场强度值大于负极导线旁树木树冠处的合成电场强度值。线间中心处的树木树冠处合成电场强度最小，不同高度树木最小合成场强都出现在水平方向距离正极导线 9m、负极导线 11m 处。将正负极导线间不同树高、不同水平距离情况下，树冠处的合成场强值与间隙击穿场强值进行比较，结果如表 10-3 所示。

**表 10-3　正负极导线间树冠处合成场强与击穿场强比较**

| 序号 | 8m | | 9m | | 10m | | 11m | |
|---|---|---|---|---|---|---|---|---|
| | 合成场强/(kV/m) | 击穿场强/(kV/m) | 合成场强/(kV/m) | 击穿场强/(kV/m) | 合成场强/(kV/m) | 击穿场强/(kV/m) | 合成场强/(kV/m) | 击穿场强/(kV/m) |
| 1 | 73.42 | 33.31 | 100.52 | 33.39 | 145.21 | 33.49 | 339.42 | 33.61 |
| 2 | 43.99 | 33.28 | 48.21 | 33.36 | 88.45 | 33.46 | 56.25 | 33.56 |
| 3 | 31.85 | 33.23 | 33.85 | 33.31 | 46.49 | 33.38 | 35.23 | 33.47 |
| 4 | 26.33 | 33.17 | 20.92 | 33.23 | 16.06 | 33.29 | 16.06 | 33.36 |
| 5 | 13.42 | 33.11 | 8.23 | 33.15 | 4.92 | 33.21 | 1.08 | 33.25 |
| 6 | 13.81 | 33.11 | 9.64 | 33.15 | 8.75 | 33.21 | 6.27 | 33.25 |
| 7 | 45.34 | 33.17 | 19.88 | 33.23 | 25.46 | 33.29 | 19.06 | 33.36 |
| 8 | 65.25 | 33.23 | 30.41 | 33.31 | 46.88 | 33.38 | 34.51 | 33.47 |
| 9 | 78.94 | 33.28 | 45.59 | 33.36 | 90.14 | 33.46 | 56.69 | 33.56 |
| 10 | 65.48 | 33.31 | 76.57 | 33.39 | 134.53 | 33.49 | 277.38 | 33.61 |

从表 10-3 可看出，当树木高度为 8m 时，靠近正极导线的 1、2 号树木树冠处合成场强值均大于间隙击穿场强值，靠近负极导线的 7～10 号树木树冠处合成场强值均大于间隙击穿场强；当树木高度为 9m 时，靠近正极导线的 1～3 号树树冠处合成场强值大于间隙击穿场强值，靠近负极导线的 9、10 号树树冠处合成场强值大于间隙击穿场强值；当树木高度为 10m 时，靠近正极导线的 1～3 号树树冠处合成场强值大于间隙击穿场强值，靠近负极导线的 8～10 号树树冠处合成场强值均大于间隙击穿场强值；当树高为 11m 时，靠近正极导线的 1～3 号树树冠处合成场强值大于间隙击穿场强值，靠近负极导线的 8～10 号树树冠处合成场强值均大于间隙击穿场强值。综上所述，生长于正负极导线间的树木水平方向距离正极导线 7～11m，距离负极导线 8～14m 为安全距离。因此对于±800kV 特高压输电线路，树木高度高于 8m 时，位于正负极导线间 7～14m 为线路绝缘安全距离。

## 10.4　本 章 小 结

本章通过建立特高压直流输电线路线旁树障隐患二维有限元仿真模型，利用有限元的计算方法计算得到正极导线旁、负极导线旁，以及正负极导线间存在树木时，树木顶端位置与极导线空间场强分布，通过与间隙击穿场强对比分析得出结论如下。

(1) 针对正极导线旁树障隐患仿真研究，当导线旁树木高度为 9m 时，1 号树和 3 号树树冠处合成场强值均大于间隙击穿场强值；当导线旁树木高度为 10m 时，1 号树和 2 号树树冠处合成场强值均大于间隙击穿场强值；当导线旁树木高度为 11m 时，1～3 号树树冠处合成场强值均大于间隙击穿场强值；当导线旁树木高度为 12m 时，每棵树的树冠处合成场强值均远大于间隙击穿场强值。因此可得出结论，正极导线旁树木垂直方向高度不能高于 11m；水平方向与正极导线水平距离应大于 9m。

(2) 针对负极导线旁树障隐患仿真研究，当导线旁树木高度为 6m 时，1～5 号树树冠处合成场强值均小于间隙击穿场强值；当导线旁树木高度为 7m 时，1 号树树冠处合成场强值大于间隙击穿场强值，2 号树树冠处合成场强值略大于间隙击穿场强值；当导线旁树木高度为 8m 时，3 号树树冠处合成场强值大于间隙击穿场强值；当导线旁树木高度为 9m 时，每棵树的树冠处合成场强值均远大于间隙击穿场强值。因此可得出结论，负极导线旁树木垂直方向高度不能高于 8m，水平方向与负极导线水平距离应大于 9m。在树高小于 6m 情况下，水平距离没有影响。

(3) 针对正负极导线间树障隐患仿真研究，当树木高度为 8m 时，靠近正极导线的 1 号、2 号树木树冠处合成场强值均大于间隙击穿场强值，靠近负极导线的 7～10 号树木，树冠处合成场强值均大于间隙击穿场强；当树木高度为 9m 时，靠近正极导线的 1～3 号树树冠处合成场强值大于间隙击穿场强值，靠近负极导线的 9、10 号树树冠处合成场强值大于间隙击穿场强值；当树木高度为 10m 时，靠近正极导线的 1～3 号树树冠处合成场强值大于间隙击穿场强值，靠近负极导线的 8～10 号树树冠处合成场强值均大于间隙击穿场强值；当树高为 11m 时，靠近正极导线的 1～3 号树树冠处合成场强值大于间隙击穿场强值，靠近负极导线的 8～10 号树树冠处合成场强值均大于间隙击穿场强值。因此可得出结论，生长于正负极导线间的树木水平方向距离正极导线 7～11m，距离负极导线 8～14m 为安全距离。树木高于 8m 时，位于正负极导线间 7～14m 为线路绝缘安全距离。

# 第四篇　空气湿度对特高压直流输电线路离子流场影响的研究

# 第 11 章　空气湿度对离子流场影响机理的研究

空气湿度是指单位体积空气中水分子的含量。环境空气湿度越大，空气中水分子的含量就越高。特高压直流输电线路正常运行时，会有一定程度的电晕放电发生。导线电晕放电效应产生的带电离子，在电场力作用下在导线附近空间运动，产生离子流场。空气湿度升高，空气中水分子含量增加，带电离子与空气中的水分子发生吸附和碰撞，影响离子的迁移率，导致线路附近合成电场分布发生变化。另外，不同季节，甚至一天中不同时间的环境空气湿度都会发生变化，使线路走廊附近空间离子流场的确定变得非常复杂。为了对受空气湿度影响下的离子流场进行研究，首先需要对空气湿度对离子流场的影响机理进行研究。本章分析离子流场形成机理，研究受空气湿度影响的空间离子迁移率和导线起晕场强，给出空气湿度对离子迁移率和导线起晕场强的影响规律，为研究不同空气湿度影响下的离子流场分布奠定了基础。

## 11.1　直流输电线路的电晕放电

空气是架空输电线路导线与导线、导线与地之间的一种良好的绝缘介质。但由于高能射线的作用，空气中存在少量的自由电荷。当空气中存在电场时，空气中的自由电荷将在电场力作用下定向加速运动，运动过程会与空气分子(或原子)发生碰撞。随着电场强度的增大，自由电荷碰撞前所能获得的能量增大。使自由电荷获得能够在碰撞过程中使空气分子发生电离的能量时的场强，称为空气分子电离的临界场强。碰撞电离产生的电子与参与碰撞的电子在电场的作用下定向运动。电场强度足够大时，将持续发生新的碰撞电离，产生更多的电子，发生电子崩[18]。因为离子的质量比较大，电场对离子运动的影响很小，基本可以忽略，发生碰撞电离后电子在电场力的作用下定向运动，正离子继续停在原地。当电子崩发展到一定程度时，放电就会转变为流注放电，也称为电晕放电。

导线附近发生碰撞电离的区域称为电离层。导线附近电场强度会影响电离层的厚度，导线附近的电场强度随着与导线之间距离的增大而迅速减小，所以碰撞电离只在导线附近很小的一个区域内发生。在发生碰撞电离的同时，伴随着带电离子的附着、复合过程，并辐射出大量光子，在导线附近空间产生蓝色的光晕，称为电晕区。与导线极性相同的带电离子会因为电场的作用而离开电晕区，向空间中扩散[19]。由于电晕区电场强度很小，不会发生撞击电离，电晕放电是导线附近区域发生的局部放电，导线电晕放电与导线结构和导体附近的气象条件(空气湿度、温度、大气压和风速)等因素有关。

## 11.2　直流输电线路的离子流场

由于线路架设的经济效益，特高压直流输电线路运行时，导线附近会有一定程度的电晕放电发生。导线发生电晕放电时，导线附近空间会有大量运动的带电离子存在。与交流输电线路不同，由于直流输电线路导线的极性不变，导线之间形成一个很大的恒定电场，带电离子会在电场作用下向周围空间运动，在直流输电线路走廊附近空间充满带电离子。空间中的带电离子在电场作用下运动形成离子电流，称为离子流。在一定时间内通过单位面积的离子流，称为离子流密度。直流输电线路导线表面电荷产生的空间电场称为标称电场，空间运动的带电离子产生的空间电场称为离子流场，导线电荷与带电离子共同作业产生的空间电场称为合成电场。地面合成电场和离子流密度是评估输电工程电磁环境的重要指标。影响合成电场和离子流密度大小的主要因素包括线路电压、线路几何结构尺寸(包括导线分裂数、子导线半径、分裂间距、极导线高度、极导线间距等)、大气条件、导线表面粗糙程度和正负极导线电晕放电特性等。对于已经投运的高压直流输电线路，地面合成电场和离子流密度分布情况主要受线路电压和电晕放电程度影响，而导线电晕放电程度主要受环境条件和气象影响。

## 11.3　空气湿度对离子流场影响的物理过程

### 11.3.1　环境空气的组成

环境空气是由多种气体组成的混合气体。环境空气可分为恒定组成部分(包括氮气、氧气、氩、氦等稀有气体)和可变组成部分(包括二氧化碳和水蒸气)。空气中的水蒸气与二氧化碳随位置和温度不同在很小的范围内变动，试验证明，恒定组成部分的含量百分比，在离地面 100km 高度以内基本上稳定不变。本节只研究空气湿度对直流输电线路合成电场的影响，因此，认定环境空气是由干空气和水蒸气两部分组成的。干空气为环境空气中除去水蒸气的剩下的所有成分，占空气总容积的 99.98%。

当环境空气中的分子(或原子)没有电子得失时，空气呈电中性。由于环境中各种因素的影响，气体分子(或原子)会产生自由电子和正离子，有的自由电子与氧气分子结合形成负离子，导致空气中会有少量自由电荷存在，具有一定的弱导电性，并不是良好的绝缘介质。因此，当环境中存在电场时，导线附近空气易发生击穿放电和电晕放电。

### 11.3.2　带电离子碰撞水分子的物理过程

带电离子在电场力的作用下运动，根据电子获得能量的不同与空气中悬浮的水分子发生碰撞和吸附。当电子在电场作用下与水分子发生碰撞时，根据碰撞时电子所获得的能量($E_e$)大小，会发生如下不同的过程：

$$e + H_2O \longrightarrow OH + H^- \ (5.7eV \leqslant E_e < 7.3eV) \tag{11-1}$$

$$e + H_2O \longrightarrow 2H + O^- \ (7.3eV \leqslant E_e < 20.8eV) \tag{11-2}$$

$$e + H_2O \longrightarrow H + H^+ + O^- + e \ (20.8eV \leqslant E_e < 34.3eV) \tag{11-3}$$

$$e + H_2O \longrightarrow H^+ + H^+ + O^- + 2e \ (E_e \geqslant 34.3eV) \tag{11-4}$$

由式(11-1)～式(11-4)可知，当电子能量较低时，电子与水分子发生碰撞时会被水分子捕获而形成负离子；当电子能量较高时，发生碰撞时会同时发生电离和附着，产生新的电子和负离子。另外，带电离子与空气中水分子发生碰撞和吸附的过程中同时伴随着负离子 $OH^-$ 产生的过程：

$$H^- + H_2O \longrightarrow OH^- + H_2 \tag{11-5}$$

$$O^- + H_2O \longrightarrow OH^- + OH \tag{11-6}$$

## 11.4　空气湿度对离子流场的影响

特高压直流输电线路电晕放电产生的带电离子，通过扩散荷电和电场荷电的方式附着到水蒸气上使水蒸气带电。合成电场的大小与电晕放电的强度和大气条件密不可分，起晕特性与导线表面状况、离子迁移率和颗粒的电场畸变效应相关。在对水蒸气特性分析的基础上，本节将分析起晕场强、离子迁移率受空气湿度的影响，以阐明水蒸气对特高压直流输电线路离子流场的影响机理。

研究空气湿度对特高压直流输电线路离子流场的影响规律时需要引入以下基本假设。

(1)环境空气是由干空气和水蒸气两部分组成的混合气体，空气中的干空气和水蒸气均匀分布，并充满整个计算空间。

(2)空气中干空气占空气总容积的 99.98%，水蒸气的体积和体积分数都很小，因此认为水蒸气对空气介电常数没有影响。

(3)不考虑水蒸气的动态过程，即水蒸气处于静止状态。

(4) 水蒸气的形状为标准球形且水蒸气分子充分分离，忽略荷电后的水蒸气造成的电场畸变，各水蒸气分子之间的电场互不影响。

(5) 各水蒸气分子的荷电方式均为电场荷电，忽略扩散荷电，且每个水蒸气分子所带电量为饱和荷电量。

### 11.4.1　空气湿度对离子迁移率的影响

环境空气是由多种气体组成的混合气体。环境空气包括氮气、氧气、氩、二氧化碳和水蒸气等成分。空气湿度越大，环境空气中水蒸气的含量越高。我国南方地区空气湿度比较大，沿海地区的空气湿度可以达到 80%以上，雾天空气的相对湿度可以达到 100%。当空气湿度较大时，空气中悬浮着大量水蒸气，带电离子与水蒸气发生碰撞和吸附，使水蒸气荷电化，荷电饱和后带电离子不再与水蒸气发生碰撞。水蒸气质量较大，电场力对其影响很小，荷电饱和的水蒸气保持静止。荷电化的水蒸气带有电荷，导致其附近的电场发生改变，并影响空间带电离子密度及离子迁移率。

Langevin 根据气体运动理论，推导出离子在其他气体中的离子迁移率：

$$K = 0.815\frac{e\bar{\lambda}}{m_0\bar{v}}\left(\frac{m_0 + M}{m_0}\right)^{1/2} \tag{11-7}$$

式中，$e$ 为电子电量；$\bar{\lambda}$ 为离子平均自由行程；$\bar{v}$ 为离子在气体分子中热运动平均速度；$m_0$ 和 $M$ 分别为离子和气体分子的质量。由于氧气分子的电离能小于氮气分子，可认为空气中离子由氧气分子电离产生，气体离子为氧离子，氧气分子和空气的相对分子量分别是 32、29，结合式(11-7)，则氧离子在空气中的离子迁移率可表示为

$$K_0 = 0.815\frac{e\bar{\lambda}}{32\bar{v}}\left(\frac{32 + 29}{32}\right)^{1/2} \tag{11-8}$$

由式(11-7)求解不同气体中的离子迁移率时，需要计算离子在气体中热运动平均速度 $\bar{v}$ 和离子平均自由行程 $\bar{\lambda}$。杨津基[20]分析带电粒子在电场作用下的运动规律时，认为离子迁移率随气体分子质量 $M$ 的 1/2 次方变化，则空气相对湿度为 $H_r$ 时的离子迁移率为

$$K_{H_r} = \sqrt{\frac{M_\mathrm{n}}{M_{H_r}}}K_\mathrm{n} \tag{11-9}$$

式中，$K_\mathrm{n}$ 为正常天气条件下的离子迁移率；$M_\mathrm{n}$ 为正常天气条件的空气分子的相对质量，$M_\mathrm{n} = 29$；$M_{H_r}$ 为空气相对湿度为 $H_r$ 时的空气分子相对质量。

通过求解空气相对湿度为 $H_r$ 时的气体分子质量即可获得在该相对湿度下的离子迁移率。赵永生和张文亮[21]研究雾对高压直流输电线路离子流场分布影响时，认为饱和空气湿度(空气相对湿度为 100%)的空气分子相对质量为

$$M_a = 29\frac{m_h + m_a}{m_a} \tag{11-10}$$

式中，$m_h$ 为空气相对湿度为 100%时空气中水蒸气的含量，$m_h$=23g/m³；$m_a$ 为常温常压下空气密度，$m_a$ =1.2kg/m³。

根据式(11-10)可求得空气相对湿度为 $H_r$ 时的空气分子相对质量：

$$M_{H_r} = 29\frac{m_{H_r} + m_a}{m_a} \tag{11-11}$$

式中，$m_{H_r}$ 为空气相对湿度为 $H_r$ 时的水蒸气含量，g/m³。在环境温度为 20℃时，空气相对湿度 $H_r$ 与水蒸气含量的关系可通过表 11-1 得到。

**表 11-1　环境温度为 20℃时各相对湿度下的水蒸气含量**

| 相对湿度 $H_r$ | 10% | 20% | 30% | 40% | 50% | 60% | 70% | 80% | 90% | 100% |
|---|---|---|---|---|---|---|---|---|---|---|
| 水蒸气含量 $m_{H_r}$ /(g/m³) | 2.3 | 4.6 | 5.18 | 6.91 | 8.64 | 10.36 | 12.09 | 13.82 | 15.54 | 17.27 |

通过式(11-9)和式(11-11)以及表 11-1 可以求得环境温度为 20℃时空气各相对湿度下离子迁移率与正常天气条件下离子迁移率的比值($K_{H_r}/K_n$)，如图 11-1 所示。

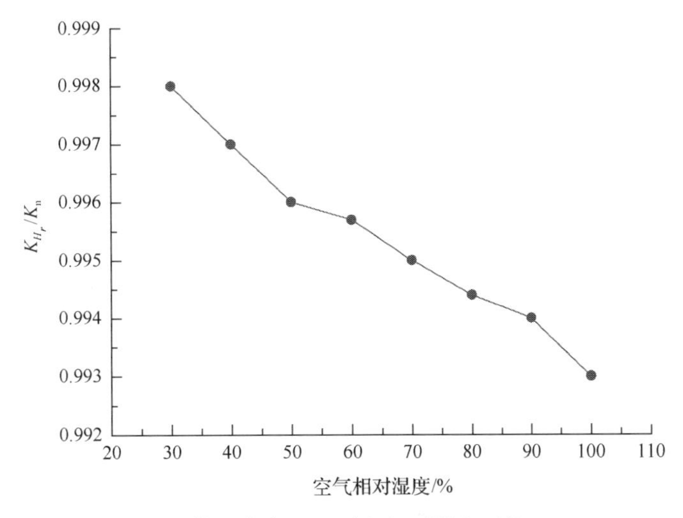


图 11-1　环境温度为 20℃时各相对湿度下的 $K_{H_r}/K_n$

由图 11-1 可知，在环境温度为 20℃时，考虑空气湿度影响的离子迁移率与正常天气时的离子迁移率的比值随空气湿度的升高而减小，即随着空气中水蒸气含量的增加离子迁移率减弱。这是因为空气中的水蒸气会吸附空气中的自由电荷，水蒸气的质量较大，荷电后的水蒸气在电场力作用下的运动速度与自由电荷相比很小，基本可以忽略。空气中的水蒸气吸附带电离子，荷电后的水蒸气不参与带电离子的运动，导致离子迁移率减小。

### 11.4.2　空气湿度对起晕场强的影响

输电线路导线表面的电晕效应是影响导线附近空间合成电场的重要因素。有研究表明，起晕电压每增大 10kV，地面最大合成场强大小相应减小 0.7～0.9kV/m。目前，在计算输电线路导线电晕起晕场强时，均选用 Peek 公式进行计算。Peek 公式是美国工程师 Peek 通过大量实验得出的导线起晕场强经验公式，广泛用于交直流输电线路导线的电晕起晕场强计算，Peek 公式为

$$E_{\mathrm{c}}=E_0 m\delta\left(1+\frac{k}{\sqrt{\delta r_{\mathrm{c}}}}\right) \tag{11-12}$$

式中，$E_{\mathrm{c}}$ 为导线表面起晕场强，kV/cm；$E_0$ 为参考场强；$k$ 为经验常数，$k$=0.301 时，$E_0$=30.03kV/cm；$m$ 为导线表面粗糙度系数，具体取值需要由输电线路导线表面实际情况决定，通常情况下 $m<1$；$r_{\mathrm{c}}$ 为导线的半径，cm；$\delta$ 为空气相对密度，其表达式为

$$\delta=\frac{273+t_0}{273+t}\cdot\frac{P}{P_0} \tag{11-13}$$

式中，$t$ 为导线运行时的实际温度，℃；$t_0$ 为参考温度，取 20℃；$P$ 为大气压强，Pa；$P_0$ 为参考大气压，取 $P_0$=101.3kPa。

通过以上公式可知，使用 Peek 公式计算导线起晕场强时，考虑了温度和大气压对空气导线起晕场强的影响，但没有考虑空气湿度对起晕场强的影响。因此，在计算空气湿度对导线起晕场强的影响时，需要对 Peek 公式进行关于空气湿度对导线起晕场强影响的修正。Davies 等的大量实验研究了空气湿度和气压对导线起晕场强的影响，对 Peek 公式进行了修正，修正后的 Peek 公式在计算导线起晕场强时，能考虑空气湿度对导线电晕放电效应的影响。修正后的 Peek 公式形式如下：

$$E_{\mathrm{cH}}=E_0' m\delta\cdot\left(1+\frac{0.301}{\sqrt{\delta r_{\mathrm{c}}}}\right)\left(1+\frac{H-1}{100}\right) \tag{11-14}$$

式中，$E_{\mathrm{cH}}$ 为考虑空气湿度影响的导线起晕场强，kV/m；$E_0'$ 为输电线路导体表面

场强，kV/m；$H$ 为空气中水蒸气含量，g/m³。

分别利用式(11-12)和式(11-14)，对环境温度为 20℃、空气相对密度 $\delta$ =1、导线半径 $r_0$ =1cm、导线表面粗糙度系数 $m$ =0.47 时的不同空气湿度下的导线起晕场强进行计算，计算结果如图 11-2 所示。

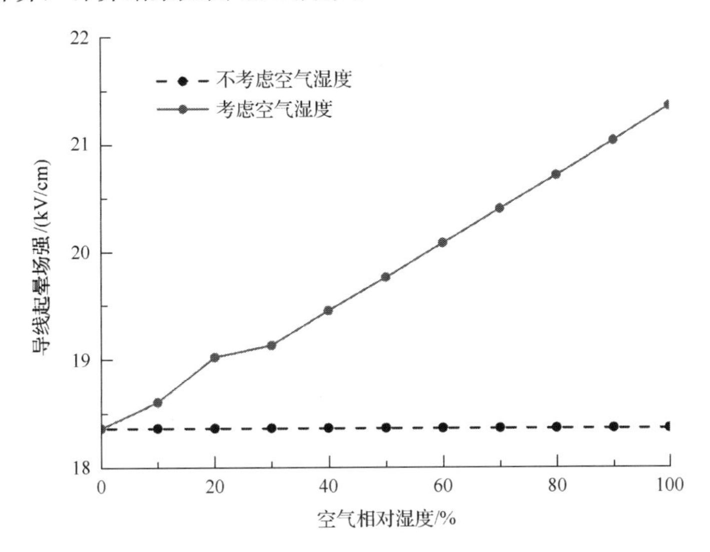


图 11-2　环境温度为 20℃时各相对湿度下的导线起晕场强

由图 11-2 可知，在环境温度为 20℃时，考虑空气湿度对导线起晕场强影响时，随着空气相对湿度的升高，导线起晕场强增大。这是因为空气中的水蒸气会吸附空气中的自由电荷，使空气中的自由电荷减少，导致电子崩的形成变得比较困难。空气中的水蒸气含量增加，水蒸气吸附自由电荷的能力增强，不容易形成电子崩，导致起晕场强升高。

## 11.5　本 章 小 结

本章对空气湿度对直流输电线路离子流场的影响机理进行了分析，为后续计算考虑空气湿度影响的输电线路合成电场提供很好的理论依据，首先对导线电晕放电与合成场强的形成过程进行了分析，介绍了空气湿度影响合成电场的基本物理过程，给出了进行空气湿度对合成电场影响研究的基本假设；其次，对受空气湿度影响的离子迁移率和导线起晕场强进行了计算研究，分析了空气湿度对离子迁移率和导线起晕场强的影响规律。

# 第 12 章　空气湿度影响下的±800kV 输电线路离子流场计算

特高压直流输电线路送电距离远，沿途地形和气象条件复杂。特高压直流输电线路的离子流场受环境条件和气象因素的影响非常显著。降雨、风速、雾、温湿度等气象条件的改变都会导致特高压直流输电线路走廊附近的离子流场发生改变。一天中同一地区的湿度会有很大变化，空气湿度通过影响带电离子的迁移率与导线电晕效应，对特高压直流输电线路的离子流场造成影响。空气湿度是大气状态的基本参量，分析空气湿度对离子流场的影响，可以为研究其他气象条件对离子流场的影响打下基础。因此，研究空气湿度条件下特高压直流输电线路附近空间的合成电场与离子流密度分布，对研究其他气象条件对离子流场的影响具有非常重要的工程实用价值。在前面章节的研究基础上，本章建立考虑空气湿度影响的离子流场计算模型，以云广±800kV 输电线路为研究对象，对受空气湿度影响的离子流场进行计算，分析线路地面合成电场和离子流密度受空气湿度影响的分布规律，并验证计算结果的有效性。

## 12.1　考虑空气湿度影响的离子流场计算模型

### 12.1.1　基本假设

特高压直流输电线路的电晕放电效应是一个非常复杂的过程，在进行特高压直流输电线路离子流场计算过程中，应根据研究需要对工程具体情况进行简化，以便研究的高效开展。在研究空气湿度对离子流场影响的过程中，采用以下假设：

(1) Kaptzov 假设，导线电晕放电稳定后，导线表面的电场强度保持起晕场强不变；

(2) 导线附近的电场强度随导线之间距离的增加而迅速减小，电晕放电效应只在距离导线附近很小的范围内发生，在计算直流输电线路地面离子流场时忽略导线周围电晕层的厚度；

(3) 阳离子和阴离子的迁移率相等且固定不变，不受导线附近电场强度的影响；

(4) 研究空气湿度对离子流场影响的研究，忽略风速对带电离子运动的影响；

(5) 带电离子在电场作用下在空间运动，不考虑离子扩散的影响；

(6) 忽略导线的弧度对离子流场的影响。

### 12.1.2　离子流场的基本控制方程

特高压直流输电线路的合成电场由导线静电场与空间离子流场相互叠加形成，直接求解合成电场非常困难，通常需要建立离子流场的基本控制方程。环境空气中氮、氧、氩和二氧化碳四种气体占空气总容积的 99.98%，水蒸气只占很少一部分，因此，在研究受空气湿度影响的离子流场时，可以采用与单一气体相似的离子流场基本方程。

根据上述假设条件，双极直流输电线路离子流场的基本控制方程如下：

泊松方程

$$\nabla^2\phi = -\frac{\rho^+ - \rho^-}{\varepsilon_0} \tag{12-1}$$

式中

$$\rho^+ = \rho_e^+ + \rho_w^+ \tag{12-2}$$

$$\rho^- = \rho_e^- + \rho_w^- \tag{12-3}$$

离子流方程

$$J^+ = K'_+\rho_e^+ E_s \tag{12-4}$$

$$J^- = K'_-\rho_e^- E_s \tag{12-5}$$

电流连续性方程

$$\nabla \cdot J^+ = -R\frac{\rho^+\rho^-}{e} \tag{12-6}$$

$$\nabla \cdot J^- = R\frac{\rho^+\rho^-}{e} \tag{12-7}$$

式中，$\phi$ 为标量电位，V；$\rho^+$、$\rho^-$ 分别为正、负空间电荷密度，C/m$^3$；$\rho_e^+$、$\rho_e^-$ 分别为正、负离子空间电荷密度，C/m$^3$；$E_s$ 为合成电场的电场强度，V/m；$J^+$、$J^-$ 分别为正、负离子流密度，A/m$^2$；$K'_+$、$K'_-$ 分别为湿空气中正、负离子迁移率，m$^2$/(V·s)；$R$ 为离子复合系数，$2.1\times10^{-12}$m$^3$/s；$\varepsilon_0$ 为空气介电常数，$8.854\times10^{-12}$F/m；$e$ 为电子电量，$1.602\times10^{-19}$C。

### 12.1.3　边界条件

基于有限元法求解的直流线路的合成电场，在进行有限元法分析时需要将直流输电线路的计算场域限制在一定范围内。在计算特高压直流输电线路离子流场之前，应先确定求解特高压直流输电线路离子流场基本控制方程的边界条件，包括导线表面、地面以及人工边界需要满足的条件。

1) 泊松方程求解的边界条件

(1) 地面电荷密度

$$\rho = 0 \tag{12-8}$$

(2) 导线表面电荷密度

$$\rho = \pm U \tag{12-9}$$

式中，$U$ 为线路电压。

(3) 人工边界。距离导线无穷远程假想的边界称为人工边界。空间电荷对人工边界处场强的影响与导线电荷的影响相比很小可以忽略，因此，认为人工边界处的电位是由导线电荷产生的标称电位，即

$$\rho = U_{\mathrm{b}} \tag{12-10}$$

式中，$U_{\mathrm{b}}$ 为标称电位。

2) 电位连续方程求解的边界条件

(1) 输电导线表面。本书将 Kaptzov 假设作为电位连续方程求解时的导线表面的边界条件。在正极导线表面

$$\frac{\partial \rho}{\partial n} = E_{\mathrm{c}}^{+} \tag{12-11}$$

在负极导线表面

$$\frac{\partial \rho}{\partial n} = E_{\mathrm{c}}^{-} \tag{12-12}$$

式中，$E_{\mathrm{c}}^{+}$、$E_{\mathrm{c}}^{-}$ 分别为直流输电线路正、负极导线表面的起晕场强；$n$ 代表边界条件，为电荷个数。

(2) 地面及人工边界的电位

$$\rho = 0 \tag{12-13}$$

通过上述边界条件可以完成泊松方程及电流连续方程的求解，进而求得特高压直流输电线路的离子流密度以及地面合成电场。

## 12.2　离子流场的计算思路

求解特高压直流输电线路离子流场的过程，实际上是应用边界条件(式(12-8)～

式(12-12))对基本控制方程(式(12-1)～式(12-7))进行求解的过程。在求解特高压直流输电线路合成电场时，对空间电荷密度设定一个初值，通过泊松方程对空间各点的电位及场强进行求解，再通过电流连续性方程对各点的电荷密度进行求解，利用导线表面的最大场强与起晕场强的差值更新导线表面的电荷密度，将新的电荷密度值代入控制方程重新计算，如此反复迭代直到求解得到的电荷密度与电场强度值满足误差要求以及基本控制方程和边界条件，则这个计算结果就是最终要求的数值解。

上述迭代求解过程可分为求解泊松方程和求解电流连续性方程两部分。泊松方程求解是利用空间电荷密度计算电位及电场强度的过程；电流连续性方程求解是利用电位和电场求解空间电荷密度的过程，其基本求解过程如图 12-1 所示。

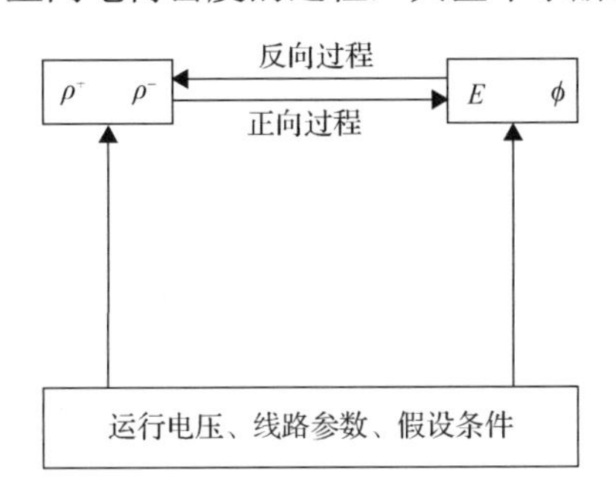


图 12-1　直流输电线路合成电场迭代求解过程

### 12.2.1　有限元法求解泊松方程

在求解泊松方程的过程中使用了有限元法，有限元法是一种基于变分原理的计算方法，计算由泊松方程描述的各类物理场时效率很高。泊松方程的求解是计算特高压直流输电线路合成电场的关键步骤。利用有限元法求解泊松方程的步骤如下：

(1)明确问题所描述的区域、激励以及边界条件，确定问题的基本控制方程。

(2)对计算区域进行剖分，根据特殊的形状函数对各单元系数矩阵与激励矩阵进行求解。

(3)将各单元的局部激励矩阵与系数矩阵相加，求解总系数矩阵。

(4)利用边界条件对总系数矩阵和激励矩阵进行修正。

(5)解方程组，确定各节点的数值解。

### 12.2.2　上流有限元法求解电流连续性方程

由于利用有限元法求解电流连续性方程时，可能出现计算结果不稳定的问题，影响研究进度，在特高压直流输电线路离子流场研究过程中，利用上流有限元法求解电流连续性方程，并认为导线发生电晕放电后导线表面场强保持起晕场强不变。

上流有限元法的基本思路是每个节点处的电荷密度只由其速度上方的单元决定。如图 12-2 所示，节点 $i$ 的电荷密度未知，节点 $j$、$m$ 的电荷密度已知。要通过节点 $j$ 和节点 $m$ 计算节点 $i$ 的电荷密度，首先要判断三角形 $ijm$ 是否是节点 $i$ 的上流元。判断方法为：逆时针方向，节点 $i$ 的下一个节点为 $j$，第二个节点为 $m$。向量 $\overrightarrow{mi}$ 和 $\overrightarrow{ji}$ 逆时针旋转 90°分别得到向量 $\boldsymbol{b}$ 和 $\boldsymbol{c}$，若节点 $i$ 的空间电荷迁移速度 $V$ 与向量 $\boldsymbol{b}$ 和 $\boldsymbol{c}$ 的夹角都小于 90°，则三角元 $ijm$ 为节点 $i$ 的上流元，节点 $i$ 的电荷密度由节点 $j$、$m$ 决定。符合这个条件的 $V$ 的方向限制在图 12-2 的虚线区域内。可用数学描述为

$$b_j V_x + c_j V_y \leqslant 0 \tag{12-14}$$

$$b_m V_x + c_m V_y \leqslant 0 \tag{12-15}$$

式中，$b_m$、$c_m$ 均为节点坐标函数。这样计算出来的结果满足

$$0 \leqslant \rho_i \leqslant \max(\rho_j, \rho_m) \tag{12-16}$$

当满足式(12-15)的判定条件，即速度下方节点的电荷密度小于速度上方节点的电荷密度时，这种方法可以有效地提高计算的收敛性。

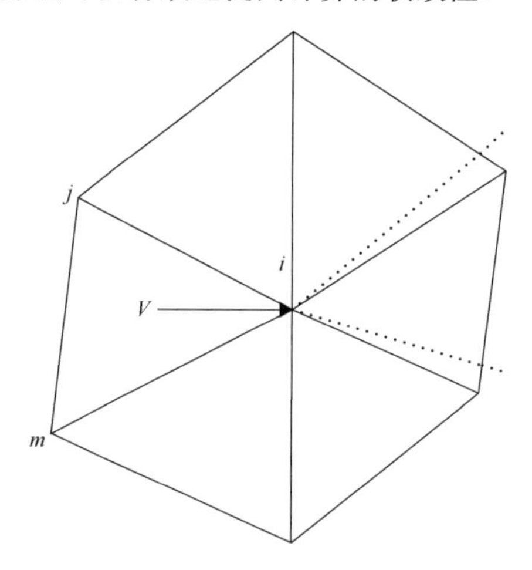


图 12-2　节点 $i$ 的上流元 $ijm$ 的判定

### 12.2.3　考虑空气湿度影响的离子流场计算流程

本节综合以上空气湿度对合成电场分布影响的分析，结合离子流场的控制方程与基本假设，通过迭代求解研究空气湿度对离子流场的影响，求解步骤如下：

(1)输入各项参数，设置导线、地面和人为边界条件，产生网格。

(2)设置导线表面空间电荷密度初值，求解标称电场分布。

(3) 利用上流有限元法对不受空气湿度影响的空间电荷密度进行求解。

(4) 求解考虑空气湿度影响的空间电荷密度，以及空间电位和电场分布。

(5) 判断导线表面场强和电荷密度是否小于给定误差，否则利用步骤(4)的计算结果对导线表面的空间电荷密度进行更新。用于判断是否停止计算的参数 $\delta_\rho$ 和 $\delta_E$ 为

$$\delta_\rho = \frac{|\rho_n - \rho_{n-1}|}{\rho_{n-1}} < 1\% \tag{12-17}$$

$$\delta_E = \frac{|E_{\max} - E_c|}{E_c} < 1\% \tag{12-18}$$

式中，$\rho_n$、$\rho_{n-1}$ 分别第 $n$ 次和第 $n-1$ 次导线表面空间电荷密度的迭代结果；$E_{\max}$ 为导线表面最大场强值；$E_c$ 为导线表面的起晕场强。

(6) 重复步骤(2)～步骤(4)直至满足误差要求。

程序计算流程如图 12-3 所示。

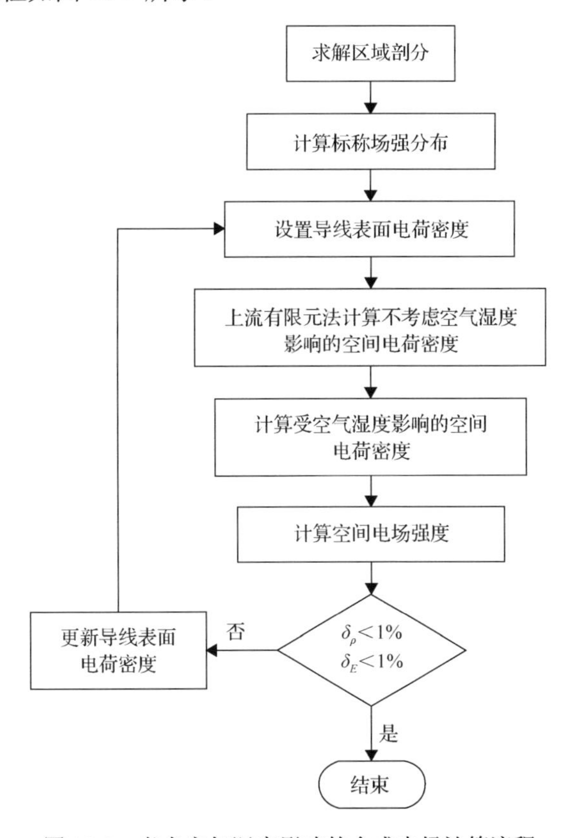


图 12-3　考虑空气湿度影响的合成电场计算流程

在计算双极直流输电线路合成电场过程中对正负的空间电荷密度交替更新，先更新正的空间电荷密度，再更新负的空间电荷密度，依次交替进行，最后求得需要的正负电荷密度值。

## 12.3 空气湿度影响下的±800kV 输电线路地面离子流场计算

### 12.3.1 输电线路模型

计算受空气湿度影响的离子流场基本方程时，需要根据工程具体情况确定部分关键计算参数。本节以云广±800kV 特高压直流输电线路线为例，研究空气湿度对特高压直流输电线路离子流场的影响，并对受空气湿度影响的线路地面合成电场与离子流密度分布进行分析[22]。云广±800kV 直流输电线路的具体参数如下：导线弧垂最低点对地高度为 18m，线路极间距离为 22m，分裂导线型号为 6×LGJ-630/45，导线分裂间距为 45cm，子导线半径为 1.68cm。

### 12.3.2 关键计算参数的确定

1) 正负离子的复合系数

正负离子的复合系数是指单位时间内单位浓度的正负离子发生复合的次数。随着正负离子浓度的增大，离子运动速度相对减小，更容易发生复合。特高压直流输电线路电压等级高，电晕放电程度高，导线附近的带电离子浓度高，导线附近的正负离子发生复合的概率较高，因此，在研究特高压直流输电线路离子流场过程中，认为特高压直流输电线路附近的正负离子的复合系数 $R=2.1\times10^{-12}\text{m}^3/\text{s}$。

2) 正负离子的迁移率

在电场作用下，离子迁移率会受电场强度及大气环境的影响，通常负离子迁移率大于正离子迁移率。11.4.1 节研究了空气湿度对离子迁移率的影响，随着空气湿度的升高，空气中的水分增加，正负离子迁移率减小。

3) 导线表面及空间电荷密度初值

导线表面的电荷密度初值用式(12-19)来计算：

$$\rho_0=\sqrt{\frac{4\varepsilon_0 hU_0E_{\text{g}}(U-U_0)}{r_{\text{c}}H^2E_{\text{c}}U\left(5-\dfrac{4U_0}{U}\right)}} \tag{12-19}$$

式中，$U_0$ 为导线起晕电压，kV；$h$ 为导线对地高度，m；$E_{\text{g}}$ 为导线正下方的标称场强；$U$ 为导线运行电压，kV；$r_{\text{c}}$ 为导线半径，m；$E_{\text{c}}$ 为导线表面起晕场强，kV/m。

通过式(12-19)求解导线表面电荷密度后，利用同轴圆柱模型求解空间电荷密度，

并将计算结果作为空间电荷密度初值。同轴圆柱模型空间电荷密度的解析公式为

$$\rho = \sqrt{\frac{r_0 E_c \varepsilon_0 \ \rho_0}{\frac{r_0 E_0 \varepsilon_0}{\rho_0} - r_0^2 + r^2}} \tag{12-20}$$

另外，空间电场强度与电压的解析公式为

$$E = \frac{\sqrt{r_0 E_c \rho_0 / \varepsilon_0}}{r} \sqrt{\frac{r_0 E_0 \varepsilon_0}{\rho_0} - r_0^2 + r^2} \tag{12-21}$$

$$U = U + (\ln r_0 - \ln r) E r \tag{12-22}$$

式中，$r_0$ 为同轴圆柱内径，m；$E_0$ 为导线表面场强；$\rho_0$ 为同轴圆柱内极表面电荷密度，C/m$^3$；$r$ 为点到电极中心的距离，m。

双极直流输电线路离子流密度分布与单极直流输电线路不同。双极导线的正极导线附近的负电荷密度衰减速度比单极导线的衰减速度快很多，因此，相同位置的电荷密度值要比单极导线低很多。在研究双极直流输电线路电荷密度时，需对导线下方与导线极性相反的电荷密度初值进行修正，修正结果如下。

负极导线下方的正电荷密度为

$$\rho^+(x,y) = \sqrt{\frac{r_2 r_0 E_c \varepsilon_0 \ \rho_0}{\left(\frac{r_0 E_0 \varepsilon_0}{\rho_0} - r_0^2 + r^2\right) r_1}} \tag{12-23}$$

正极导线下方的负电荷密度为

$$\rho^-(x,y) = \sqrt{\frac{r_1 r_0 E_c \varepsilon_0 \ \rho_0}{\left(\frac{r_0 E_0 \varepsilon_0}{\rho_0} - r_0^2 + r^2\right) r_2}} \tag{12-24}$$

式中，$r_1$、$r_2$ 为空间电荷到正、负极导线的距离，m，如图 12-4 所示。

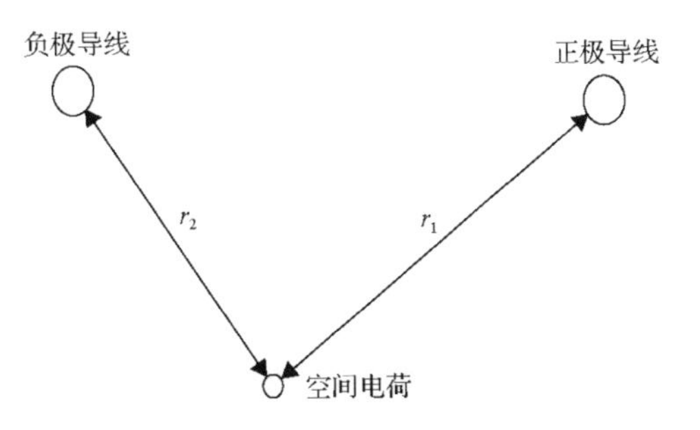


图 12-4　空间电荷位置示意图

4）导线表面起晕场强

在计算离子流场时采用 Kaptzov 假设，认为导线电晕放电稳定后导线表面场强将保持起晕场强不变。导线电晕放电效应会影响空间电荷密度的大小和分布，在离子流场的计算过程中导线起晕场强是判断计算是否完毕的依据，准确求解导线起晕场强非常重要。因此，这里在计算空气湿度影响下的特高压直流输电线路合成电场时，选用考虑了空气湿度影响的 Peek 修正公式(11-14)计算导线电晕起始场强。

$$E_{\mathrm{cH}} = E_0' m\delta \cdot \left(1+\frac{0.301}{\sqrt{\delta r_0}}\right)\left[1+\frac{H-1}{100}\right]$$

式中，$E_{\mathrm{cH}}$ 为考虑空气湿度影响的导线起晕场强，kV/m；$E_0'$ 为输电线路导体表面场强，$E_0'$=30.03kV/cm；$r_0$ 为输电线路的导线半径，cm；$m$ 为输电线表面粗糙度系数，在本节中 $m$=0.47；$\delta$ 为空气相对密度，在环境温度为 20℃时的标准大气压下 $\delta$=1；$H$ 为空气中水蒸气含量，g/m³。

在高压输电线路建设时，为了保证线路的输电能力，降低线路的建设成本及线路电晕损耗，通常采用分裂导线的形式。在综合考虑计算的效率和计算精度的基础上，建立离子流场计算模型时将分裂导线等效为单根导线，半径计算公式为

$$R_{\mathrm{eq}} = R\left(\frac{nr_1}{R}\right)^{1/n} \tag{12-25}$$

式中，$r_1$ 为分裂导线半径；$n$ 为导线的分裂数；$R$ 为通过每根输电线中心的圆的半径。则根据云广±800kV 输电线路的导线型号，通过式(12-25)可计算出云广±800kV 输电线路分裂导线的等效单根导线的半径为 36.79cm。

大量研究结果证明，空气湿度会影响高压直流输电线路导线电晕放电特性。空气湿度在 30%～70%范围内变化，随着湿度的增加导线起晕场强增大。当空气湿度超过 70%时，空气中水蒸气含量较高，容易在导线表面上形成凝露使导线表面发生电场畸变，导致导线的起晕场强下降，导线电晕放电效应加剧，这是由于水蒸气在导线表面形成凝露改变了导线表面的粗糙程度，导线表面的粗糙度系数减小为正常天气的 0.91 倍。因此，在计算不同湿度对导线起晕场强的影响时，使用式(11-14)对湿度为 30%～70%的电晕起晕场强进行计算，而当湿度大于 70%时，则认为湿度较大，导致导线表面粗糙程度改变，为正常天气下的 0.91 倍。当空气湿度大于 70%时，导线表面起晕场强为

$$E_{\mathrm{cH}}' = \frac{m'}{m}E_{\mathrm{c}} \tag{12-26}$$

式中，$E_{\mathrm{cH}}'$、$m'$ 分别为空气相对湿度超过 70%时的导线表面起晕场强和导线表面粗糙度系数；$E_{\mathrm{c}}$、$m$ 分别为正常天气时导线的起晕场强和导线表面粗糙度系数。

### 12.3.3　模型剖分与计算求解

本节根据云广±800kV 特高压直流输电线路参数，搭建了简化的特高压直流输电线路离子流场二维仿真模型。考虑导线对地高度及导线的截面积，模型计算区域的宽为 200m，高为 60m。双极导线截面圆圆心分别位于(–11，18)和(11，18)处。右侧导线为+800kV，左侧导线为–800kV，如图 12-5 所示。

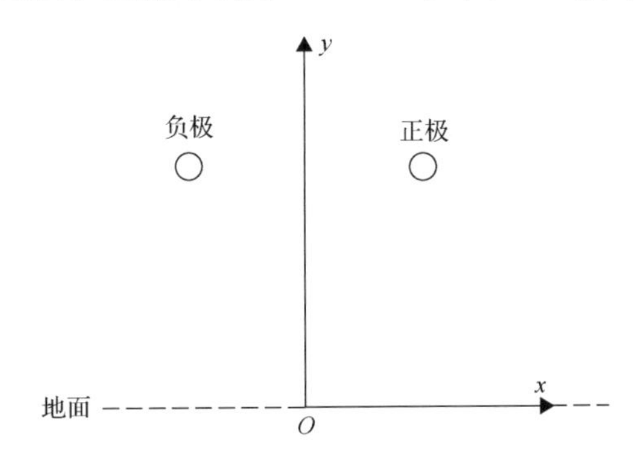


图 12-5　特高压直流输电线路布置图

计算模型和场域网格划分的合理性直接关系着计算结果的准确性及计算用时。因此，选择合适的网格密度在有限元计算中非常重要。特高压直流线路导线电压等级较高，电极之间相互影响，使得场域电位分布变得非常复杂。为了提高计算精度，使计算误差分布均衡，根据特高压直流输电工程的实际情况，利用自适应有限元技术对计算区域进行不同疏密程度的剖分，如图 12-6 所示。计算区域采用三角形单元划分，线段表示剖分线段，整个计算区域的三角形单元共 16351 个。

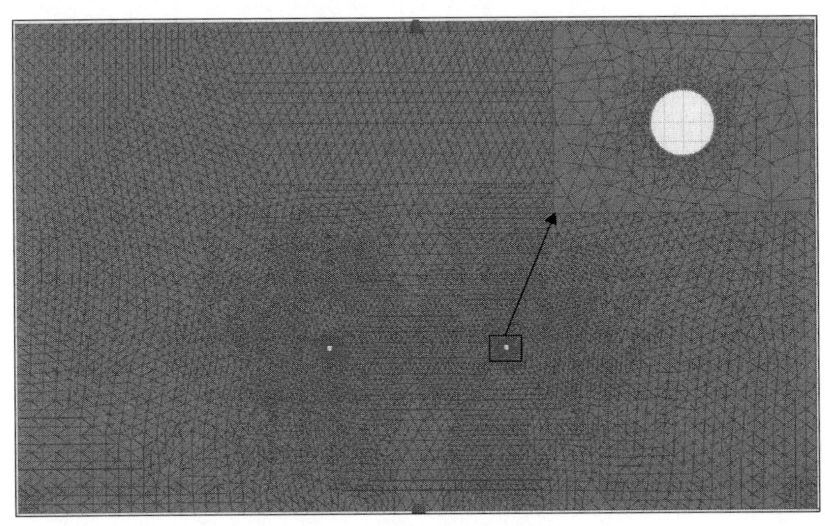

图 12-6　整个场域的单元剖分

### 12.3.4　计算结果与分析

为了进行对比分析，本节利用 Comsol 软件对环境温度为 20℃时标准大气压下，线路运行电压为±800kV，空气相对湿度分别为 30%、50%以及 80%时线路附近空间的合成电场和离子流密度进行了仿真计算。输电线路不同空气湿度下的线下地面合成电场和离子流密度的分布情况分别如图 12-7、图 12-8 所示。

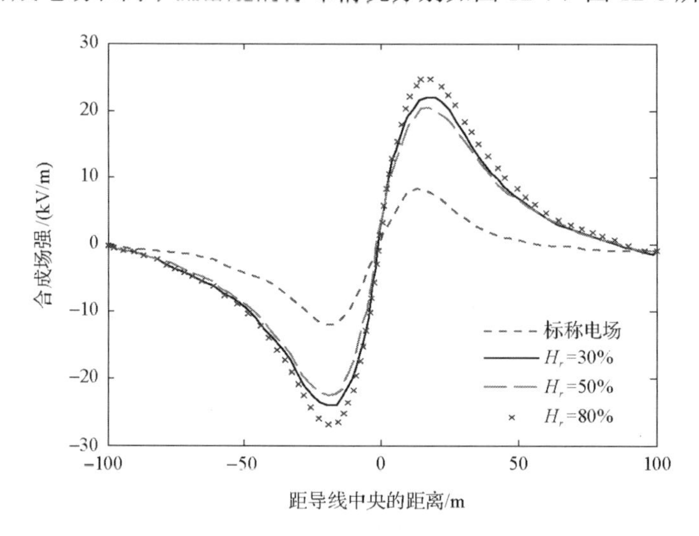


图 12-7　不同空气湿度下地面合成场强分布

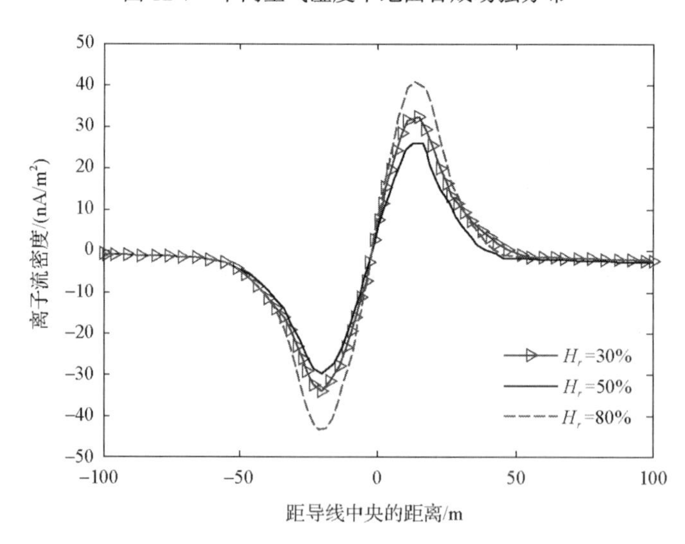


图 12-8　不同空气湿度下地面离子流密度分布

通过图 12-7 和图 12-8 可以看出，在环境温度为 20℃的标准大气压下，空气的相对湿度由 30%增加到 50%时，线下地面合成场强最大值由 24kV/m 减小到 22.43kV/m，地面离子流密度最大值由 34nA/m$^2$ 减小到 29.75nA/m$^2$。当空气相对湿度由 50%增加至 80%时，地面合成电场和离子流密度都不同程度地增大，与空气相对湿度为 30%时相比，空气相对湿度达到 80%时地面合成电场增大了 2.9kV/m，增大了 12.1%；地面离子流密度增加了 9.3nA/m$^2$，增大了 27.4%。

当空气的相对湿度由 30%增加至 50%时，地面合成电场和离子流密度随相对湿度的增大而减小，这是因为空气中的水蒸气会吸附自由电子，减少导线附近空间的有效电离，电子崩的形成更加困难，在输电线路结构确定的情况下，随相对湿度的增加会使输电线路的导线起晕场强增大，电晕的放电强度减小，线路地面合成场强和离子流密度降低。当空气相对湿度增加到 80%时，虽然空气中水蒸气含量增大会吸附带电离子降低导线电晕放电效应，但空气中水蒸气含量较高容易在导线表面出现凝露，改变了导线表面的粗糙程度，引起导线附近电场畸变，降低线路的起晕场强，增加导线电晕放电强度，导致地面合成电场强度和离子流密度增大。通过前面分析可知，随着空气相对湿度的增加离子迁移率减小，但由图 12-8 可知，地面离子流密度的分布并未随着相对湿度的增加而呈现出减小的趋势分布，而是与导线电晕起始场强的变化趋势相同。这主要是因为导线电晕放电效应会直接影响导线附近空间的带电离子密度，导线电晕放电对地面离子流密度的影响较大，而离子迁移率对地面离子流密度的影响相对较小。

### 12.3.5　计算结果验证

为了验证建立的考虑空气湿度影响的离子流场计算模型的有效性，本节将计算结果与测量结果进行对比，对比结果如图 12-9 所示。计算值与测量值的分布趋

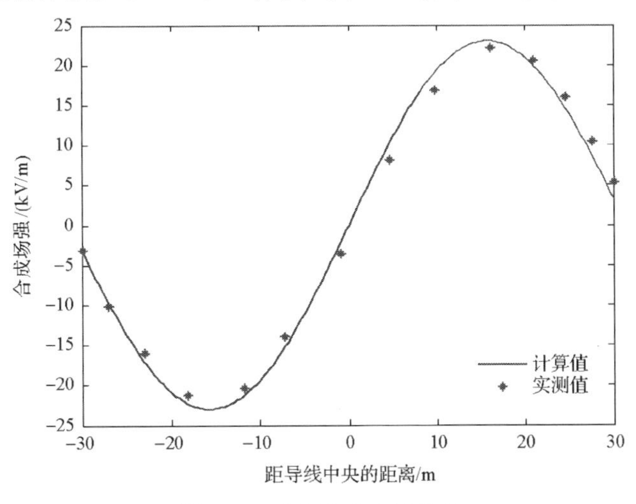


图 12-9　地面合成电场分布

势基本保持一致，负极导线附近的合成场强吻合度比正极导线高，因此，可以验证算法的正确性。这里使用高压直流合成电场检测系统 HDEM-1，对导线型号为 6×LGJ-720/45、子导线半径为 17.2mm、线路极间距离为 22m、导线分裂间距为 450mm、导线对地高度为 18m 的±800kV 特高压直流输电线路地面合成电场进行了测量。测量时的天气情况为：阴天，气温为 13℃，相对湿度为 60%，风速为 3m/s。

## 12.4 本章小结

本章在空气湿度对离子流场影响机理的基础上，对受空气湿度影响的特高压直流输电线路离子流场进行了仿真分析，首先在确保计算准确度的基础上，提出了一些假设条件和边界条件，对计算过程进行了一些简化；其次，详细介绍了合成电场计算的方法和流场；最后，通过 Comsol 软件对云广±800kV 输电线路受空气湿度影响的地面合成电场和离子流场进行了仿真研究，分析了受空气湿度影响的地面合成电场和离子流密度的分布规律，并将计算值与测量值进行了对比研究，验证了计算值的准确性。

# 第 13 章　空气湿度影响下的带电作业人员体表电场分析

随着我国特高压电网的快速组建，对供电可靠性要求不断高，带电作业技术已成为电网设备检测、检修和改造的必要技术手段，是电力系统长期稳定运行的重要屏障。近年来，在“西电东送”的能源战略推动下，我国相继投运了多项±800kV 直流输电工程。特高压直流输电线路作为主干线路输送距离远，输送容量大，发生故障停电将造成巨大的经济损失。目前，±800kV 直流输电是世界上运行电压等级最高的直流输电工程，运行时间较短，许多问题还处在探索阶段，带电作业技术还不成熟[16]。另外，特高压直流输电线路附近空间存在离子流场，线路附近空间的电场分布受环境和气象条件影响变得十分复杂，也进一步增加了带电作业的难度。本章在前面章节研究基础上，通过仿真对六个典型作业位置作业时人体对空间电场和电位分布的影响进行研究，研究结果可以为安全带电作业提供理论参考。

## 13.1　特高压直流输电线路带电作业分析模型

带电作业是指在电力设备不停止供电的情况下，对其进行测试、维护、更换零部件的作业技术。为了保证在开展带电作业施工时，作业人员不会有触电受伤的危险以及作业过程中不会对作业人员造成任何不舒服的感觉，有关标准规定带电作业时流经人体的电流不能超过人体感知电流的水平值 1mA；人体体表局部场强不超过人体的感知水平值 240kV/m。当人体体表场强达到 240kV/m 时，人体裸露的皮肤就会有“微风吹拂”感觉，晃动作业工具时会听到“嗡嗡”的声响，给人带来紧张感，甚至引发错误操作，引发事故。有关实验研究发现，人站在地面时头顶的局部场强最高可以达到周围场强的 13～14 倍。所以国际大电网会议认为高压输电线路的地面场强小于 10kV/m 时是安全的。

### 13.1.1　带电作业方式

带电作业方式可根据作业人员与带电体的位置关系，分为间接和直接两种方式。间接带电作业是指带电作业人员与带电体保持一定的安全距离，通过绝缘操作工具对带电运行的电气设备作业的方式，包括地电位作业、中间电位作业、带电水冲洗和带电气吹绝缘子等带电作业方式。直接带电作业是带电作业人员直接与带电运行设备接触的作业方式，通常作业人员需要穿戴全套屏蔽防护设备，通过绝缘体进入带电体，人与设备处于同一电位水平，也称等电位作业。

### 13.1.2 杆塔、导线与人体模型

本书在研究空气湿度对带电作业人员体表场强分布的影响时，以云广±800kV特高压直流输电线路直线塔上的带电作业为例进行计算分析。

(1) 杆塔模型。云广±800kV 特高压直流输电所用的直线杆塔具体参数为：杆塔塔身高度为 44m，塔身宽度为 4m，横担长 22m，导线高度为 33m，导线与杆塔侧面的距离 11m，导线与横担间的距离为 10m。杆塔各尺寸如图 13-1 所示。

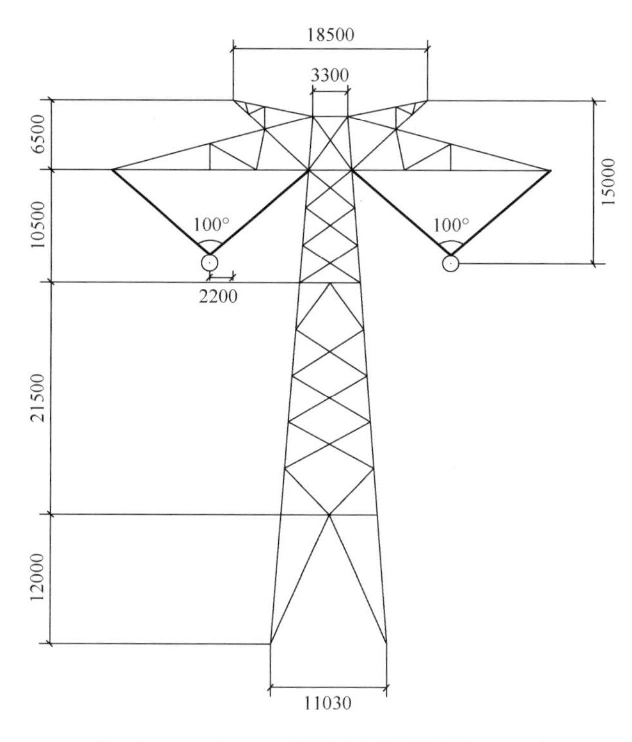


图 13-1 ±800kV 杆塔尺寸模型(单位：mm)

(2) 导线的实际尺寸和模型已经详细描述，不再赘述。

(3) 作业人员的人体模型。人体结构相当复杂，根据工程实际情况，适当对人体结构进行简化，可以节约大量计算机资源，提高研究效率。这里根据带电作业过程中作业人员的具体情况对人体模型进行了如下简化：带电作业人员在进行特高压输电线路带电作业过程中，穿着屏蔽服，而且屏蔽服效果很好，即可将作业

人员视为良导体；考虑到作业人员在作业过程的活动情况，人的头、肩、手、脚等外形轮廓变化大的部位电场值最大。这里主要研究作业人员体表场强，因此只建立了作业人员的人体外形轮廓。具体模型如图 13-2 所示。

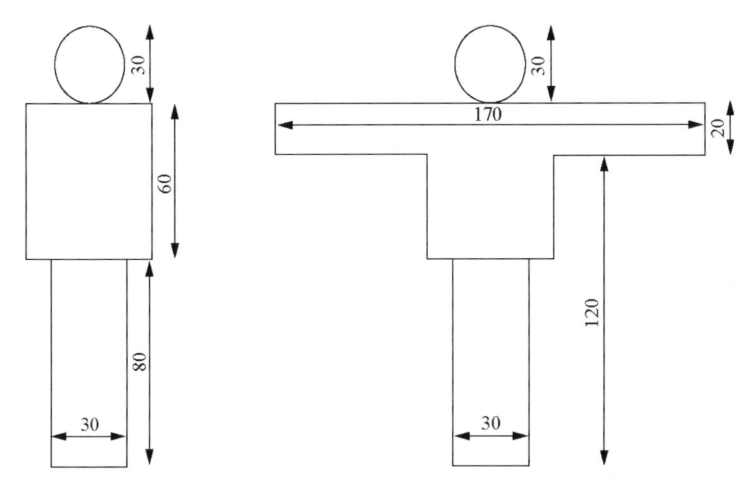


图 13-2　作业人员剖面(单位：cm)

图 13-2 中(a)为作业人员站立模型，图 13-2(b)为作业人员展开手臂模型。模型参数是根据中国人的平均身体情况确定的，并考虑到作业人员穿上屏蔽服之后，身体轮廓会增大，在人体模型建立过程中对模型进行了加宽处理。图 13-2 中(a)中作业人员正面站立模型，除头部外的部分还包括躯干和腿部，其中躯干高度为 60cm，宽度为 50cm；腿部高度为 80cm，宽度为 30cm。图 13-2(b)为作业人员展开手臂模型，是根据作业人员作业过程中的一些作业动作情况确定的。

### 13.1.3　作业位置的选取

根据 13.1.2 节内容的分析，本章将重点分析从横担处和杆塔侧面进入等电位作业区域两条带电作业路径中，六个典型作业位置作业时的人体对空间电场和电位的影响，并对带电作业人员在等电位作业时，张开双臂时的体表电场和电位进行研究。六个典型作业位置分布如图 13-3 所示。

在位置 1、2、4、5 时，作业人员均没与带电体直接接触，因此该处作业为间接作业。在位置 1、2 处时作业人员在杆塔上，杆塔是良导体，因此作业人员与大地相连，作业人员身体的电位与大地相同，又称地电位作业。在位置 4、5 处作业时，作业人员既不与大地接触，也不与带电体接触，又称为中间电位作

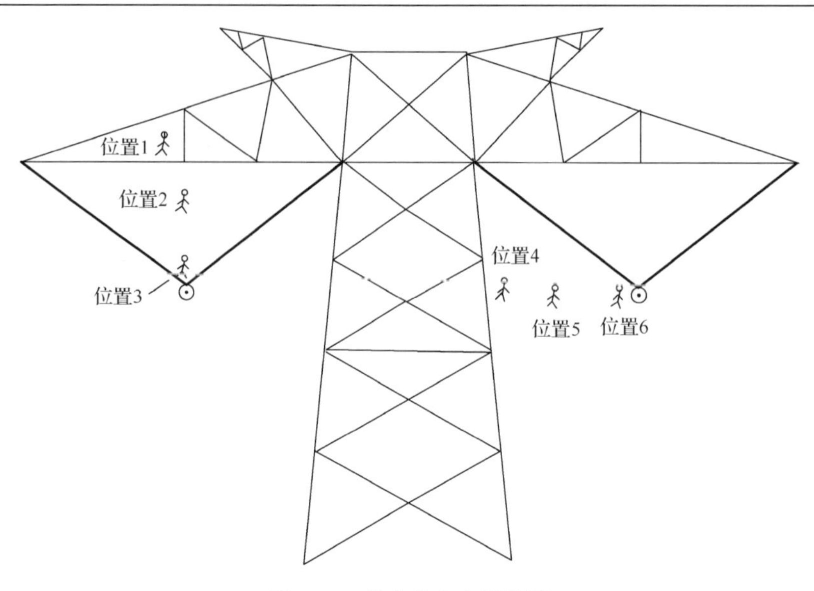


图 13-3　带电作业典型位置

业。在典型作业位置 3、6 处时，作业人员与导线直接接触，称为直接带电作业，在该处带电作业时人体与导线电位相同，又称等电位作业。位置 1、2、3 过程描述了作业人员从横担进入等电位的过程；位置 4、5、6 描述了作业人员从杆塔侧面进入等电位的过程。

## 13.2　地电位作业时的人体电场分析

特高压直流输电线路电压等级高，杆塔尺寸大，导线对地高度大，在地面使用绝缘工具进行带电作业基本不可能实现。对特高压直流输电线路进行地电位作业时，作业人员站在杆塔横担与杆塔侧面位置，使用绝缘工具进行带电作业。因此，地电位作业时主要考虑人位于杆塔横担位置 1 与杆塔侧面位置 4 这两处作业时的电位和电场分布。

### 13.2.1　作业人员位于横担处的电位与电场分布

当作业人员在横担处作业，即图 13-3 中位置 1 时，作业人员位于负极导线正上方 10m 处的横担上，作业人员通过杆塔与大地相连，人体的电位为零。结合考虑空气湿度影响的离子流场的计算模型，对带电作业过程中人体存在对导线周围的空间电位与电场进行仿真分析，计算结果如图 13-4～图 13-7 所示。

图 13-4 所示为作业人员位于负极导线所在的横担时的计算区域的局部电位分布。图 13-5 为图 13-4 细线位置处(即 $x=-11$m)的电位在 $y$ 方向上的变化

曲线，实线和虚线分别代表带电作业时与线路正常运行时的电位曲线图。由图 13-4 可知，当作业人员在横担上作业时，作业人员对导线到地面之间的空间电位分布没有影响，对导线与人之间的空间电位影响比较大。由图 13-5 可知，与线路正常运行时的空间电位分布相比，带电作业时导线上方的空间电位水平较低，空间电位衰减较快，在距离导线 10m(即作业人员脚部位置)处的电位降到 0V。

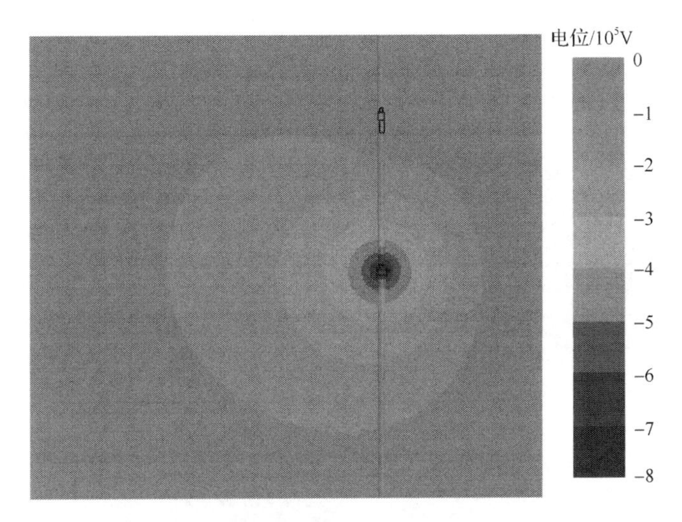


图 13-4　在杆塔横担处作业时的电位分布

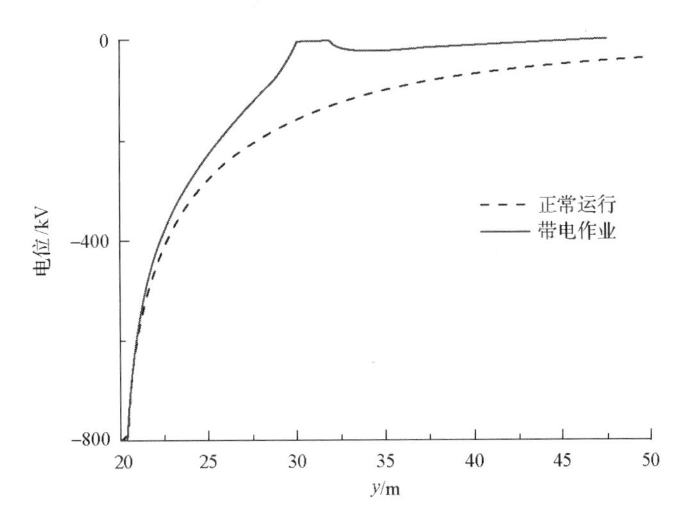


图 13-5　$x=-11$m 的电位在 $y$ 方向上的变化曲线

图 13-6 所示为作业人员在横担处作业时，负极导线局部区域的电场分布。由图 13-6 可知，带电作业时人体对导线附近电场分布的影响不大，由于静电感应效应作业人员周围发生电场畸变，在人体的脚部位置的电场畸变最显著。图 13-7 为图 13-6 中细线位置(即 $x=-11$m)的电场强度在 $y$ 方向上的变化曲线，由图 13-7 可知，在导线位置处电场强度最大，达到 550kV/m，沿 $y$ 轴的正方向急剧下降，到作业人员处电场强度值发生畸变而突然增大，作业人员头顶和脚部位置都发生了电场畸变，脚部位置电场畸变量最大，而人体内部位置的电场为零。这是因为作业人员作业时穿着屏蔽服，屏蔽服的电导率非常高，作业时人体为良导体，静电感应效应及带电离子的作用使人体产生感应电荷，感应电荷形成的电场与原来的电场叠加，

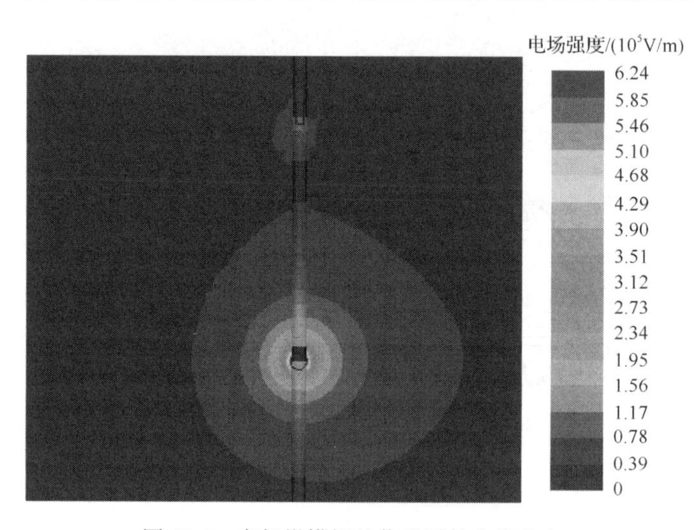


图 13-6　在杆塔横担处作业时的电场分布

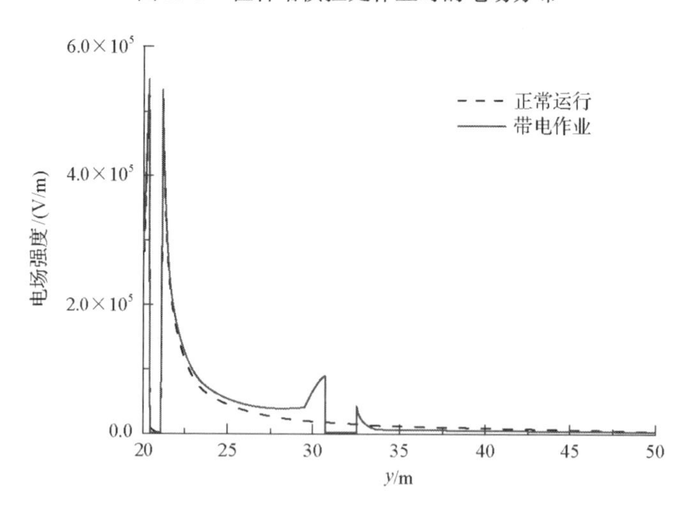


图 13-7　$x=-11$m 的电场强度在 $y$ 方向上的变化曲线

使人体表面附近的电场发生畸变，而人体内部电位恒定，没有电位差，因此人体内部电场为零。与线路正常运行时相比，因为电场畸变，作业人员脚部位置处的电场强度由 17kV/m 增大到 89kV/m，增大了 72kV/m，为正常运行时的 5.24 倍。

### 13.2.2　作业人员位于杆塔侧面的电位与电场分布

当作业人员在杆塔侧面处作业，即图 13-3 中位置 4 时。作业人员位于距离正极导线 10m 处的杆塔侧面时，通过杆塔与大地相连，人体的电位为零。结合前面章节的计算模型，这里分析人体的存在对空间电位与电场的影响，计算结果如图 13-8～图 13-11 所示。

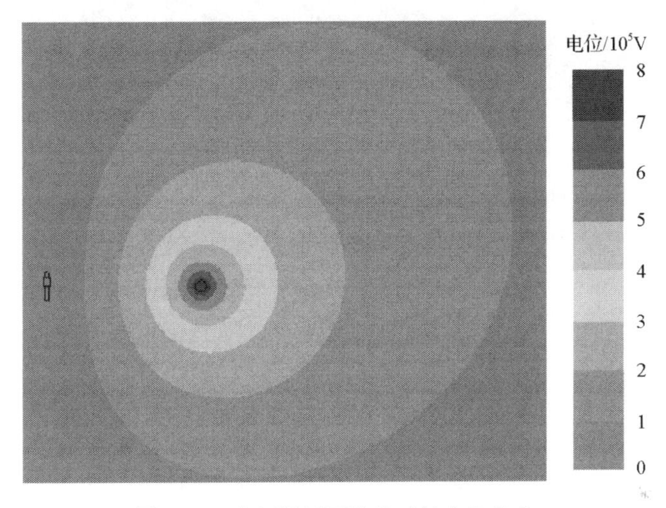


图 13-8　在杆塔侧面作业时的电位分布

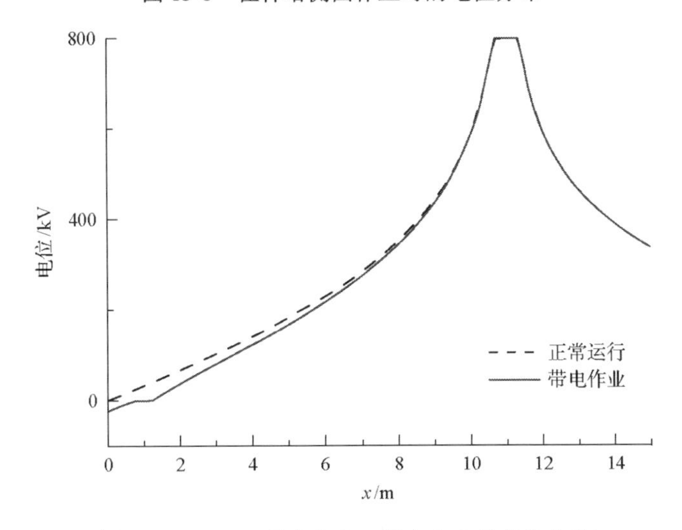


图 13-9　$y$=20m 的电位在 $x$ 轴方向上的变化曲线

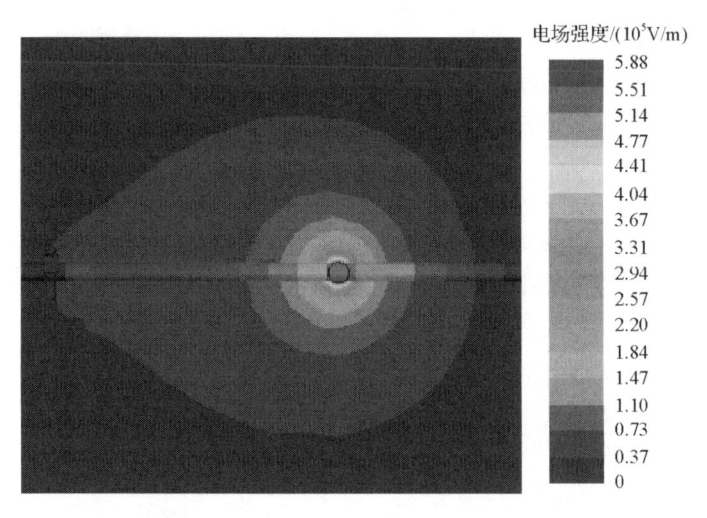


图 13-10　在杆塔侧面处作业时的电场分布

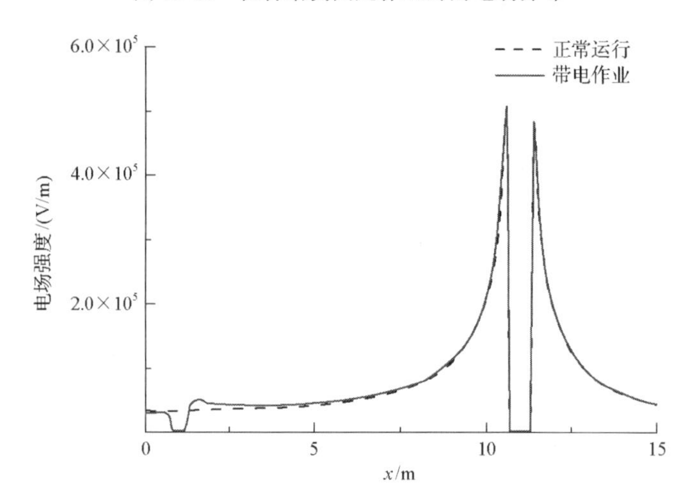


图 13-11　$y$=20m 的电场强度在 $x$ 轴方向上的变化曲线

图 13-8 所示为作业人员位于作业位置时的作业人员与导线局部区域的电位分布情况。图 13-9 为经过导线中心与 $x$ 轴平行的直线位置(即 $y$=20m)处的电位在 $x$ 轴方向上的变化曲线。由图 13-8 可知，带电作业时，人体存在几乎不影响导线附近空间的电位分布。由图 13-9 也可以知道，带电作业时的电位曲线与正常运行时的电位曲线基本上一样，只在人体附近位置电位值减小了 27.08kV，可见作业人员在该处作业时对空间电位分布影响不大。

图 13-10 所示为作业人员在杆塔侧面地电位作业时，正极导线附近空间的电场分布情况。由图 13-10 可知，作业人员靠近导线侧电场强度较高，远离导线侧电场

强度很低，说明由于作业人员靠近导线侧，电场发生了畸变。图 13-11 为图 13-10 中平行于 $x$ 轴的细线位置(即 $y$=20m)的电场强度值沿 $x$ 轴的变化曲线。由图 13-11 可知，与正常运行时相比，电场畸变范围和畸变量都比较小，只有人体靠近导线侧的电场发生了畸变，由 34.6kV/m 增大到 51.4kV/m，增大了 16.8kV/m，为正常运行时的 1.5 倍。

综上，当带电作业人员穿着屏蔽服在杆塔横担和杆塔侧面地电位作业时，人体对周围空间电位与电场的影响都比较小；作业人员在横担处比在杆塔侧面对电场和电位的影响大。在杆塔侧面作业时，电位和电场的变化量分别为 27.08kV 和 16.8kV/m，在横担处作业时，电位和电场的变化量分别为 159.43kV 和 72kV/m，电位和电场的变化量分别是杆塔侧面作业时的 5.89 倍和 2.69 倍。这是因为人体脚部的形状变化大于身体侧面，与人体侧面相比人体脚部属于尖端部位，电荷将会更加集中于尖端处，使脚部位置的场强畸变大于身体侧面。因此，地电位带电作业时作业人员应尽量选择在杆塔侧面进行作业活动。

## 13.3　中间电位作业时的人体电场分析

中间电位作业是在地电位与等电位作业方案不方便实施时，采用的一种作业方案。作业人员在中间电位进行带电作业时，作业人员与接地体和带电体都有一定的电位差，因此，作业人员既要与输电导线保持一定的安全距离，也要与杆塔保持一定距离，防止带电体通过人体对接地体发生放电。中间电位也是由地电位作业到等电位作业的重要途径，对于中间电位作业，本书主要研究作业人员位于导线正上方 3m 处的位置 2 和导线水平方向 3m 处的位置 5 这两种情况。

### 13.3.1　作业人员位于导线上方 3m 处的电位与电场分布

当作业人员在距离导线上方 3m 处中间电位作业，即图 13-3 中位置 2 时。作业人员位于负极导线正上方 3m 处，此时人体处于中间电位。结合前面章节的计算模型，分析人体的存在对空间电位与电场的影响，计算结果如图 13-12～图 13-15 所示。

图 13-12 为作业人员在横担下距离负极导线上方 3m 处时作业人员与负极导线的局部区域电位分布。由图 13-12 可知，导线周围大部分空间的电位分布都比较均匀，只有作业人员头顶和脚部位置的电位分布出现了很小的突变，头顶附近空间的电位增加，脚部位置附近的电位减小，而且人体对附近空间电位分布的影响范围很小。图 13-13 为图 13-12 中细线位置(即 $x$= –11m)沿 $y$ 轴方向的电位变化曲

线。由图 13-13 可知，距离负极导线上方 3m 处作业时人体电位为 390kV。与导线正常运行时相比，带电作业时空间电位在接近作业人员过程中先减小，远离作业人员时空间电位后减小，在靠近导线侧，即人体脚部位置空间电位由正常运行时的 442kV 减小到 390kV，减小了 52kV；带电作业时人体头部位置电位比正常运行时的 326.34 kV 增大了 63.66kV。

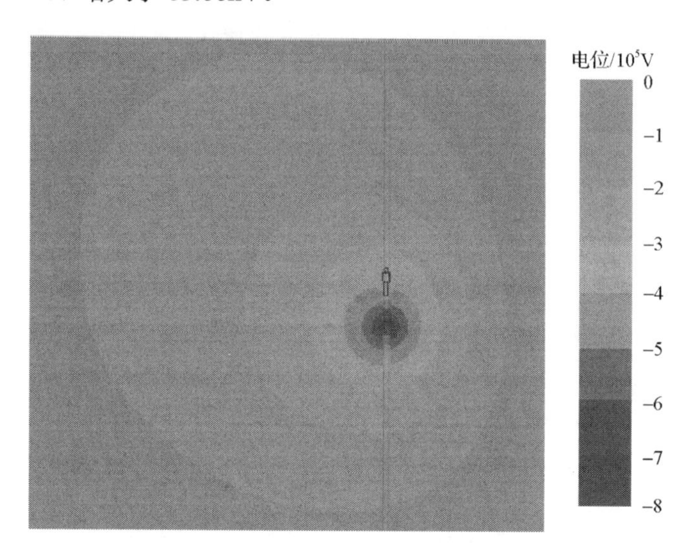


图 13-12　在导线上方 3m 处作业时的电位分布

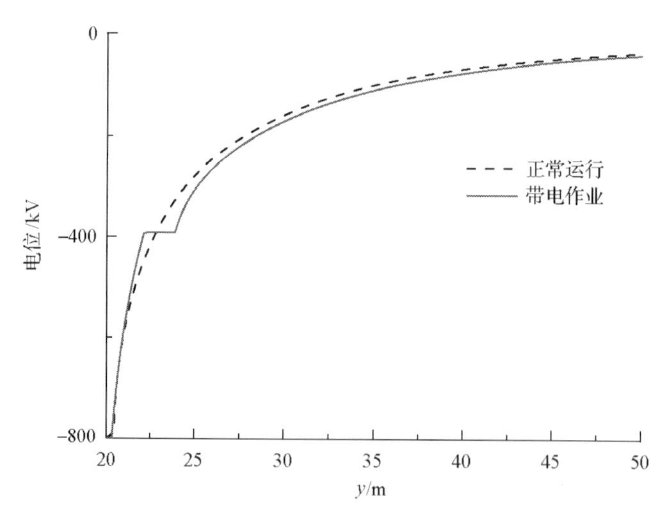


图 13-13　$x=-11$m 的电位在 $y$ 轴方向上的变化曲线(中间电位作用下)

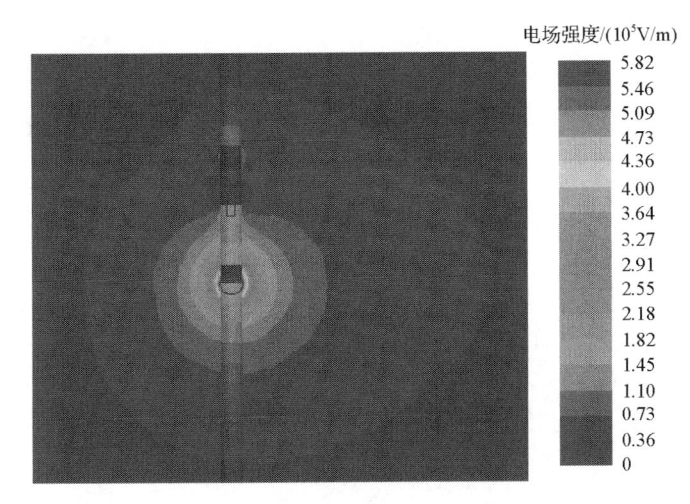


图 13-14　在导线上方 3m 处作业时的电场分布

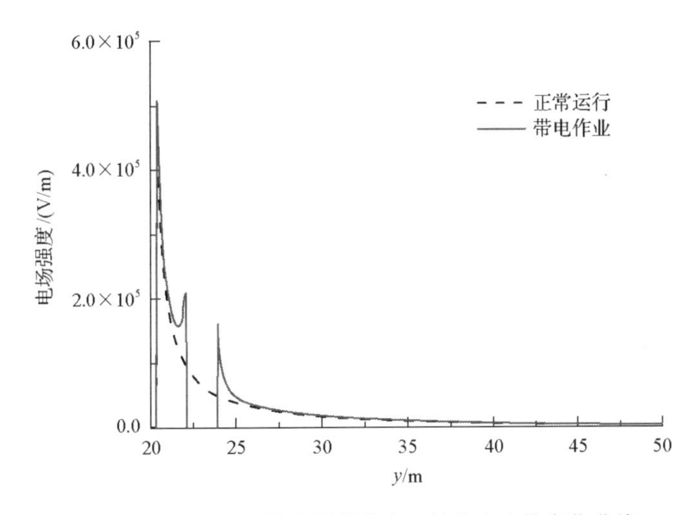


图 13-15　$x=-11$m 的电场强度在 $y$ 轴方向上的变化曲线

图 13-14 为作业人员位于负极导线上方 3m 时，导线附近空间的电场分布情况。由图 13-14 可知，整个空间的电场分布都发生了较大的变化，人体脚部附近的局部区域电场畸变非常显著，所以人体存在也会影响导线周围空间的电场分布。图 13-15 为图 13-14 细线位置(即 $x=-11$m) 电场强度变化曲线。由图 13-15 可知，作业人员在导线上方 3m 位置作业时，人体头顶和脚部位置附近的空间电场畸变比较显著。作业人员体表电场值的最大值出现在脚部，为 210.6kV/m，与正常运行时该位置处的值 97.8kV/m 相比，增加了 112.8kV/m。其次头部电场强度为 160.1kV/m，与正常运行时该位置处的值 48.3kV/m 相比，增加了 111.8kV/m。

### 13.3.2　作业人员位于导线水平方向 3m 处的电位与电场分布

当作业人员在距离正极导线左侧 3m 处的中间电位作业，即图 13-3 中位置 5 时。作业人员位于正极导线左侧 3m 处，此时人体处于中间电位。结合前面章节的计算模型，本节分析人体存在对空间电位与电场的影响，计算结果如图 13-16～图 13-19 所示。

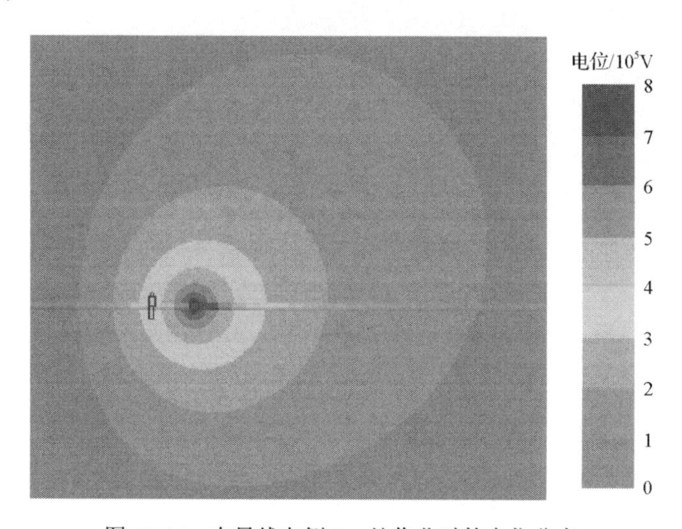


图 13-16　在导线左侧 3m 处作业时的电位分布

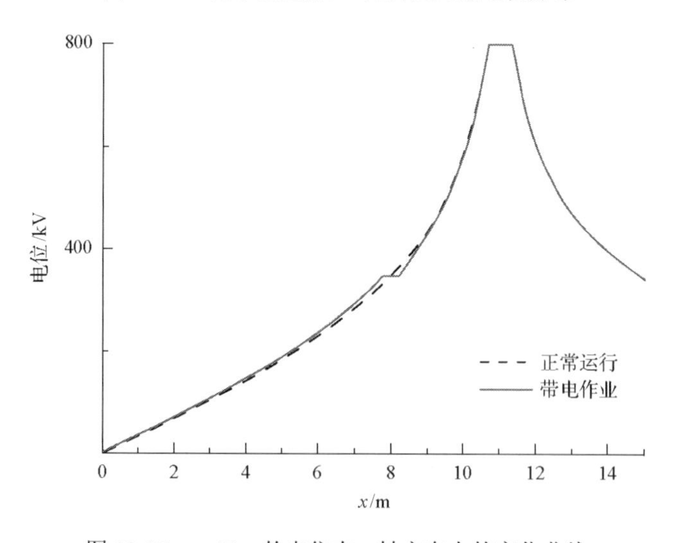


图 13-17　$y$=20m 的电位在 $x$ 轴方向上的变化曲线

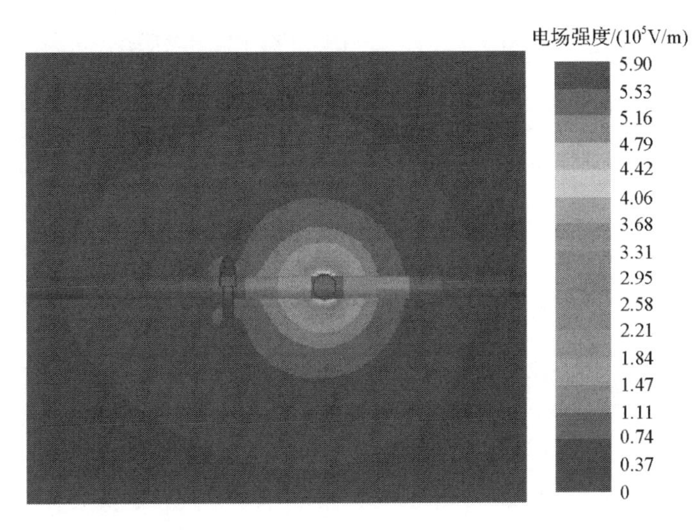


图 13-18　在导线左侧 3m 处作业时的电场分布

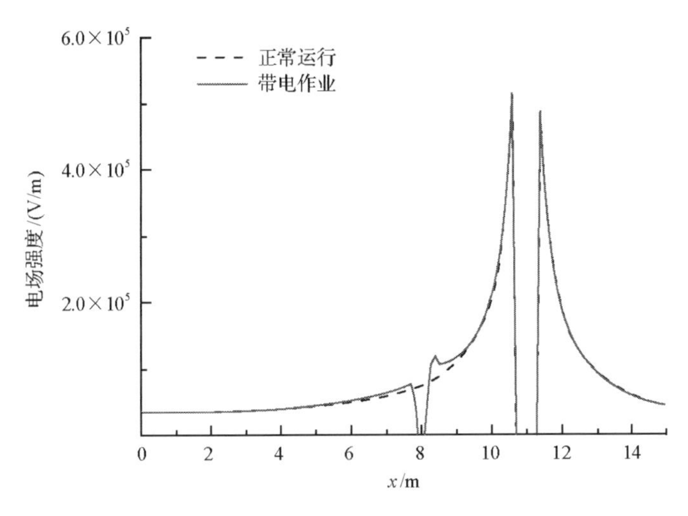


图 13-19　$y$=20m 的电场强度在 $x$ 轴方向上的变化曲线

图 13-16 为作业人员在杆塔侧面距离正极导线 3m 处位置时作业人员与正极导线的局部区域电位分布。由图 13-16 可知，作业人员存在时导线周围空间电位分布基本上不受影响。图 13-17 为图 13-16 中细线位置(即 $y$=20m)沿 $x$ 轴方向的电位变化曲线。由图 13-17 可知，带电作业人员作业时的电位曲线与导线正常运行时的电位曲线基本重合，说明带电作业人员在距离导线侧面 3m 时，对导线空间电位分布的影响比较小。

图 13-18 为作业人员位于正极导线侧面 3m 时，作业人员与导线附近空间的电场强度分布情况。图 13-18 中人体周围空间的电场强度变化很大，可知作业人员

会造成导线周围空间电场的畸变。图 13-19 为图 13-18 中细线位置(即 $y$=20m)处电场强度随 $x$ 轴方向的变化曲线。由图 13-19 可知，作业人员靠近导线侧的电场畸变量大于靠近杆塔侧，导线侧的畸变量为 16.2kV/m，作业人员作业时电场强度为 107.2kV/m，正常运行时该位置的电场强度为 91kV/m。杆塔侧的电场畸变量比较小，为 8.4kV/m，作业人员作业时电场强度为 77.4kV/m，正常运行时该位置的电场强度为 69kV/m。

综上，当带电作业人员穿着屏蔽服在导线上方与导线侧面的中间电位作业时，人体对周围空间电位的影响效果很小，但对人体附近空间电场造成的畸变比较显著，靠近导线侧的畸变量大于远离导线侧的畸变量。在杆塔侧面作业时，电位和电场的最大变化量分别为 19.68kV 和 16.2kV/m，在横担处作业时，电位和电场的最大变化量分别为 63.66kV 和 112.8kV/m，电位和电场变化量分别是杆塔侧面作业时的 3.23 倍和 6.96 倍。因此，中间电位带电作业时作业人员尽量选择在杆塔侧面进行作业活动。

## 13.4　等电位作业时的人体电场分析

进入等电位作业时，作业人员与导线接触良好，作业人员与带电导线处于同一电位，流经人体的电流为零，因此等电位带电作业是安全的。但由于等电位作业时，人体的电位、电场水平最高，作业人员的各种作业动作都会导致周围电位和电场的畸变，甚至引起局部空气放电，危及作业人员的生命安全和输电线路的稳定运行[23]。因此，在研究等电位作业的过程中，对作业人员在导线上和导线侧面的站立模型及作业人员站在导线上张开手臂模型对空间电位及电场的影响进行研究。

### 13.4.1　作业人员站在导线上时的电位与电场分布

当作业人员站在导线上等电位作业，即图 13-3 中位置 3 处时。本节结合前面章节的计算模型，分析人体的存在对空间电位与电场的影响，计算结果如图 13-20～图 13-23 所示。

图 13-20 为作业人员站在导线上作业时的空间电位分布情况。作业人员穿着屏蔽服时为良导体，等电位作业时人体电位与导线相同，为–800kV，空间的电位分布由人体与导线截面共同作用产生。图 13-21 为图 13-20 中细线位置的电位分布图曲线图。如图 13-21 所示，作业人员站在导线上作业时，人体对导线下方的电位分布基本上没有影响，对导线上方空间的电位影响比较显著，导线上方空间的电位水平总体增大了约 56.17%。

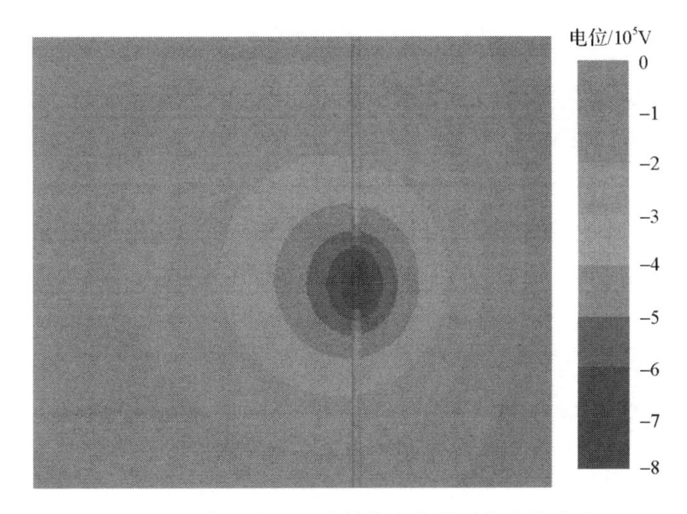


图 13-20　作业人员站在导线上作业时的电位分布

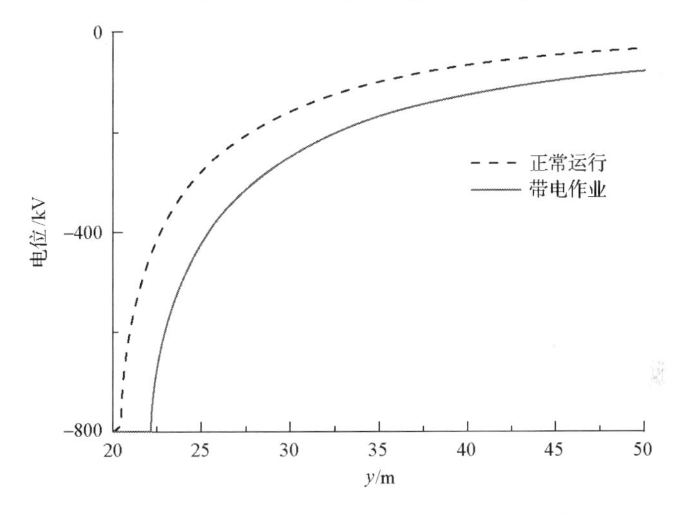


图 13-21　$x=-11$m 的电位在 $y$ 轴方向上的变化曲线

图 13-22 为作业人员站在负极导线上的局部区域电场分布云图。由图 13-22 可以看出，作业人员和导线处于同一电位，导线与作业人员形成了一个整体，导线与穿屏蔽服的作业人员都是良导体，因此，导线与人体内部各处电场为零，电位相等。导线下方和作业人员头顶部的电场值都比较大。图 13-23 中的曲线图为图 13-22 中细线位置(即 $x=-11$m)处电场强度随 $y$ 轴的变化曲线。由图 13-23 可以知道，作业人员作业时头顶部位的电场强度最大，为 474.6kV/m，导线下部位置电场强度为 419.1kV/m，这是因为导线和人形成整体后，人体头部面积小于导线面积，人体头部位置面积变化大，造成的畸变比导线侧的畸变大。正常运行时导

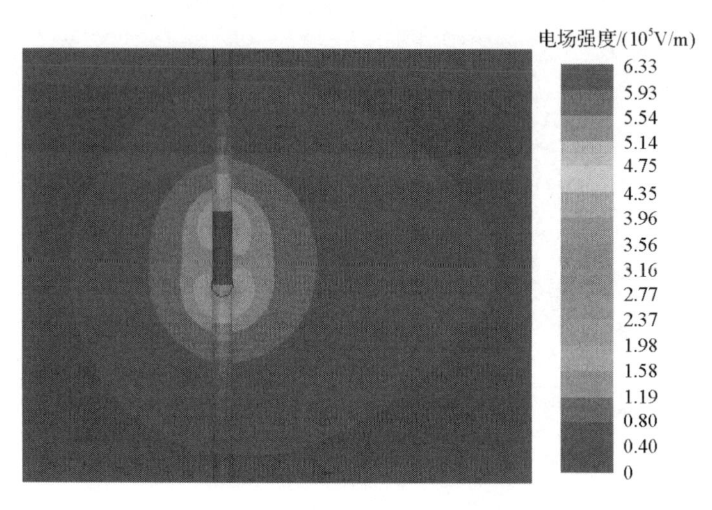


图 13-22　作业人员站在导线上作业时的电场强度分布

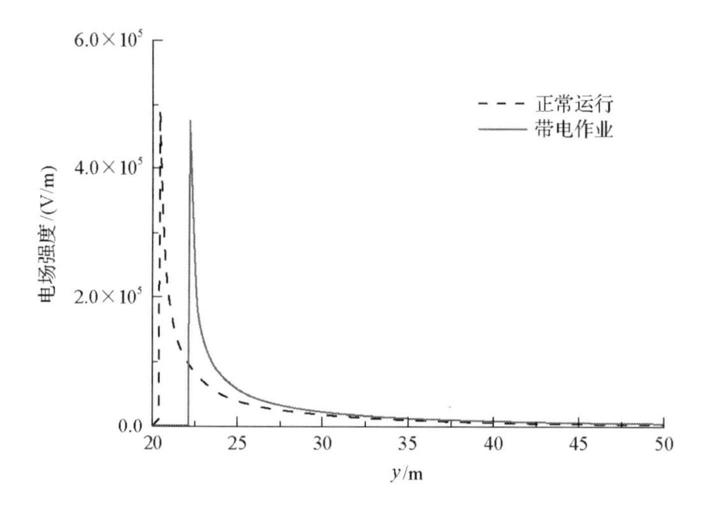


图 13-23　$x=-11$m 的电场强度在 $y$ 轴方向上的变化曲线

线下部位置的电场强度为 526.1kV/m，比带电作业时该位置的电场强度高 107kV/m，这是由于作业人员穿着屏蔽服，与导线一样是良导体，等电位作业时人体增大了导线截面面积，对电场起到了均压的作用，导致空间电场水平减小。在人体与导线内部位置时，电场强度为零，在作业人员头顶位置电场值达到另一个极大值 474.6kV/m，与正常运行时该位置的电场强度 89.4kV/m 相比，增加了 385.2kV/m，电场发生了严重的畸变。当作业人员站立在导线上时，空间电场最大值会减小，最大值由导线附近位置转移到人体头顶附近位置。

### 13.4.2　作业人员在导线侧面时的电位与电场分布

作业人员由杆塔侧面进入正极导线侧面等电位作业，即图 13-3 中位置 6 作业。作业人员穿着屏蔽服，人体为良导体，人体电位与导线电位相等，为 800kV。本节结合前面章节的计算模型，分析人体的存在对空间电位与电场的影响，计算结果如图 13-24～图 13-27 所示。

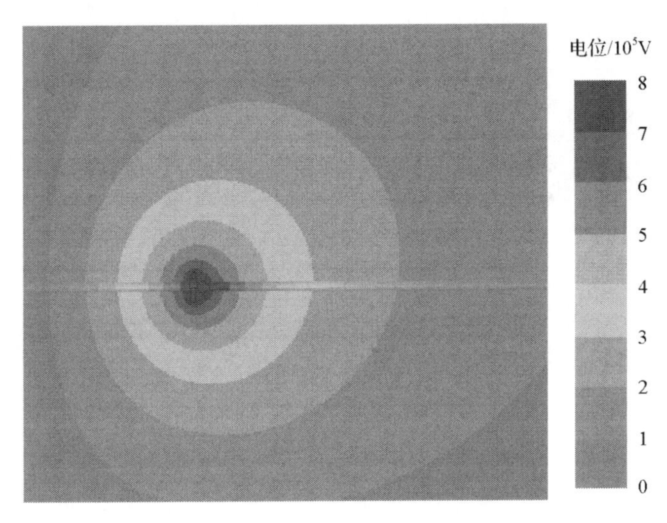


图 13-24　作业人员在导线侧面作业时的电位分布

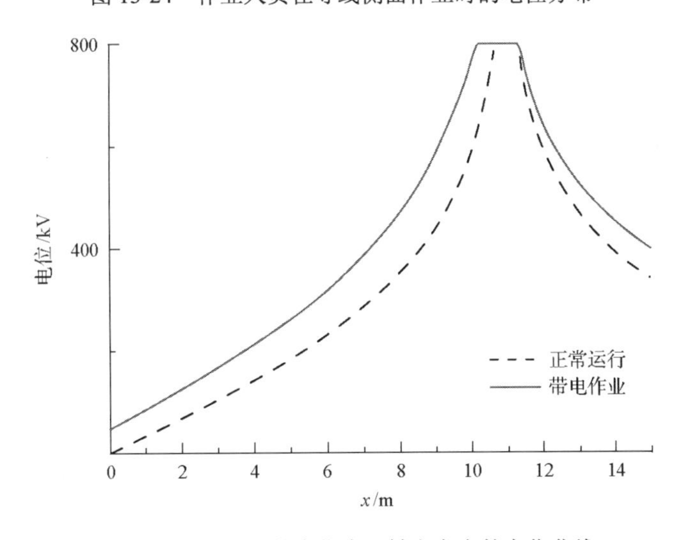


图 13-25　$y$=20m 的电位在 $x$ 轴方向上的变化曲线

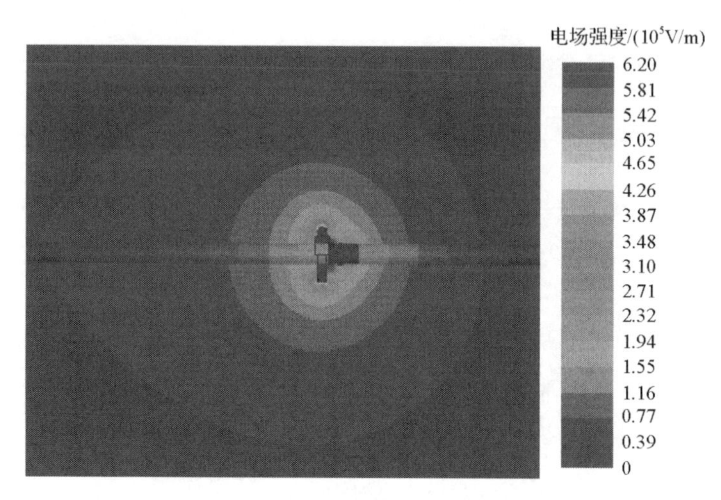


图 13-26　作业人员在导线侧面作业时的电场强度分布

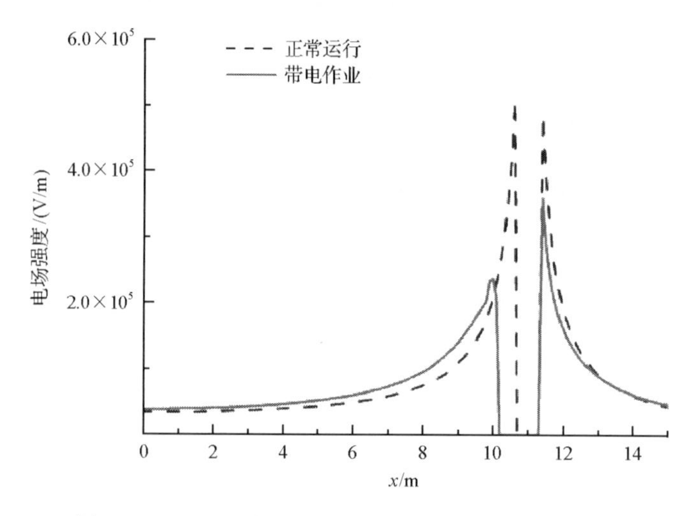


图 13-27　$y$=20m 的电场强度在 $x$ 轴方向上的变化曲线

图 13-24 为作业人员在正极导线侧面等电位作业时，导线附近局部空间的电位分布情况。由图 13-24 可知，作业人员在正极导线侧面等电位作业时，人体与导线的电位相同，为 800kV，由于人体的存在增大了导线的等效面积，正极导线附近空间的电位沿着人体与导线的共同外表面分布。图 13-25 为图 13-24 中细线位置(即 $y$=20m)处电位随 $x$ 轴的变化曲线，与正常运行时电位分布相比，由于人体的作用，正极导线附近空间的电位增大，增幅达到 32.5%，而且导线左侧的增幅大于导线右侧。这是因为作业人员位于导线左侧，增大了左侧导体面积，使导线左侧电位水平整体较高。

图 13-26 为作业人员站在正极导线侧面等电位作业时，导线与人体附近局部空间的电场分布情况。由图 13-26 可以看出，导线与作业人员形成了一个整体，空间电场由人体与导线截面共同作用产生，人体的头部、脚部与导线外侧位置的电场强度最大，也发生了比较严重的畸变。图 13-27 为图 13-26 中细线位置(即 $y$=20m)处电场强度随 $x$ 轴的变化曲线。由图 13-27 可知，正常运行时正极导线附近空间的最大电场强度为 510.5kV/m，带电作业时为 358.2kV/m，减小了 152.3kV/m。这是由于作业人员在等电位作业时人体与导线形成一个整体，相当于增大了导线的有效半径，对周围空间电场起到了均压的作用，使导线附近空间电场强度最大值减小。与正常运行时相比，作业人员远离导线侧位置，有的电场值由 190.3kV/m 增大到 233.2kV/m，增加了 42.9kV/m。导线右侧位置的电场强度值由 487.3kV/m 下降到 358.2kV/m，减小了 129.1kV/m。

### 13.4.3　作业人员站在导线上张开双臂时的电位与电场分布

等电位作业时作业人员会有一定的作业活动，为了研究带电作业时作业人员的活动对导线附近空间的电场和电位分布的影响，本节选择作业人员在等电位张开手臂时的情况进行研究。通过对等电位作业的作业情况研究发现，当作业人员张开手臂时，导线周围空间的电场畸变量最大，因此选择对周围电场影响最严重的情况进行研究。本节选择作业人员在负极导线上等电位作业时张开双臂的情况进行研究，研究结果如图 13-28～图 13-31 所示。

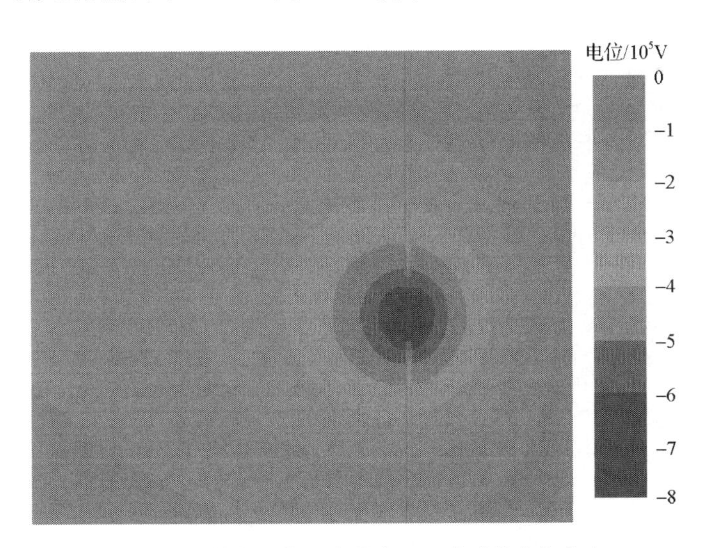


图 13-28　等电位作业人员张开双臂时的电位分布

图 13-28 为作业人员站在负极导线上张开双臂时，导线与人体附近局部空间的电位分布情况。图 13-29 为图 13-28 中细线位置(即 $x=-11\text{m}$)的电位随 $y$ 轴的变化曲线。与作业人员站在导线上时的情况相似，人体与导线形成一个整体，周围空间中的电位沿着人体与导线的共同外表面分布，而且导线上部空间中的电位明显增长。由图 13-29 可知，作业人员站在导线上方作业时使导线附近的电位增大，导线上方的电位比导线下方电位增长得更显著，上方电位增幅达到 67.24%。

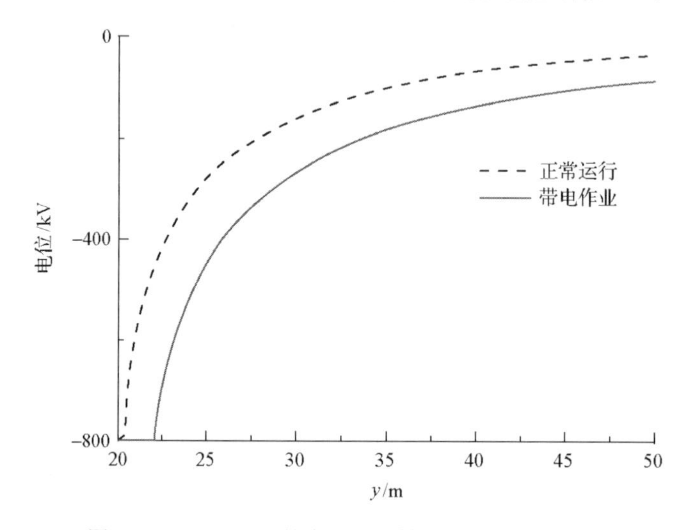


图 13-29　$x=-11\text{m}$ 的电位在 $y$ 轴方向上的变化曲线

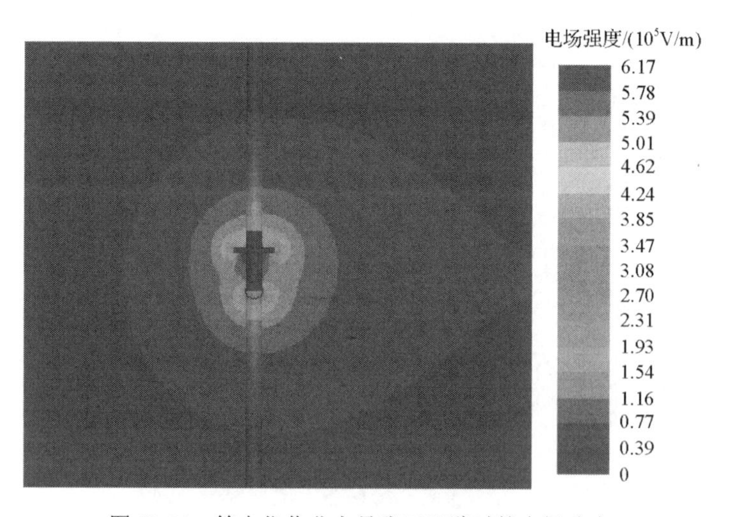


图 13-30　等电位作业人员张开双臂时的电场分布

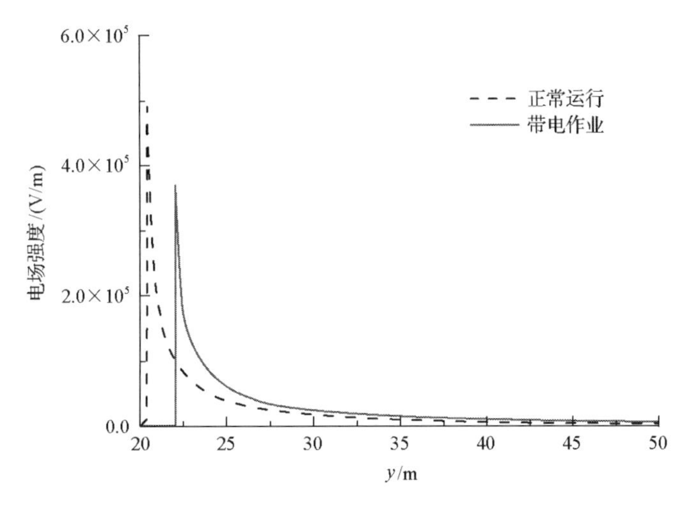


图 13-31　$x=-11$m 的电场强度在 $y$ 轴方向上的变化曲线

图 13-30 为作业人员站在负极导线上张开双臂时，导线与人体附近局部空间的电场分布情况。图 13-31 为图 13-30 中细线位置(即 $x=-11$m)的电场强度随 $y$ 轴的变化曲线。由图 13-30 可知，当作业人员站在导线上张开双臂时，人体与导线作为一个整体影响周围空间电场的分布，在导线下部、手臂端部、头顶位置的电场发生了比较严重的畸变。由图 13-31 沿 $y$ 轴方向的电场强度变化曲线可知，人体张开双臂时的合成电场最大值为 369.5kV/m，比正常运行时的最大值 526.1kV/m 低 129.6kV/m。当作业人员张开双臂时，手臂端部位置的电场强度值达到 382.1kV/m。当作业人员站立在导线上张开双臂作业时，对周围空间电场影响很大，电场强度最大值将出现在手臂端部位置。因此，在等电位作业时应尽量减小动作的幅度。

综上，通过对等电位作业时三种情况的电场和电位计算结果进行对比分析，可以得到作业人员在等电位作业时对导线附近空间的电场和电位分布都有很大的影响，带电作业时导线附近空间的电位和电场强度水平均会增大，但最大值均会减小。这是由于作业人员穿着屏蔽服也是良好的导体，作业时人体增大了导线的有效半径，对周围空间电场起到了均压的作用。在等电位作业时作业人员头部和脚部的电场强度很大，空间电场的畸变量也最大。当作业人员张开双臂时，手臂端部的电场强度达到最大。因此，在等电位作业时，作业人员应尽可能减小动作的幅度。

## 13.5　本 章 小 结

本章首先简要介绍了带电作业技术，以及特高压直流输电线路带电作业的特点，通过查阅相关资料，对带电作业过程中的电磁环境进行了初步判定和分析，选择了最具典型性的六个带电作业位置，对作业时人体对空间电位和电场分布的影响进行分析；其次，根据国家标准和带电作业的实际情况，建立简化的杆塔、导线和作业人员人体模型；最后利用 Comsol 软件进行仿真研究，分析特高压直流输电线路带电作业过程中，作业人员在各典型作业位置时的空间电位和电场分布情况，研究了人体对空间电位和电场的影响规律，为带电作业过程给出了相应的安全建议。

# 第五篇　输电线路邻近山火运行特征

# 第 14 章　山火致线路跳闸机理分析及合成电场计算方法

## 14.1　引　　言

目前针对山火中影响输电线路跳闸的因素，主要考虑火焰温度、火焰中电荷密度以及植被燃烧产生的颗粒物三种情况。本章在综合分析以上三种因素导致特高压直流输电线路跳闸的基础上，得出山火条件下引发输电线路跳闸的空气密度降低模型、火焰高电荷密度模型及颗粒畸变电场模型。上述三种模型能够较好地解释山火中三种主要因素对输电线路跳闸的影响。

针对特高压直流输电线路合成电场的计算，本章主要介绍解析法、半公式经验法及有限元法三种具有代表性的合成电场求解方法。对以上三种求解方法的详细研究，为后续推导山火条件下特高压直流输电线路合成电场的数学模型奠定了基础，也为仿真研究奠定了理论基础。

## 14.2　山火致输电线路跳闸的机理分析

山火条件下，植被燃烧产生的温度场、植被中碱金属盐的热电离及植被未完全燃烧产生的针状颗粒等因素都会导致输电线路跳闸。由于山火引发输电线路跳闸的因素较多，所以当输电线路走廊发生山火时，线路间隙的击穿机理和击穿特性具有明显的杂乱性和不明确性。山火引发输电线路跳闸的空间示意图见图 14-1。

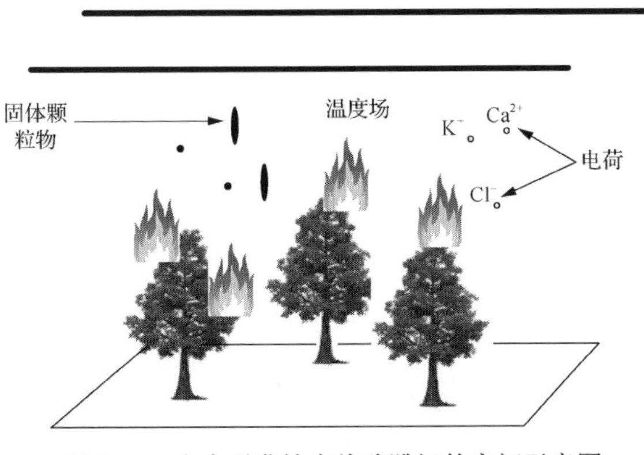


图 14-1　山火引发输电线路跳闸的空间示意图

### 14.2.1　火焰高温致线路跳闸的作用机理

火焰高温致线路跳闸主要有以下三种原因：①植被燃烧过程中产生的高温环境导致线路间隙气体密度降低，从而导致线路间隙击穿电压降低；②植被燃烧产生的高温、高压环境为火焰中粒子热电离和碰撞电离提供了大量能量，从而使火焰中电荷密度显著升高，进而导致线路间隙电场强度进一步升高；③植被燃烧产生的固体颗粒物在火焰高温与热浮力的共同作用下，被抬升到线路间隙强电场区域并触发放电。

空气密度降低模型主要用于研究导线与大地之间的温度，其在植被燃烧产生的温度场作用下而升高。线路间隙温度的升高，容易导致空气密度下降，最终导致间隙的绝缘性能降低，促使击穿放电电压降低。空气密度下降引发输电线路间隙击穿电压下降的计算公式为

$$V_{\mathrm{t}}=V_{\mathrm{a}}\frac{p_{\mathrm{t}}}{p_{\mathrm{a}}}\frac{\left(273+T_{\mathrm{a}}\right)}{\left(273+T_{\mathrm{t}}\right)} \tag{14-1}$$

式中，$V_{\mathrm{a}}$、$V_{\mathrm{t}}$为标准条件下、实际条件下的击穿电压，V；$p_{\mathrm{a}}$、$p_{\mathrm{t}}$为标准条件下、实际条件下的压力，Pa；$T_{\mathrm{a}}$、$T_{\mathrm{t}}$为标准条件下、实际条件下的温度，K。

山火中输电线路间隙的相对空气密度采用式(14-2)计算：

$$\delta'=\frac{p_{\mathrm{t}}}{p_{\mathrm{a}}}\frac{\left(273+T_{\mathrm{a}}\right)}{\left(273+T_{\mathrm{t}}\right)} \tag{14-2}$$

因此，式(14-1)可以表示为

$$\frac{V_{\mathrm{t}}}{V_{\mathrm{a}}}=\delta' \tag{14-3}$$

式(14-3)进一步说明了实际击穿电压与相对空气密度的相互关系。但假设中并未考虑植被焚烧过程中产生的固体灰烬和燃烧反应生成的大量带电粒子对线路间隙绝缘性能及击穿特性的影响。

山火条件下，可通过隔火带强度估算植被的燃烧特性。计算式为

$$I=Qwv_{r} \tag{14-4}$$

式中，$w$为火焰单位面积上消耗的燃料的质量，$\mathrm{kg/m^2}$；$I$为隔火带强度，kW/m；$v_r$为传播速率，m/s；$Q$为燃料燃烧的热量，kJ/kg。

式(14-5)表示燃烧火焰任意位置处温度相对于周围环境温度的升高值：

$$T_r = 3.9I^{2/3} / h \tag{14-5}$$

式中，$T_r$ 为相对于周围环境温度 $T_0$ 的升高值，℃；$h$ 为火焰任意位置距离地面的高度，m。

根据式(14-5)可知，火焰任一点温度可表示为

$$T = T_0 + T_r \tag{14-6}$$

在火焰隔火带强度 $I$ 保持恒定的情况下，火焰中任意一点处山火隔火带强度可表示为

$$I = 259.83L^{2.174} \tag{14-7}$$

式中，$L$ 为导线长度。

### 14.2.2　火焰高电荷密度致线路跳闸的作用机理

植被本身含有大量碱金属盐。植被燃烧过程中碱金属热游离和碰撞电离会导致大量带电粒子进入线路间隙，增大线路间隙的电荷密度。同时，大量离子使火焰本身呈现弱等离子体性质，也会降低火焰与线路间隙桥接时的电压，导致整个间隙被击穿。

火焰高电荷密度模型认为植被中含有的无机盐(碱金属盐)，在燃烧过程中容易发生电离反应产生大量电荷进入线路间隙，导致输电线路间隙电场强度急剧升高。

植物的主要组成成分是纤维素，其燃烧产物在高温下会发生如式(14-8)所示的化学反应：

$$\mathrm{CH + O \longrightarrow CHO^+ + e^-} \tag{14-8}$$

随后会发生第二步化学反应：

$$\mathrm{CHO^+ + H_2O \longrightarrow H_3O^+ + CO} \tag{14-9}$$

对于大多数碳氢化合物燃料而言，燃烧产生的离子主要为 $H_3O^+$。

作为模拟植被燃烧火源的木垛，其燃烧产物可近似认为与山林植物燃烧的产物相同。山林植被中较高的 K 和 Ca 元素含量，导致植被在燃烧过程中发生如式(14-10)和式(14-11)所示的化学反应方程：

$$\mathrm{K + O + CO \longrightarrow CO_2 + K^+ + e^-} \tag{14-10}$$

$$\mathrm{CaO + CO \longrightarrow CO_2 + Ca^+ + e^-} \tag{14-11}$$

不同物质燃烧时产生的电离势如表 14-1 所示。

**表 14-1 不同物质燃烧时产生的电离势**

| 产物 1 | 电离势/eV | 产物 2 | 电离势/eV | 产物 3 | 电离势/eV | 产物 4 | 电离势/eV |
|---|---|---|---|---|---|---|---|
| $CH_4$ | 12.8 | $NO_2$ | 9.7 | $CH_2$ | 10.3 | O | 12.2 |
| $CH_2O$ | 10.8 | $N_2$ | 15.7 | $C_3$ | 11.7 | CO | 14.1 |
| OH | 13.2 | NO | 9.3 | CH | 10.5 | $C_2H_2$ | 11.3 |
| CHO | 9.9 | $CO_2$ | 13.9 | $C_2$ | 11.7 | $H_2O$ | 12.5 |
| $C_2H$ | 12.1 | NH | 13.2 | $CH_3$ | 9.7 | $H_2$ | 15.4 |

光电离及碰撞电离也会和热电离一样产生大量的带电粒子。热电离的基本原理是高速运动的气体分子的碰撞电离和光电离，只不过热电离的能量来源于空气中气体分子本身的热量(即燃烧产生的高温)，而不是来源于电场提供的能量。

由于气体分子热运动所具有的统计性，气体分子瞬时移动的速率及平均动能的大小均按照统计规律分布。因此，气体分子的温度与平均动能 $W_m$ 之间的关系可表示为

$$W_m = \frac{3}{2}k_B T_e \tag{14-12}$$

式中，$k_B$ 为玻尔兹曼常量，$k_B = 1.38\times10^{-23}$ J/K；$T_e$ 为热力学温度，K。

在火焰高温条件下，线路间隙气体分子的电离和复合过程会达到一个平衡状态，该平衡状态下电离度可用萨哈电离方程来表示：

$$\frac{\alpha^2}{1-\alpha^2}=\frac{2.4\times10^{-4}}{p}T^{5/2}\mathrm{e}^{-W_i/k_B} \tag{14-13}$$

式中，$\alpha$ 为电离度；$p$ 为气压，Pa；$T$ 为温度，K；$W_i$ 为电离能，eV。

根据营养物质的转换可知，当山火中植被燃烧效率达到 98%时，植被中含有的钾盐解离挥发 28%。线路间隙存在的碱金属和碱土金属盐在高温作用下会分离出大量原子，这些原子受到热电离的作用进一步失去最外层电子，热电离方程如式(14-14)所示：

$$\mathrm{S} \Longleftrightarrow \mathrm{S}^+ + \mathrm{e}^- \tag{14-14}$$

式中，S、$S^+$和 $e^-$为碱土金属、金属离子和电子。

植被燃烧过程中，火焰温度约为 1000℃。在该火焰温度条件下，碱金属盐、碱土金属盐和炭黑均能够发生热电离。因此，可以将山火视为含有碱金属和碱土金属盐的非纯碳水化合物的对流火焰。植被燃烧过程中会产生大量炭黑和高浓度钾盐，并且炭黑的电离势为 4.35eV，钾盐的电离势为 4.34eV，体现了山火中火焰具有较高的电荷密度。

火焰中的电荷密度较高，其火焰电导率可以用式(14-15)表示：

$$\delta = e\left(\mu_{\mathrm{e}} n_{\mathrm{e}} + \mu_{\mathrm{i}} n_{\mathrm{i}}\right) \tag{14-15}$$

式中，$\delta$ 为火焰中电导率，S/m；$\mu_{\mathrm{e}}$ 为电子迁移率，$\mathrm{m^2/(V \cdot s)}$；$\mu_{\mathrm{i}}$ 为离子迁移率，$\mathrm{m^2/(V \cdot s)}$；$n_{\mathrm{e}}$ 为电子数密度，$\mathrm{m^{-3}}$；$n_{\mathrm{i}}$ 为离子数密度，$\mathrm{m^{-3}}$。

在直流输电线路合成电场作用下，山火中植被产生的电荷将沿着电场线运动形成离子流。山火中线路间隙电流密度 $J$ 和直流输电线路合成电场 $E$ 的关系可通过式(14-16)表示：

$$J = \delta E = eE\left(\mu_{\mathrm{e}} n_{\mathrm{e}} + \mu_{\mathrm{i}} n_{\mathrm{i}}\right) \tag{14-16}$$

山火中随着线路间隙温度的升高，电子迁移率逐渐升高。两者之间的关系可通过式(14-17)表示：

$$D_{\mathrm{e}} / \mu_{\mathrm{e}} = k_{\mathrm{B}} T_{\mathrm{e}} / e \tag{14-17}$$

式中，$D_{\mathrm{e}}$ 为电子扩散系数，$D_{\mathrm{e}} = 2.25 \times 10^{-6}\ \mathrm{m^2/s}$。

### 14.2.3　固体颗粒物致线路跳闸的作用机理

植被枝叶在燃烧过程中会产生尺寸较大的针状颗粒，当这些针状颗粒进入线路间隙强电场区域时，颗粒表面会吸附电离产生的电荷发生放电，同时颗粒尖端会使背景电场产生畸变。大量固体颗粒沿电场线运动形成颗粒链并短接大部分线路间隙。如果山火中颗粒周围场强高于气体临界击穿场强，那么颗粒与颗粒间、颗粒与高压电极间的间隙就会被击穿。

为了简化计算，本节通过分析球形和椭球形颗粒来研究针状颗粒对电场畸变的影响，在无颗粒时的均匀电场 $\bar{E}$ 中，球形颗粒附近感应的最大电场强度 $E_{\max}$ 为

$$E_{\max} = \bar{E} \frac{3\varepsilon_1}{2\varepsilon_2 + \varepsilon_1} \tag{14-18}$$

椭球形颗粒附近感应的最大电场强度 $E_{\max}$ 为

$$E_{\max} = \bar{E} \frac{\varepsilon_1 \varepsilon_2 \left(a_1 + a_2\right)}{\varepsilon_2 a_1 + \varepsilon_1 a_2} \tag{14-19}$$

式中，$\bar{E}$ 为背景电场强度，V/m；$\varepsilon_1$、$\varepsilon_2$ 为颗粒的介电常数和介质的介电常数；$a_1$、$a_2$ 为椭球的长轴长和短轴长，mm。

## 14.3　特高压直流输电线路合成电场计算方法

特高压直流输电线路在发生电晕放电时，正极导线附近容易构成极性为正的电晕区域，负极导线附近容易构成极性为负的电晕区域，正负极之间区域形成复合区。复合区同时散布着正负空间电荷，这些空间电荷一部分在复合区不断地彼此复合，或者附着在颗粒物表面，使颗粒物荷电；另一部分空间电荷则进入正负极性电晕区域中，减弱屏蔽效应，增强电离过程，从而使空间电场增强。线路下方的动植物接触到带电颗粒物或者截获离子流时都可能发生暂态电击。±800kV输电线路电磁环境问题的重点研究内容为电晕现象及合成电场效应。长期以来，国内外研究人员针对直流输电线路合成电场的计算提出了多种方法，概括起来主要有解析法、半经验公式法和有限元法三种基本计算方法。

1）解析法

20 世纪 30 年代，Deutsch 在研究导线-平行平面电极结构的导线电晕损耗时，提出了空间电荷的存在只影响电场强度的大小而不影响其方向的假设，该假设即 Deutsch 假设。Popkov、Felici 等对 Deutsch 假设进行了较为详细的分析和修改。在此基础上，Sarma 等又补充了 Deutsch 假设的计算方法，并利用实测数据验证了该方法的有效性。中国电力科学研究院根据 Sarma 方法计算了直流输电线路地面场强和离子流密度，并与输电线路试验结果进行了对比，两者结果也基本相同。下面简单叙述 Sarma 等采用的计算方法（以单极线路为例）。

基本简化假设：

（1）起晕后导线表面场强值保持起晕场强值；

（2）电场强度的大小受空间电荷的影响，电场强度的方向不受空间电荷的影响（Deutsch 假设）；

（3）假设离子迁移率为常数、不考虑离子扩散的影响。

当线路结构及尺寸确定后，合成电场强度 $E_s$、空间电荷密度 $\rho$ 和离子流密度 $J$ 满足式（14-20）～式（14-22）：

$$\nabla \cdot E_s = \rho / \varepsilon_0 \tag{14-20}$$

$$J = K\rho E_s \tag{14-21}$$

$$\nabla \cdot J = 0 \tag{14-22}$$

对式（14-20）～式（14-22）求解可得

$$E_s \cdot \nabla(\nabla \cdot E_s) + (\nabla \cdot E_s)^2 = 0 \tag{14-23}$$

采用镜像法可求出标称电场 $E_1$。由假设(1)可得

$$E_s = AE \tag{14-24}$$

式中，$A$ 为导线单位长度的表面积。由式(14-24)可知，$E_s$ 可由 $A$ 求得。根据式(14-21)、式(14-22)和式(14-24)可进一步得

$$E \cdot \nabla(A\rho) = 0 \tag{14-25}$$

当空间电荷不存在时，在任意一条电场线上，$A\rho$ 之积为一个常数，即

$$A\rho = A_e \rho_e \tag{14-26}$$

再根据式(14-24)、$\nabla \cdot E = 0$ 和式(14-20)，可得

$$\nabla \cdot E_s = E \cdot \nabla A = \rho / \varepsilon_0 \tag{14-27}$$

将 $E = -\mathrm{d}\phi / \mathrm{d}l$ 和求得的 $\rho$ 带入式(14-27)，可得

$$A\mathrm{d}A = -\frac{\rho_e A_e}{\varepsilon_0} \frac{\mathrm{d}\phi}{E^2} \tag{14-28}$$

对式(14-28)进行积分并整理，便可求得 $A$ 的函数：

$$A^2 = A_e^{\ 2} = -\frac{2\rho_e A_e}{\varepsilon_0} \int_{\phi_1}^{V} \frac{\mathrm{d}\phi}{E^2} \tag{14-29}$$

将式(14-21)和式(14-22)进行联立求解，可以得出 $\nabla \cdot E = -E \cdot \nabla \rho / \rho$，再将其代入式(14-20)，沿电场线可得 $\mathrm{d}\rho / \rho^2 = \mathrm{d}l / (\varepsilon_0 E_s)$。根据 $E = -\mathrm{d}\phi / \mathrm{d}l$ 及式(14-26)便可推出 $\rho$ 的计算式：

$$\frac{1}{\rho^2} = \frac{1}{\rho_e^{\ 2}} + \frac{2}{\varepsilon_0 \rho_e A_e} \int_{\phi_1}^{V} \frac{\mathrm{d}\phi}{E^2} \tag{14-30}$$

求得沿无空间电荷的电场线的 $A$ 和 $\rho$ 后，即可求解出合成场强 $E$ 及离子流密度 $J$。

2) 半经验公式法

美国电力研究协会认为±800kV 输电线路附近电场存在两种极限状态：一是没有发生电晕时，仅在导线上施加电压生成的标称电场；二是导线表面电压高于起晕电压且达到饱和电晕时，仅由空间电荷确定的电场(饱和电晕电场)。美国电力研究协会认为通常线路电晕放电产生的合成电场处于标称电场和饱和电晕电场两种极限状态之间。标称电场即通常所说的静电场，忽略输电线路电晕放电对静电场的影响，可通过解析法进行求解；饱和电晕电场即线路产生了极为严重的电晕放电，而

且电晕达到饱和状态时，可采取查阅曲线的方法求解。计算正常运行条件下，特高压直流输电线路线下空间电场和离子流密度分布时，首先应计算出标称电场和饱和电晕电场状态下的离子流密度分布及电场分布，并由此依照大量模拟试验数据总结的公式，采用曲线插值的方法计算两种极限状态之间所求量的分布情况。目前，我国已采取该方式对不同线路结构的电磁环境进行了计算，具体计算过程如下：

(1) 计算出标称电场 $E_1$、导线表面最大场强 $g_{\max}$ 和导线起晕场强 $g_0$。导线起晕电压可通过式(14-31)进行计算：

$$V_0 = V \cdot \frac{g_0}{g_{\max}} \tag{14-31}$$

(2) 饱和电晕时电场强度归一化曲线如图 14-2 所示。根据该曲线读出相应的函数 $F(x) = \dfrac{E_d \cdot H}{V}$。线路走廊以外的饱和电晕电场可通过式(14-32)进行计算：

$$E_d = 1.46\left(1 - e^{-2.5P/H}\right) \cdot e^{-0.7P(x-P)/H} \cdot \frac{V}{H} \tag{14-32}$$

式中，$V$ 为导向电压，V；$H$ 为导线离地高度，m；$P$ 为气压。

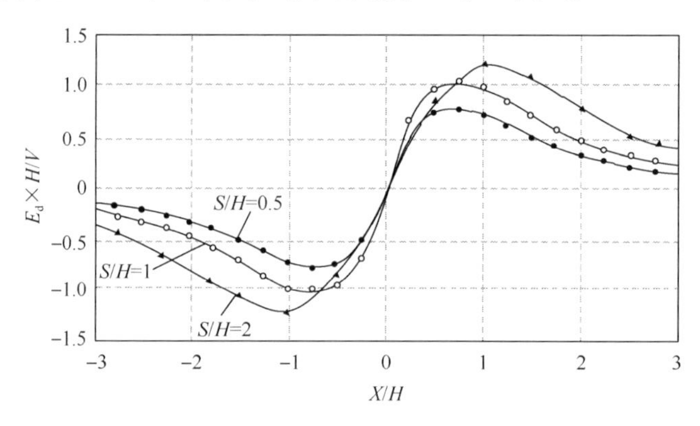


图 14-2 地面归一化电场强度水平分布曲线

$H$ 为导线距地面高度；$S$ 为导线弧长

(3) 当线路间隙存在空间电荷时，地面任意一点的合成电场 $E_s$ 可通过式(14-33)求得

$$E_s = \frac{V}{H} F(x) \left\{ 1 - \left[ K_e \cdot \frac{V_0}{V} \left( 1 - \frac{E \cdot H}{V \cdot F(x)} \right) \right] \right\} \tag{14-33}$$

式中，$K_e$ 为系数；$V_0$ 为导线起晕电压。

根据式 $H/2R_{eq}$ 和 $V/V_0$，$K_e$ 的值可根据图 14-3 起晕后地面电场强度的设计曲线读出(其中 $K_e=f(V/V_0)$)。

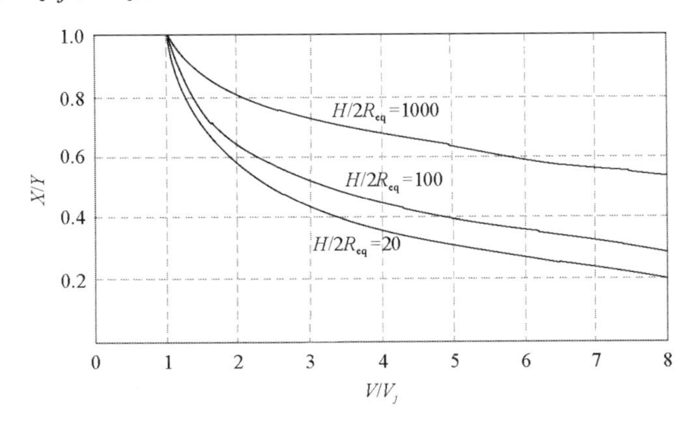


图 14-3　起晕后地面电场强度设计曲线

3) 有限元法

有限元法需要对大量的离散点进行迭代计算。20 世纪，计算机技术不够成熟，并且迭代过程中电荷初始值较难选择，因此产生了计算结果不收敛的缺陷。近年来，由于世界科技的快速发展，研究人员有效地解决了计算机存储容量和计算速度不足的问题；针对初值选择困难这一问题，20 世纪 80 年代，Takuma 等[24]首先提出了根据逆流差分的原理求解空间电荷密度的上流有限元法。随后，Takuma 等[24]进一步完善了上流有限元法的稳定性，使其能够快速、准确地求解直流输电线路合成电场。

有限元法计算双极直流输电线路合成电场的计算方程见式(14-34)～式(14-41)。

$$\nabla \cdot \bar{E} = \left(q_{\rm p} - q_{\rm n}\right) / \varepsilon_0 \tag{14-34}$$

$$\nabla \cdot \bar{J}_{\rm p} = -R_{\rm i} q_{\rm p} q_{\rm n} / q_{\rm e} \tag{14-35}$$

$$\nabla \cdot \bar{J}_{\rm n} = R_{\rm i} q_{\rm p} q_{\rm n} / q_{\rm e} \tag{14-36}$$

$$\bar{J}_{\rm p} = M_{\rm p} q_{\rm p} \bar{E} - D_{\rm p} \nabla q_{\rm p} + \bar{W} q_{\rm p} \tag{14-37}$$

$$\bar{J}_{\rm n} = M_{\rm n} q_{\rm n} \bar{E} - D_{\rm n} \nabla q_{\rm n} + \bar{W} q_{\rm n} \tag{14-38}$$

$$\bar{J} = \bar{J}_{\rm p} + \bar{J}_{\rm n} \tag{14-39}$$

$$\nabla \cdot \bar{J} = 0 \tag{14-40}$$

$$\bar{E}_0 = -\nabla U \tag{14-41}$$

式中，$\bar{E}$为计算点的电场强度，V/m；$\varepsilon_0$为真空介电常数，F/m；$q_p$、$q_n$为正、负电荷空间密度，C/m$^3$；$q_e$为电子的电荷量，$q_e = 1.602\times10^{-19}$ C；$\bar{J}_p$、$\bar{J}_n$为正、负电流密度，A/m$^2$；$M_p$、$M_n$为正、负离子迁移率，$M_p = 1.5\times10^{-4}$ m$^2$/(V·s)，$M_n = 1.9\times10^{-4}$ m$^2$/(V·s)；$D_p$、$D_n$为正、负离子扩散系数，$D_p = 3.8\times10^{-6}$ m$^2$/s，$D_n = 4.2\times10^{-6}$ m$^2$/s；$R_i$为离子复合率，m$^3$/s；$\bar{W}$为风速，m/s；$U$为线路运行电压，V。

## 14.4 本 章 小 结

本章通过分析山火引发输电线路跳闸的机理及合成电场的计算方法得到以下结论：

(1) 植被燃烧过程中产生的高温环境导致火焰中气体密度降低，从而导致线路击穿电压降低。植被燃烧产生的高温环境为火焰中电荷密度的增加提供了大量能量。植被燃烧产生的固体颗粒物在火焰高温与热浮力共同作用下，被抬升到强电场区域并触发放电。

(2) 植被本身含有大量碱金属盐。植被燃烧过程中碱金属热游离和碰撞电离会导致大量带电粒子进入线路间隙，增大线路间隙的电荷密度。火焰中电荷密度的增加即电导率的增加，这会进一步导致线路间隙电场强度的增强，使线路间隙更容易被击穿。同时，大量离子使火焰本身呈现弱等离子体性质，也会降低火焰与线路间隙桥接时的电场，导致整个间隙被击穿。

(3) 植被枝叶在燃烧过程中会产生尺寸较大的针状颗粒，当这些针状颗粒进入线路间隙强电场区域时，颗粒表面会吸附电离产生的电荷发生放电，同时颗粒尖端会使背景电场产生畸变。大量固体颗粒沿电场线运动形成颗粒链并短接大部分线路间隙。如果山火中颗粒周围场强高于气体的临界击穿场强，那么颗粒与颗粒间、颗粒与高压电极间的间隙就会被击穿。

(4) 特高压直流输电线路合成电场是由直流电压产生的标称电场和空间离子流产生的附加电场叠加而成的。计算直流输电线路合成电场的数学模型中，采用电流连续性方程与泊松方程对线路中的离子流场进行描绘，通过反复迭代的方式对输电线路合成电场进行求解。

# 第 15 章　建立山火条件下直流线路合成电场数学模型

## 15.1　引　　言

本章引入火焰温度、火焰中电荷密度两种对特高压直流输电线路合成电场有主要影响的因素，推导火焰温度、电荷密度与直流输电线路合成电场的数学联系，建立山火条件下特高压直流输电线路合成电场的非线性数学模型，利用 MATLAB 软件，实现对数学模型的求解，最后采用实测数据对数学模型进行验证，实现对山火条件下特高压直流输电线路跳闸时电场强度的精确计算。

## 15.2　山火条件下直流输电线路合成电场计算方法

### 15.2.1　建立山火条件下直流线路合成电场数学模型

本章建立的数学模型综合考虑了火源植被不同、温度变化、火焰中电荷密度变化等多种因素，能够准确计算输电线路走廊发生山火时是否会引发输电线路跳闸，在架空输电线路设计时，为架空输电线路走廊、导线对地安全距离、导线分裂数、导线分裂间距的设计提供依据。

山火条件下特高压直流输电线路电场强度急剧升高是火焰温度、火焰中高电荷密度以及燃烧产生的颗粒物等共同作用的结果。其中，植被燃烧产生的固体颗粒物仅对背景电场起到畸变以及短接线路间隙的作用。因此，本章在建立山火条件下特高压直流输电线路合成电场的数学模型时，忽略固体颗粒物对电场畸变的影响。

通过将特高压直流输电线路因电晕放电产生的电荷与山火中植被燃烧产生的电荷进行叠加，得到山火中电荷密度为 $Q_{\mathrm{p}} = q_{\mathrm{p}} + q_{\mathrm{e}} n_{\mathrm{i}}$，负离子浓度为 $Q_{\mathrm{n}} = q_{\mathrm{n}} + q_{\mathrm{e}} n_{\mathrm{e}} + q_{\mathrm{e}} n_{\mathrm{i}}$。将叠加后的正负离子浓度引入有限元法求解特高压直流输电线路合成电场的基本公式中，得到山火条件下合成电场计算模型为式(15-1)～式(15-8)：

$$\nabla \cdot \bar{E} = (Q_{\mathrm{p}} - Q_{\mathrm{n}}) / \varepsilon_0 \tag{15-1}$$

$$\nabla \cdot \bar{J}_{\mathrm{p}} = -R_{\mathrm{i}} Q_{\mathrm{p}} Q_{\mathrm{n}} / q_{\mathrm{e}} \tag{15-2}$$

$$\nabla \cdot \bar{J}_{\mathrm{n}} = R_{\mathrm{i}} Q_{\mathrm{p}} Q_{\mathrm{n}} / q_{\mathrm{e}} \tag{15-3}$$

$$\bar{J}_{\mathrm{p}} = M_{\mathrm{p}} Q_{\mathrm{p}} \bar{E} - D_{\mathrm{p}} \nabla Q_{\mathrm{p}} + \bar{W} Q_{\mathrm{p}} + \delta \bar{E} \tag{15-4}$$

$$\bar{J}_{\mathrm{n}} = M_{\mathrm{n}} Q_{\mathrm{n}} \bar{E} - D_{\mathrm{n}} \nabla Q_{\mathrm{n}} + \bar{W} Q_{\mathrm{n}} + \delta \bar{E} \tag{15-5}$$

$$\bar{J} = \bar{J}_{\mathrm{p}} + \bar{J}_{\mathrm{n}} \tag{15-6}$$

$$\nabla \cdot \bar{J} = 0 \tag{15-7}$$

$$\bar{E} = -\nabla \phi \tag{15-8}$$

式中，$\bar{E}$ 为背景场强，V/m；$Q_{\mathrm{p}}$ 、$Q_{\mathrm{n}}$ 为山火条件下正、负电荷密度，C/m$^3$；$\phi$ 为电位，V。

上述推导中用到的矢量关系式有

$$\nabla \phi = \bar{a}_x \frac{\partial u}{\partial x} + \bar{a}_y \frac{\partial u}{\partial y} + \bar{a}_z \frac{\partial u}{\partial z}$$

$$\nabla \bar{D} = \frac{\partial D_x}{\partial x} + \frac{\partial D_y}{\partial y} + \frac{\partial D_z}{\partial z}$$

$$\nabla \cdot \nabla \phi = \frac{\partial^2 u}{\partial x^2} + \frac{\partial^2 u}{\partial y^2}$$

$$\nabla \cdot \nabla q = \frac{\partial u}{\partial x}\frac{\partial q}{\partial x} + \frac{\partial u}{\partial y}\frac{\partial q}{\partial y}$$

$$\nabla \cdot (q\bar{E}) = \bar{E} \cdot \nabla q + q \nabla \cdot \bar{E}$$

式(15-1)～式(15-8)即山火条件下特高压直流输电线路合成电场的数学模型。该数学模型将导线电晕产生的空间电荷与植被燃烧产生的空间电荷进行综合研究，同时将线路本身产生的电流密度与植被燃烧产生的电流密度进行叠加计算；另外，该数学模型中的 $\delta$（电导率）是与植被燃烧温度和电荷密度相关的一项。因此，本节所建立的数学模型充分考虑了山火中植被燃烧产生的高温与高电荷密度两种重要因素。

数学模型中式(15-1)表示的是高斯定理，当将植被燃烧产生的电荷与导线电晕产生的电荷加入等号右侧时，可将其表示为 $(Q_{\mathrm{p}}-Q_{\mathrm{n}})/\varepsilon_0$。从宏观上看，在计算合成电场时电荷在空间中是稳定分布的；从微观上看，正、负离子都在不停地复合、扩散和沿电场线运动。该数学模型中的式(15-4)、式(15-5)描述的是直流输电线路正负极导线周围的电流密度，该数学模型详细地说明了电流密度与场致运动、电荷扩散运动、山火热浮力运动及风力吹动之间的关系。

### 15.2.2　基本假设及边界条件

为了简化计算，本章在计算过程中采取如下假设：

(1) 电荷均匀分布在导线四周；正极导线与地面之间只存在正电荷，负极导线与地面之间只存在负电荷。

(2) 不考虑空间电荷在线路间隙的扩散作用。

(3) 导线表面发生电离后，假设导线表面起晕场强值保持恒定。

(4) 假设导线周围电晕层厚度为零。

(5) 将三维问题的求解简化为二维问题的求解。

(6) 假设线路间隙正负离子迁移率为常数。

(7) 不考虑导线电晕的暂态过程。

本节采取如下边界条件对合成电场进行计算。

(1) 人工边界处电位：

$$\phi = U_{标称}$$

式中，$U_{标称}$为人工边界处的标称电位，V。

直流导线表面电位：

$$\phi = \pm U$$

式中，$\pm U$ 为导线正、负极运行电压，V。

地面处电位：

$$\phi = 0$$

(2) 直流导线表面电场：

$$\partial \phi / \partial n = E_{on\pm}$$

式中，$E_{on\pm}$ 为导线正、负极起晕场强，V/m。

(3) 直流导线表面电荷：

$$q = q_{导}$$

式中，$q_{导}$ 为导线表面电荷浓度，$C/m^3$。

### 15.2.3　推导计算模型

将式(15-8)代入式(15-1)则有

$$-\nabla \cdot \nabla \phi = (Q_{\mathrm{p}} - Q_{\mathrm{n}}) / \varepsilon_0 \tag{15-9}$$

或

$$-\nabla \cdot \nabla \phi - \frac{Q_{\mathrm{p}}}{\varepsilon_0} + \frac{Q_{\mathrm{n}}}{\varepsilon_0} = 0 \tag{15-10}$$

将式(15-4)代入式(15-2)有

$$M_{\mathrm{p}} \bar{E} \cdot \nabla Q_{\mathrm{p}} + M_{\mathrm{p}} Q_{\mathrm{p}} \nabla \bar{E} - D_{\mathrm{p}} \nabla \cdot \nabla Q_{\mathrm{p}} + \overline{W} \cdot \nabla Q_{\mathrm{p}} + Q_{\mathrm{p}} \nabla \cdot \overline{W} + \bar{E} \cdot \nabla \delta + \delta \nabla \cdot \bar{E} = -R_{\mathrm{i}} Q_{\mathrm{p}} Q_{\mathrm{n}} / q_{\mathrm{e}} \tag{15-11}$$

将式(15-10)代入式(15-11)中，通过上述矢量关系式对数学模型进行进一步推导，并将推导结果整理成可以套用 MATLAB 程序的形式：

$$\begin{aligned} & -\nabla \cdot (\nabla \delta) - \nabla \cdot (D_{\mathrm{p}} \nabla Q_{\mathrm{p}}) + \left[ \frac{M_{\mathrm{p}} Q_{\mathrm{p}}}{\varepsilon_0} + \left( \frac{R_{\mathrm{i}}}{q_{\mathrm{e}}} - \frac{M_{\mathrm{p}}}{\varepsilon_0} \right) \right] Q_{\mathrm{p}} \\ & = \left( M_{\mathrm{p}} \frac{\partial u}{\partial x} - \overline{W} \right) \frac{\partial Q_{\mathrm{p}}}{\partial x} + M_{\mathrm{p}} \frac{\partial u}{\partial y} \frac{\partial Q_{\mathrm{p}}}{\partial y} + \frac{\partial u}{\partial x} \frac{\partial \delta}{\partial x} + \frac{\partial u}{\partial y} \frac{\partial \delta}{\partial y} \end{aligned} \tag{15-12}$$

可得

$$\begin{aligned} & -\nabla \cdot (\nabla \delta) - \nabla \cdot (D_{\mathrm{n}} \nabla Q_{\mathrm{n}}) + \left[ \frac{M_{\mathrm{n}} Q_{\mathrm{n}}}{\varepsilon_0} + \left( \frac{R_{\mathrm{i}}}{q_{\mathrm{e}}} - \frac{M_{\mathrm{n}}}{\varepsilon_0} \right) \right] Q_{\mathrm{n}} \\ & = \left( M_{\mathrm{n}} \frac{\partial u}{\partial x} - \overline{W} \right) \frac{\partial Q_{\mathrm{n}}}{\partial x} + M_{\mathrm{n}} \frac{\partial u}{\partial y} \frac{\partial Q_{\mathrm{n}}}{\partial y} + \frac{\partial u}{\partial x} \frac{\partial \delta}{\partial x} + \frac{\partial u}{\partial y} \frac{\partial \delta}{\partial y} \end{aligned} \tag{15-13}$$

式中，$u$ 为空间中任一点在 $x$、$y$、$z$ 方向上的电位。

式(15-10)、式(15-12)、式(15-13)构成了互相耦合的二阶非线性偏微分方程，该方程不能采用解析法进行计算求解，只能采用数值计算方法求解，通过线路具体的几何结构参数及相应的边界条件求解出其近似解。

### 15.2.4 合成电场计算流程

合成电场的计算模型中式(15-12)、式(15-13)表示的是电流连续性方程，式(15-10)表示的是泊松方程。联立求解式(15-10)、式(15-12)、式(15-13)时，将山火条件下导线起晕场强等于表面场强作为电位的边界条件。本书采用拉普拉斯方程求解初始电荷分布，通过泊松方程求解修正电荷幅值，并利用电流连续性方程对修正电荷的分布进行反复迭代求解。所求解结果即山火作用下直流输电线路的合成电场。合成电场计算流程图如图 15-1 所示。

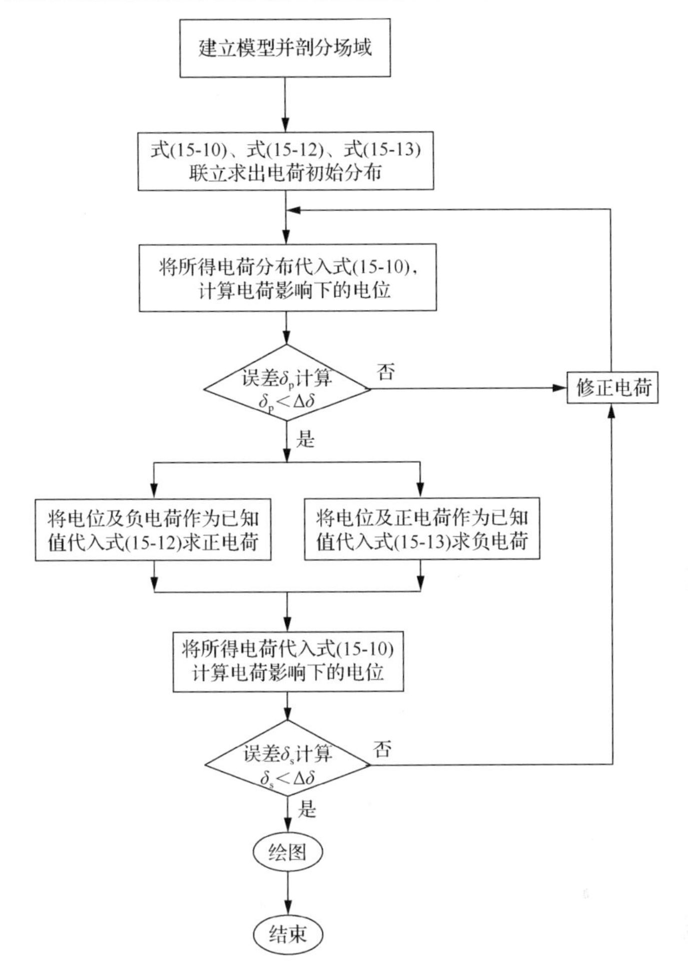


图 15-1　合成电场计算流程图

通过数学模型中的电流连续性方程以及泊松方程，反复迭代计算，可求解空间电荷的分布以及修正电荷的幅值，最终得到空间电荷密度的分布和直流输电线路合成电场的解，并且所求解要符合原方程的要求，具体计算过程如下。

(1) 在直流导线周围确定一个封闭的二维计算场域，采用三角形单元将计算场域剖分成大量离散体系。

(2) 采用拉普拉斯分布求解域内电荷分布。

(3) 设定电荷分布的初始值，各节点处空间电荷产生的电位分量通过式(15-10)计算求解；并使网格各节点的电荷密度符合相对误差 $\delta_p$ 的要求。

(4) 通过反复迭代计算式(15-12)和(15-13)，当各极导线表面的空间电荷密度值满足相对误差 $\delta_s$ 的要求时，得到满足电流连续性方程和泊松方程的合成电场及空间电荷密度分布的唯一解。

迭代求解过程中，单元各个节点处的空间电荷密度值应满足相对误差$\delta_p$＜1%的要求；导线表面位置的空间电荷密度值应满足相对误差$\delta_s$＜1%的要求。

计算约束的判据是

$$\begin{cases}(E_{\max}-E_0)/E_0<\delta_p \\ \left|\rho_n{}^{(i)}-\rho_{n-1}{}^{(i)}\right|/\rho_{n-1}{}^{(i)}<\delta_s, \quad i=1,2,\cdots,N\end{cases} \tag{15-14}$$

式中，$E_{\max}$为导线表面最大电场强度，V/m；$\rho_{n-1}{}^{(i)}$为第$i$个节点第$n$–1次迭代求得的电荷密度，C/m³；$\rho_n{}^{(i)}$为第$i$个节点第$n$次迭代求得的电荷密度，C/m³；$\delta_p$为各个节点的空间电荷密度值的相对误差，一般情况下$\delta_p$＜1%；$\delta_s$为导线表面的空间电荷密度值的相对误差，一般情况下$\delta_s$＜1%；$N$为节点总个数。

## 15.3　验证计算方法正确性

本节根据美国高压输电研究中心对一条±400kV输电线路为期6个月的实测数据，对计算方法的正确性进行验证。文献中导线采用双分裂方式，导线对地距离为10.7m，导线分裂间距为0.457m，子导线直径为0.0382m，正负极间距离为12.2m。根据公式设置导线表面粗糙度系数为0.47，计算导线起晕场强为17.1kV/cm，环境温度取20℃，标准大气压下空气相对密度取值为1[24]。通过对该条直流线路结构进行计算，并与文献中实测数据进行对比，合成电场的计算值与实测均值对比情况如表15-1所示。电场强度实测均值是6个月测量的统计数据。通过计算4种不同结构线路合成电场并与实测值进行对比得到，计算值与实测均值吻合度较高，并且两者误差范围在5%～10%，证明了计算方法的正确性。

**表15-1　合成电场计算值与实测值对比结果**

| 线路 | 极间距/m | 导线对地高度/m | 场强实测均值/(kV/m) | 场强计算值/(kV/m) | 误差/% |
|---|---|---|---|---|---|
| 1 | 12.2 | 15.2 | 13.5 | 14.8 | 9.6 |
| 2 | 9.15 | 10.7 | 21.3 | 22.7 | 6.6 |
| 3 | 15.2 | 10.7 | 22.7 | 23.9 | 5.3 |
| 4 | 9.15 | 15.2 | 14.0 | 15.1 | 7.9 |

## 15.4　分析计算结果

本节以云广±800kV特高压双极输电线路为计算对象，该线路详细几何参数如表15-2所示，根据该线路几何参数，采用MATLAB软件计算出云广±800kV

特高压双极输电线路电压及电场分布云图，如图 15-2 和图 15-4 所示；导线水平中心线处电压变化曲线以及导线下方 18m 处地面合成电场变化曲线如图 15-3 和图 15-5 所示。

**表 15-2　±800kV 输电线路计算参数**

| 参数 | 导线型号 | 正负极电压/kV | 对地高度/m | 极间距/m | 分裂间距/cm | 分裂导线半径/cm |
| --- | --- | --- | --- | --- | --- | --- |
| 数值 | LGJ-630/45 | 800 | 18 | 22 | 45 | 1.68 |

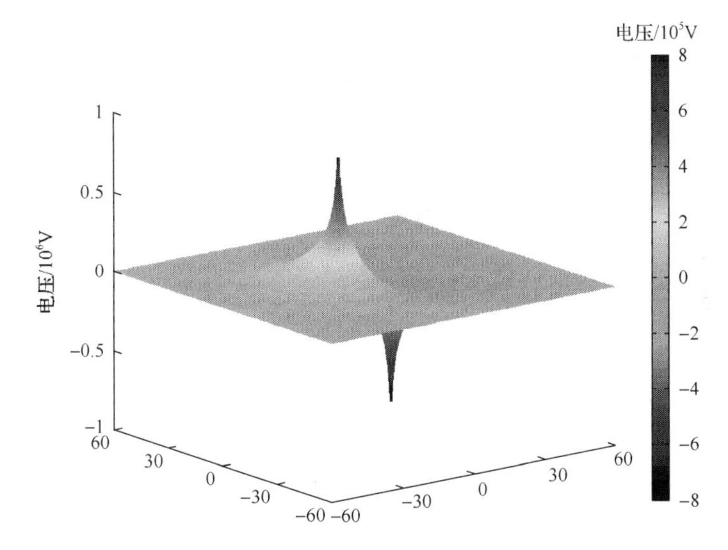


图 15-2　±800kV 输电线路电压分布云图

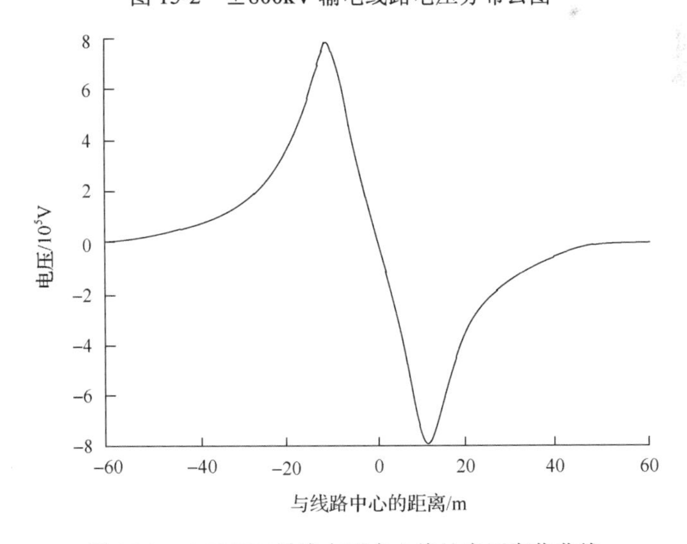


图 15-3　±800kV 导线水平中心线处电压变化曲线

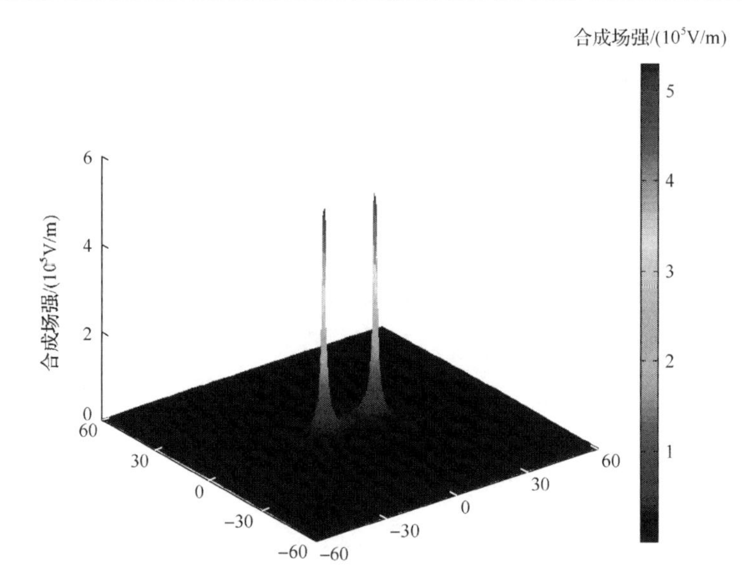


图 15-4　±800kV 线路合成电场分布云图

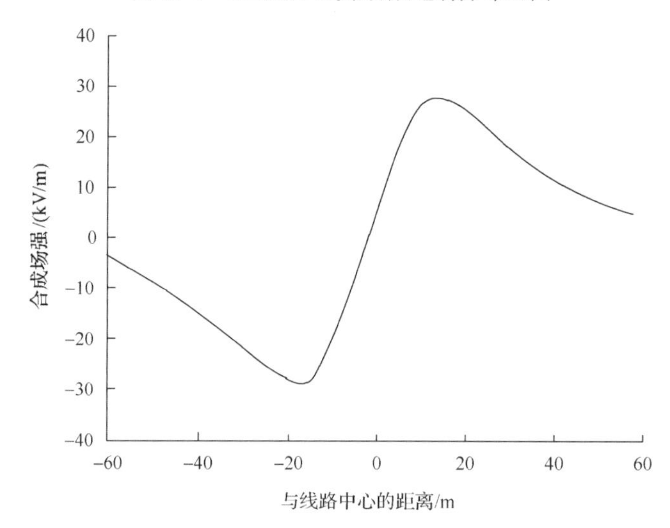


图 15-5　±800kV 线路地面合成场强变化曲线

图 15-2 和图 15-3 为采用 MATLAB 软件计算的正常运行条件下±800kV 输电线路电压分布情况及导线水平中心线处电压变化曲线。由图 15-2 和图 15-3 可以看出，导线表面处电压为±800kV，随着与导线距离的增加，电压水平显著降低，在计算边界处电压降至 0V，在正负极导线水平连线中心处电压值也为 0V。

图 15-4 为采用 MATLAB 软件计算的正常运行条件下，±800kV 输电线路合成电场分布云图。由图 15-4 可以看出，正常运行条件下，特高压直流输电线路合成场强最大值出现在导线表面，为 27kV/cm，随着与导线距离的增加，输电线路

合成场强逐渐降低。由图 15-5 可以看出，特高压直流输电线路地面合成场强最大值为 26kV/m，地面合成场强最大值出现在输电线路各极导线正下方。

采用 MATLAB 软件计算的山火条件下，云广±800kV 特高压双极输电线路合成电场计算结果见图 15-6。山火条件下，火焰中电荷密度为 $10^{14}m^{-3}$，火焰温度为 800℃，不考虑火焰中颗粒物对背景电场畸变的影响。

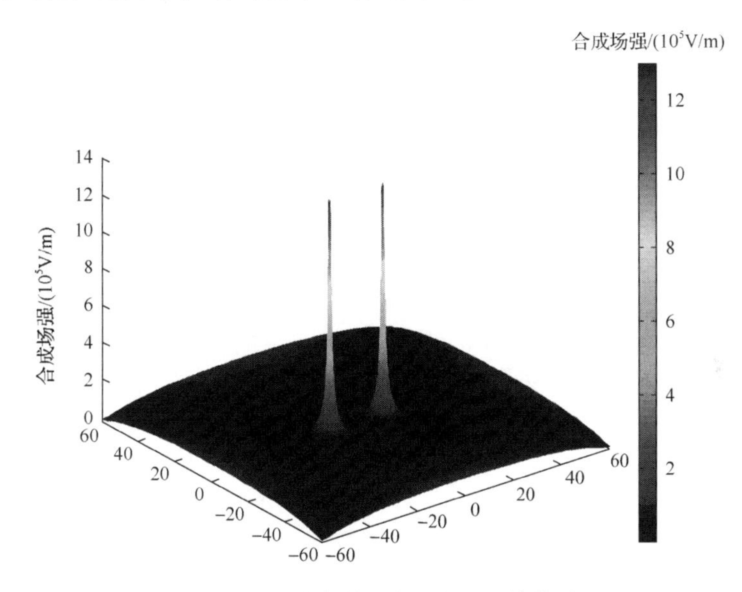


图 15-6　山火条件下合成电场计算结果

由图 15-6 的计算结果可知，山火条件下地面合成场强最大值为 1024kV/m，导线下方 400mm 位置处场强值为 137kV/m；正常运行条件下，线路地面合成场强最大值为 26kV/m，由此可知，山火条件下线路地面合成场强可达到正常运行条件下的 39 倍。因此，山火严重威胁着输电线路的安全稳定运行。

## 15.5　本 章 小 结

通过引入火焰温度、火焰中电荷密度两种对特高压直流输电线路合成电场有主要影响的因素，本章建立了山火条件下特高压直流输电线路合成电场的非线性数学模型，采用 MATLAB 软件，实现了对数学模型的求解，并通过对比分析得出以下结论：

(1) 为验证计算方法的正确性，本章对美国高压输电研究中心的一条±400kV 直流线路的合成电场进行计算，并与文献中实测数据进行对比。通过计算四种不同线路结构合成场强与实测结果进行相比可知，计算值与实测均值吻合度较高，并且两者误差范围在 5%～10%，证明了计算方法的正确性。

(2) 以云广±800kV 特高压双极输电线路为计算对象，采用 MATLAB 软件，计算出正常运行条件下，线路合成场强最大值为 27kV/cm，最大值出现在导线表面，随着与导线距离的增加，输电线路合成场强逐渐减小；线路地面合成场强最大值为 26kV/m，地面合成场强最大值出现在输电线路各极导线正下方。导线表面处电压为±800kV，随着与导线距离的增加，电压显著下降，在计算边界处电压降至 0V。

(3) 山火条件下，地面合成场强最大值为 1024kV/m，导线下方 400mm 位置处场强值为 137kV/m；正常运行条件下，线路地面合成场强最大值为 26kV/m。由上述结果可知，山火条件下输电线路地面合成场强可达到正常运行条件下的 39 倍。

# 第16章　火焰温度及电荷密度对合成电场影响仿真研究

## 16.1　引　　言

为进一步研究山火条件下火焰温度、火焰中电荷密度对特高压直流输电线路合成电场的影响，本章在电场理论的基础上，通过建立山火条件下特高压直流输电线路二维有限元分析模型，采用 Comsol 多物理场耦合仿真软件，仿真研究山火条件下火焰温度在350～800℃等梯度变化时，空气击穿场强随火焰温度的变化关系；山火条件下火焰中电荷密度在 $10^{13}$～$10^{16}m^{-3}$ 等梯度变化时，以及正负极导线下方间隙距离在 400mm、450mm、500mm、550mm、600mm 位置处变化时，导线周围合成场强仿真结果及地面合成场强仿真结果。

## 16.2　建立山火条件下直流线路合成电场仿真模型

本节根据实际特高压直流输电线路建立二维仿真模型。仿真模型中要忽略影响电场的次要因素，并着重突出影响电场的主要因素。因此，对仿真模型做以下简化处理。

(1) 假设导线无限长且与大地平行，导线对地高度取弧垂最低点到地面的垂直距离。

(2) 选择垂直于线路延伸方向并且导线对地距离最小的二维平面为计算平面。

(3) 不考虑铁塔、绝缘子串和金具等对导线起支撑作用的结构的影响。

(4) 忽略沿线电压降低的影响。

(5) 忽略导线档距、弧垂的影响，不考虑导线的端部效应。

根据以上五点假设可以得到如图 16-1 所示的输电线路三维几何模型。

根据导线的尺寸以及线路的几何结构参数，在输电线路三维几何模型的基础上建立一个封闭的二维几何模型，如图 16-2 所示。该几何模型考虑了山火稳定燃烧条件下，火焰中电荷密度增加、固体颗粒存在及颗粒物尺寸大小等因素对电场强度的影响，并且根据实际线路运行情况，在仿真模型中通过修改相应参数对这些可变因素进行控制。

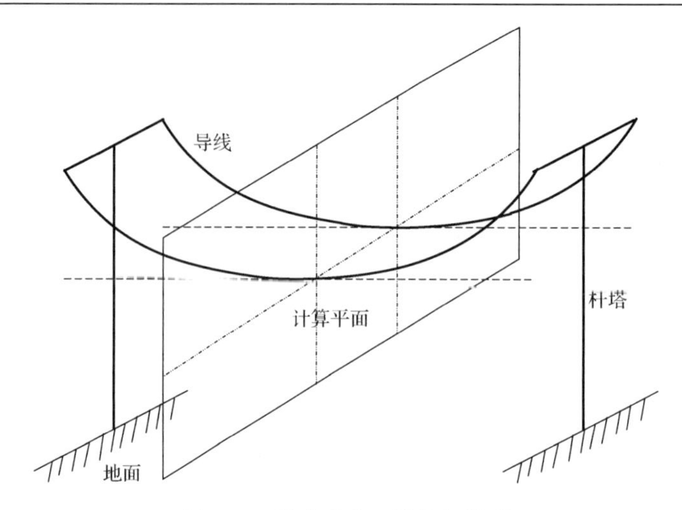


图 16-1　输电线路三维几何模型

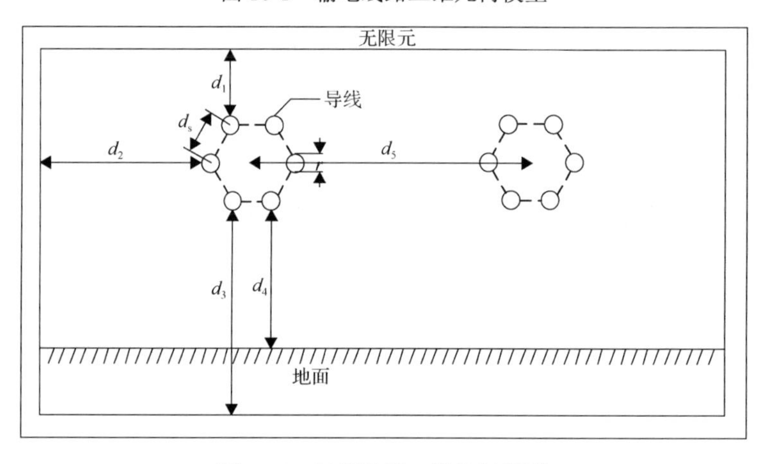


图 16-2　双极导线二维几何模型

图 16-2 中，$d_s$ 为导线分裂间距；$r$ 为子导线直径；$d_1$ 为导线到上边界距离；$d_2$ 为导线到左、右边界距离；$d_3$ 为导线到下边界距离；$d_4$ 为导线到地面距离；$d_5$ 为导线两极间距离。

本章以云广特高压双极直流输电线路为计算对象，根据图 16-2 中的云广特高压直流输电线路的几何结构参数，进一步建立双极直流输电线路的二维几何模型。二维几何模型采用矩形截面区域，在保证解的自由度不降低的前提下，求解区域的尺寸可适当降低，使求解更加准确。双极直流输电线路的几何模型如图 16-2 所示。为了更直观地了解几何模型的组成结构，在二维几何模型中将导线直径扩大 20 倍，导线分裂间距扩大 10 倍进行显示。该几何模型最外层为建立的无限元区域，该无限元区域相当于无限远处；中间层为求解域，所求合成电场在该区域显示；最内层为分裂导线包围的内部空气域。

# 16.3　确定计算场域边界条件及划分网格

## 16.3.1　确定边界条件

建立仿真计算模型时，将电场的无限场区简化为有限场区，即人为设定一条宽度为导线高度数倍的假想边界，以保证假想边界对求解场区内的电场具有较小的影响，同时假设在假想边界处电压及电场强度均为零。取双极直流导线到左、右边界的距离均为 60m，导线到上边界的距离为 5m，导线到下边界的距离为 22m，为计算场域的假想边界。

## 16.3.2　划分有限元网格

为了加快网格划分速度，在求解区域内采用三角形单元剖分法进行网格划分。为具有分布均衡的计算误差，本章采用自适应有限元技术，根据电场强度、电位值或误差值的大小指引求解场域的疏密剖分。自适应有限元技术可以有效地限制网格单元划分的大小以及剖分密度的分布，保证网格中每个单元的精度均与场域计算结果几乎相同。导线周围网格划分图如图 16-3 所示。从图 16-3 中可以明显

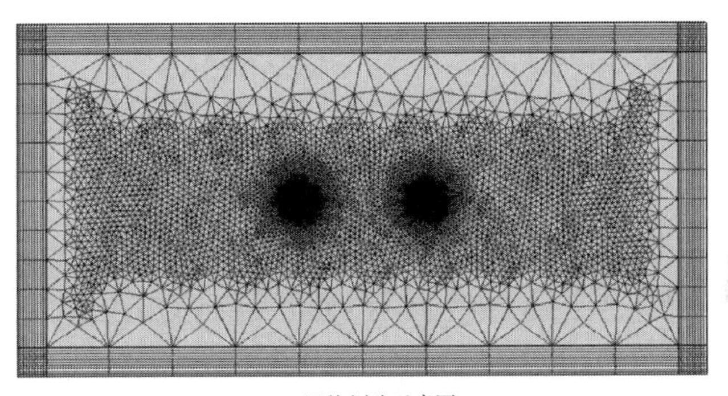

(a) 网格划分示意图

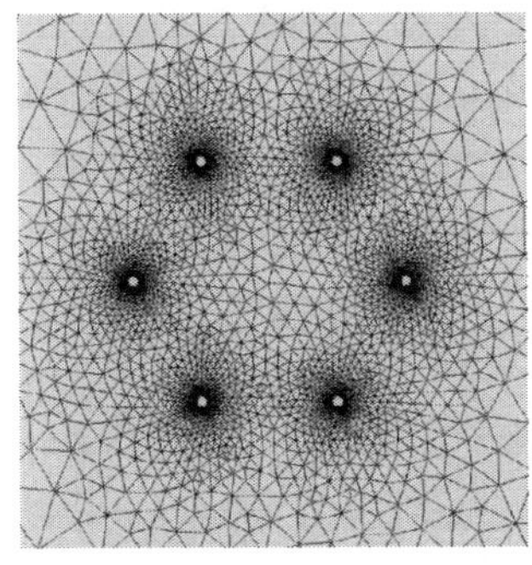

(b) 六分裂导线

(c) 子导线

图 16-3　导线周围网格划分图

看到，越靠近导线处网格划分得越密集，而距离导线周围较远区域网格划分得相对稀疏，符合有限元法划分网格的基本原则。

在仿真过程中为了提高计算精度，必须保证边界处电场强度为零。本章在求解域的最外层设置一层无限元区域，该无限元区域相当于实际输电线路的无限远处，在无限元边界处电场强度为零。因此，无限元区域的设置能更好地与实际输电线路相吻合。本章设置无限元区域长度为 5m，相当于实际输电线路的 5km。

## 16.4　验证仿真方法正确性

特高压直流输电线路正常运行情况下，地面合成场强实测值、计算值及仿真值三者之间的对比如图 16-4 所示。

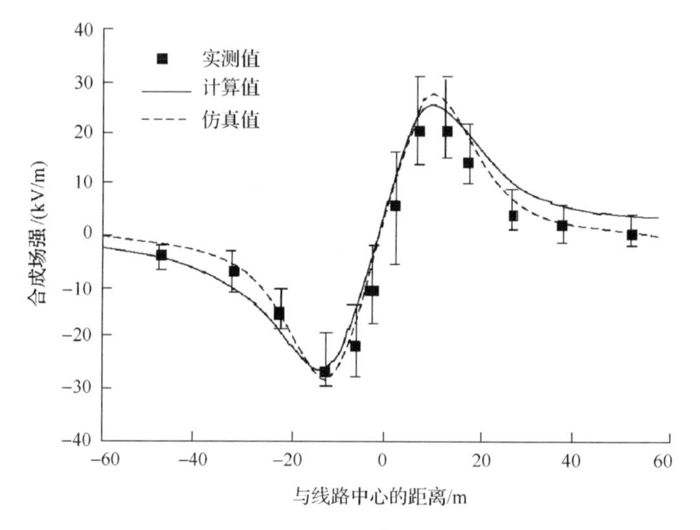


图 16-4　特高压直流输电线路地面合成场强对比图

由图 16-4 可以看出，采用 MATLAB 计算的结果与本章仿真值具有较高的吻合度，导线正下方地面合成场强仿真值略大于计算值，但随着与导线距离的增加，计算值略高于仿真值，但计算值与仿真值均在实测值范围之内，证明了仿真方法的正确性。

## 16.5　火焰温度及电荷密度对合成电场的影响仿真研究

山火中植被燃烧产生的火焰高温、高电荷密度、固体颗粒物等因素都会影响特高压直流输电线路的电场分布，分析这些影响因素的变化并找出与之相应的电场变化规律，对于准确分析山火对特高压直流输电线路电场的影响具有重要的实际意义。

国内特高压输电线路带电作业间隙操作冲击电压放电实验表明，最低点放电电压位于距离模拟导线 400mm 处。本章分别仿真研究了六分裂导线几何中心到距离导线 5m 处垂直方向上的合成电场、子导线中心线下方垂直方向上的合成电场以及子导线正下方垂直方向上的合成电场，仿真曲线图如图 16-5、图 16-6 所示。

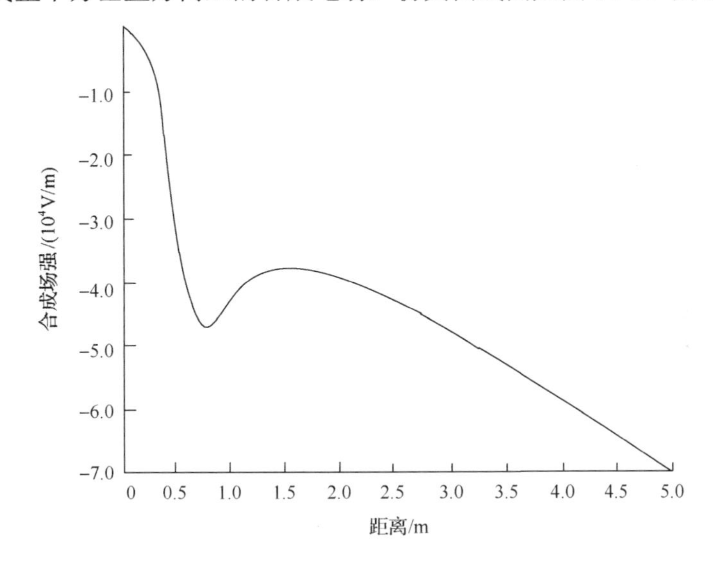


图 16-5　六分裂导线中心到距离导线 5m 处垂直方向上合成电场

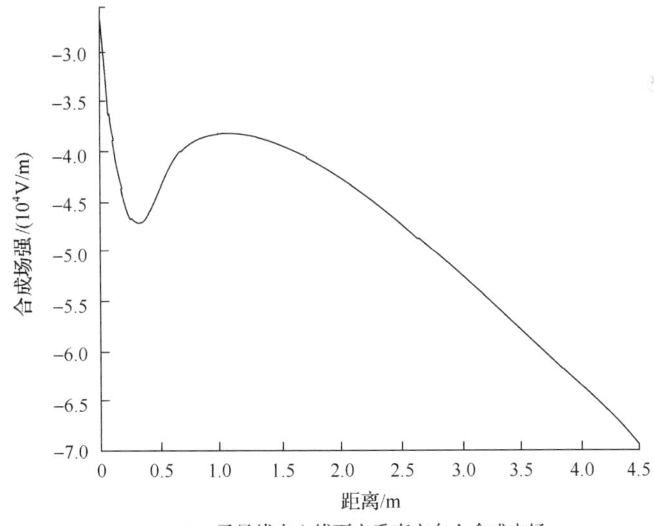


(a) 子导线中心线下方垂直方向上合成电场

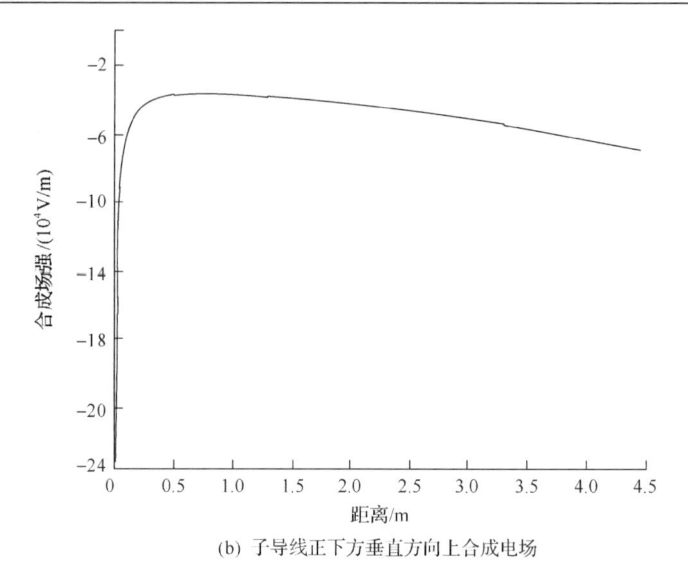


(b) 子导线正下方垂直方向上合成电场

图 16-6　子导线中心线及子导线正下方垂直方向上合成电场

由图 16-5 仿真结果可知，正常运行情况下，导线几何中心到距离导线 5m 处垂直方向上，合成电场先增加后减小，在距离分裂导线几何中心下方 800mm 位置处合成场强达到最大。因此，合成电场最大值位于导线下方约 400mm 位置处时，该仿真结果与实验结果一致。同时由图 16-6 可知，子导线正下方距离导线 400mm 位置处场强值为 41.1kV/m; 子导线中心线下方 400mm 位置处场强值为 46.1kV/m。因此，子导线中心线下方 400mm 位置处场强值明显高于子导线正下方处场强值，因而着重研究子导线中心线下方 400mm 位置处场强。

### 16.5.1　建立有限元温度场分析仿真模型

本节基于能量守恒原理(热能守恒原理)计算山火条件下火焰温度对输电线路合成电场的影响。特高压直流输电线路在运行时，由于线路走廊环境复杂，线路结构不规则变化，线路周围电压分布不均匀，容易在导线周围产生热量，这些热量不断向线路间隙及周围环境中传递。因此，输电线路在运行时存在发热和散热两种相互平衡的状态[25]。同时，绝缘介质自身的介质损耗与中心导线的欧姆发热产生的热量也会使线路温度升高，并通过空气流动散发到外界环境当中。当输电线路走廊发生山火时，植被与周围环境不断进行着热量交换，因此，在植被稳定燃烧后火焰形成的温度场与周围环境同样会达到一个相对平衡的状态。

山火条件下特高压直流输电线路中存在热传导、热对流和热辐射三种热传递方式。

(1)热传导：热量在两种不同的体系间传递的情况称为热传导。热传导是固态物质中传递热量的主要方式，在静态的液体或气体层中通过每一层来传递，在动态情况下热量传递与热量对流同时发生。在特高压直流输电线路中，只要存在温度梯度，就一定会产生热传导。

(2) 热对流：特高压直流输电线路在火焰高温作用下会产生不均匀的温度分布，导线附近与火焰外焰部分温度较高，火焰底部及地面部分温度较低。山火中火焰与导线之间的线路间隙温度会略低于导线附近及火焰外焰部分，所以周围空气受热后会上升产生热对流，同时底部空气受热上升会有新的空气进行补充，这就形成了流体的循环。山火条件下，特高压直流输电线路间隙空气与导线本身通过热对流进行热量的传递。

(3) 热辐射：所有物质将自身的热量以电磁能的形式向周围环境辐射，这种电磁能遇到其他物体并且被该物体吸收后转化为自身的能量。辐射的热量与物体本身所具有的温度高低相关。无论固体还是气体、液体都能发射能量。热辐射是物质本身特有的属性，该辐射以电磁波的形式与周围环境进行能量输送。

以上三种传热方式中热对流和热辐射两种形式以边界条件上的形式添加到各个边界处，根据能量守恒原理与热传导定律建立的基本热传导方程可以得到介质内部及两种介质之间的温度。由傅里叶定律可知，等温面上各个点的法线方向的空间温度变化率等于单位时间内通过等温面的热量之和，即

$$q = -\nabla T \tag{16-1}$$

式中，$q$ 为热流密度，$\mathrm{W/m^2}$；$\nabla$ 为微分算子。

根据能量守恒原理，热能的存储速度与热能传入物体中的速度、热能传出物体的速度之差相等，输电线路在柱坐标系中的温度分布 $T(r,z)$ 可以采用式(16-2)表示：

$$\frac{1}{r}\times\frac{\partial}{\partial r}\left(\lambda r\frac{\partial T}{\partial r}\right)+\frac{\partial}{\partial r}\left(\lambda\frac{\partial T}{\partial z}\right)+q_v=\rho c_p\frac{\partial T}{\partial t} \tag{16-2}$$

式中，$q_v$ 为单位体积热生成速率；$\rho$ 为介质密度，$\mathrm{g/cm^3}$；$c_p$ 为比定容热容，$\mathrm{J/(m^3\cdot K)}$；$\lambda$ 为系数。

通过对式(16-2)进行进一步求解，可以得出山火条件下特高压直流输电线路周围温度场的分布形式 $T(r,z)$。

温度场边界条件的改变会对其内部的温度分布产生严重影响，因此必须设定求解域温度场的边界条件。温度场的边界条件主要分为如下三种类型。

(1) 第一类边界条件。第一类边界条件通过设定边界处具体的温度值来确定边界温度，计算如下：

$$T\big|_{\Gamma}=T_{\omega}\ \text{或}\ T\big|_{\Gamma}=f(x,y,z) \tag{16-3}$$

式中，$\Gamma$ 为物体边界；$T_{\omega}$ 为界面温度。

(2) 第二类边界条件。第二类边界条件假设物体边界上的热流密度 $q$ 为已知

量，计算如下：

$$-\lambda \frac{\partial T}{\partial n}\bigg|_{\Gamma} = q \text{ 或 } -\lambda \frac{\partial T}{\partial n}\bigg|_{\Gamma} = g(x,y,z) \tag{16-4}$$

式中，$g(x,y,z)$为已知热流密度函数。

(3)第三类边界条件。第三类边界条件假设与物体存在能量传递的绝缘介质的温度 $T_{\mathrm{f}}$和对流换热系数 $h$ 已知，计算如下：

$$-\lambda \frac{\partial T}{\partial n}\Big|_{\Gamma} = h(T - T_{\mathrm{f}})\Big|_{\Gamma} \tag{16-5}$$

式中，绝缘介质的温度 $T_{\mathrm{f}}$和对流换热系数 $h$ 可以为定值，也可以是随时间和位置而变化的线性函数。

### 16.5.2　火焰温度对击穿场强的影响仿真研究

温度因素变化对直流输电线路合成电场的影响较小。火焰高温对输电线路合成电场的影响，首先是温度升高使导线周围空气密度降低，进而导致空气击穿场强降低，使空气在较低场强时较容易被击穿，引发输电线路跳闸；其次，火焰高温更容易使空气中电荷发生电离，导致导线周围电荷密度升高，继而使导线周围合成场强增强。

山火模拟试验测量得的植被燃烧温度为 300～1000℃。由此本节研究了火焰平均温度为 350～800℃时，空气击穿场强随火焰温度的变化情况。山火中空气击穿场强与火焰平均温度关系如图 16-7 所示。

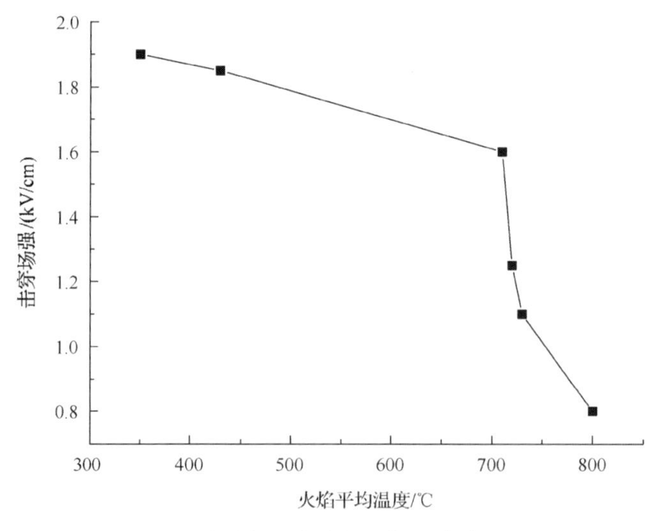


图 16-7　击穿场强与火焰平均温度关系曲线

从图 16-7 可以看出，当温度在 300～700℃范围内时，空气击穿场强随火焰温度的升高而下降；当温度高于 700℃时，由于空气相对密度降低及空气中电荷浓度的急剧增加，山火中空气击穿场强显著下降。研究表明，正常运行条件下空气介质的击穿场强为 3.7kV/cm，当火焰温度为 350℃时，击穿场强为 1.9kV/cm，下降了约 49%；当火焰温度达到 800℃，击穿场强下降到 0.8kV/cm，下降了约 78%。

### 16.5.3　火焰电荷密度对合成电场的影响仿真研究

在仿真过程中，设置正常运行条件下求解域温度场为 20℃，设置山火条件下求解域温度场为 800℃，并假设山火中线路间隙的压强与周围大气压强近似相等。

本节忽略植被燃烧产生的固体颗粒物，仿真分析正常运行条件下、饱和电晕条件下及电荷密度等梯度变化时，特高压直流输电线路导线周围空间合成电场。不同电荷密度条件下，分裂导线正极附近合成电场分布云图如图 16-8(c)～图 16-8(f)所示。

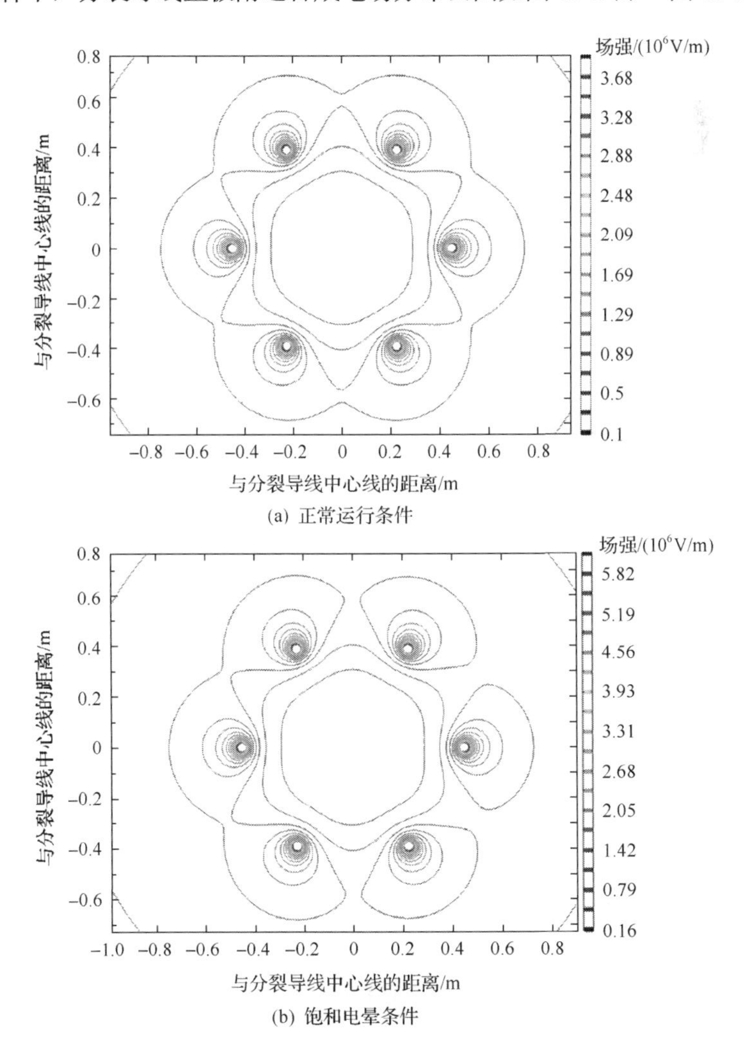

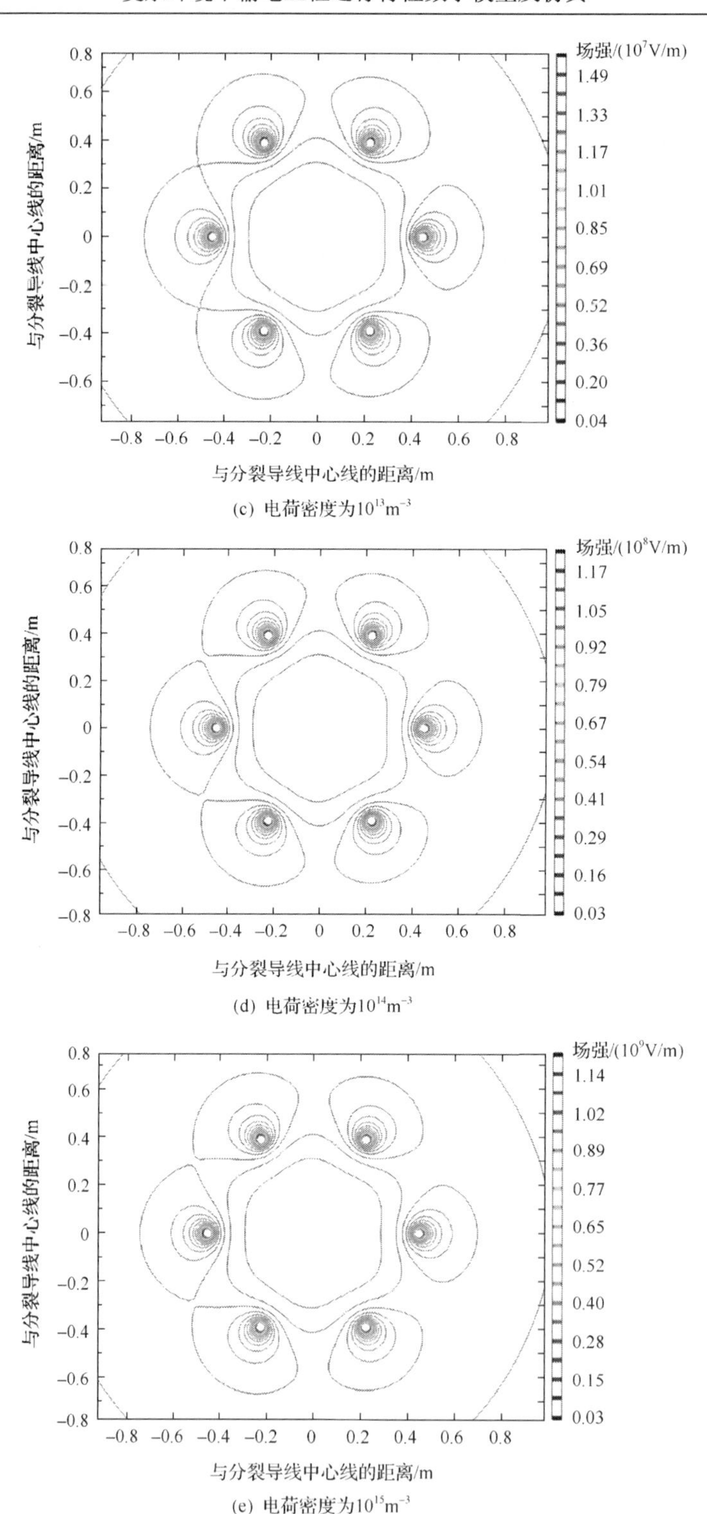


(c) 电荷密度为$10^{13}$m$^{-3}$

(d) 电荷密度为$10^{14}$m$^{-3}$

(e) 电荷密度为$10^{15}$m$^{-3}$

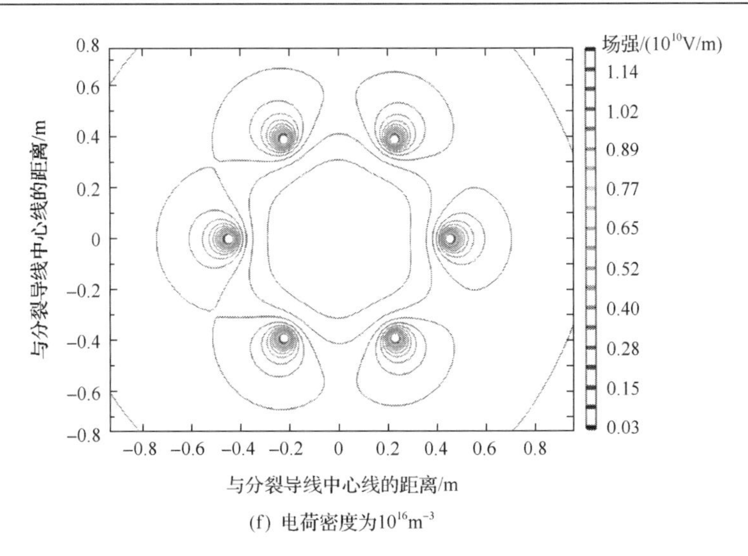


(f) 电荷密度为$10^{16}m^{-3}$

图 16-8　特高压直流输电线路正极附近合成电场分布云图

在双极性情况下，山火中电荷密度等梯度变化时(电荷密度分别选择 $10^{13}m^{-3}$、$10^{14}m^{-3}$、$10^{15}m^{-3}$ 和 $10^{16}m^{-3}$)，以及间隙距离由 400mm、450mm、500mm、550mm、600mm 位置处变化时，正负极导线下方合成电场仿真结果如表 16-1 所示。

**表 16-1　山火条件下正负极导线下方合成电场**　　(单位：kV/cm)

| 场强 | $10^{13}m^{-3}$ | | $10^{14}m^{-3}$ | | $10^{15}m^{-3}$ | | $10^{16}m^{-3}$ | |
|---|---|---|---|---|---|---|---|---|
| | 正极 | 负极 | 正极 | 负极 | 正极 | 负极 | 正极 | 负极 |
| 子导线下端 400mm 处场强 | 12.6 | 10.2 | 126 | 114 | $1.25\times10^3$ | $1.14\times10^3$ | $1.24\times10^4$ | $1.14\times10^4$ |
| 子导线下端 450mm 处场强 | 11.4 | 10.3 | 119 | 108 | $1.18\times10^3$ | $1.08\times10^3$ | $1.18\times10^4$ | $1.09\times10^4$ |
| 子导线下端 500mm 处场强 | 10.7 | 9.77 | 112 | 102 | $1.12\times10^3$ | $1.02\times10^3$ | $1.13\times10^4$ | $1.03\times10^4$ |
| 子导线下端 550mm 处场强 | 10.1 | 9.22 | 106 | 95.1 | $1.06\times10^3$ | $0.96\times10^3$ | $1.05\times10^4$ | $0.97\times10^4$ |
| 子导线下端 600mm 处场强 | 9.48 | 8.61 | 99.5 | 90.7 | $1.00\times10^3$ | $0.91\times10^3$ | $1.00\times10^4$ | $0.92\times10^4$ |

通过表 16-1 可以明显看出，山火条件下，子导线下端 400mm 处合成场强最大。因此，子导线下端 400mm 位置处为空气击穿的危险位置。

在忽略火焰中固体颗粒物存在的情况下，正常运行条件下、饱和电晕条件下及火焰中电荷密度等梯度变化时(电荷密度依次选取为 $10^{13}m^{-3}$、$10^{14}m^{-3}$、$10^{15}m^{-3}$ 和 $10^{16}m^{-3}$ 时)，正极子导线下端 400mm 处合成电场变化曲线如图 16-9 所示。

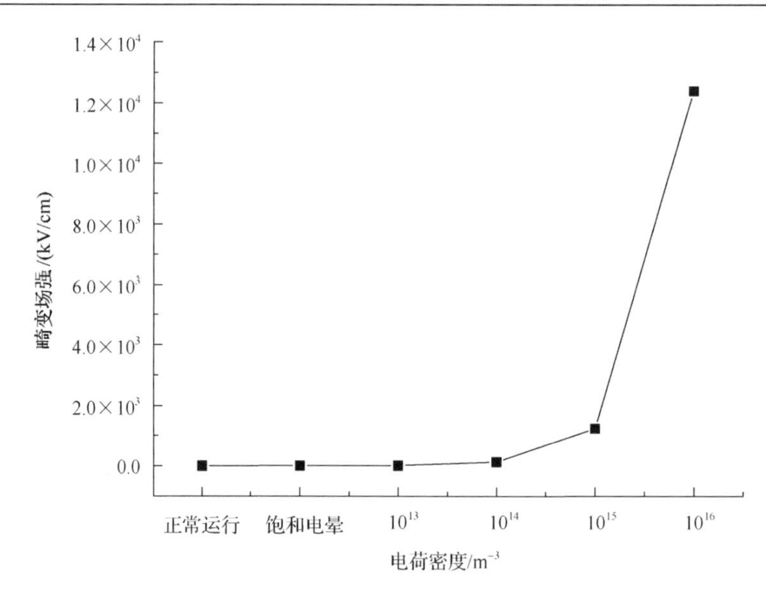


图 16-9 电荷密度变化时合成电场变化曲线

由图 16-9 合成电场变化曲线可以看出，导线周围场强随着电荷密度的增加而增强。当山火中线路间隙电荷密度达到 $10^{14}m^{-3}$ 时，距离最下端子导线中心 400mm 位置处电场强度达到 126kV/cm，该位置处场强可达到正常运行条件下的 274 倍。这是由于该电荷密度达到了流注自持放电的条件，正离子形成的空间电场较强，流注放电过程加强，导致线路间隙电流急剧增加。因此，山火条件下特高压直流输电线路合成电场显著增强。

研究表明，正常运行条件下空气介质的击穿场强为 3.7kV/cm。山火中植被燃烧产生的电荷密度为 $10^{14}$～$10^{18}m^{-3}$，由表 16-1 的仿真结果可以明显看出，山火条件下特高压直流输电线路电场强度远高于空气介质的击穿场强。因此，山火条件下高电荷密度更容易导致线路间隙空气介质被击穿，引发输电线路跳闸。

电荷密度为 $10^{14}m^{-3}$ 时，正负极导线电场强度对比如图 16-10 所示。

由图 16-10 可以看出，在相同条件下，随着距子导线距离的增加电场强度逐渐降低，并且间隙距离的增加幅度与合成场强下降值成反比。正极性电压下的电场强度高于负极性电压下的电场强度，并且正极导线电场强度相对于负极导线高 9.37%。分析认为，植被燃烧会产生大量带电粒子，当大量的自由电子和带负电荷的离子在遇到正极性的电极时，这些电子和离子更容易被正极性的电极收集；带正电荷的离子的体积相比电子更大，当遇到负极性的电极电压时，这些正电荷更容易在火焰热浮力的作用下四散。因此，负极性的电极收集的正电粒子较少，所以正极性电压下的场强高于负极性电压下的场强。

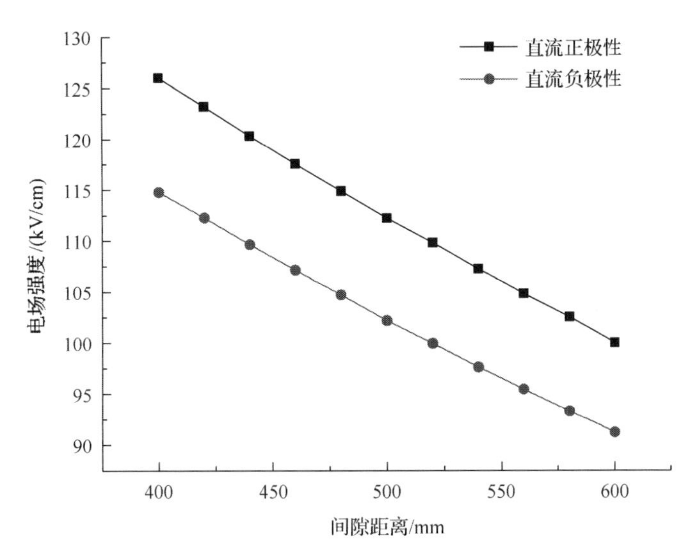


图 16-10　电荷密度为 $10^{14}m^{-3}$ 时正负极导线电场强度对比图

正常运行条件下、饱和电晕条件下及电荷密度等梯度变化时(电荷密度分别为 $10^{13}m^{-3}$、$10^{14}m^{-3}$、$10^{15}m^{-3}$ 和 $10^{16}m^{-3}$)，特高压直流输电线路地面合成电场仿真结果如图 16-11(a)～图 16-11(f)所示。不同电荷密度条件下，地面合成场强最大值的仿真结果如表 16-2 所示。

由图 16-11(a)～图 16-11(f)可知，山火条件下地面合成场强显著高于正常条件下地面合成场强。这里取山火中电荷密度为 $10^{14}m^{-3}$，即满足流注放电的最小电荷密度进行对比分析。

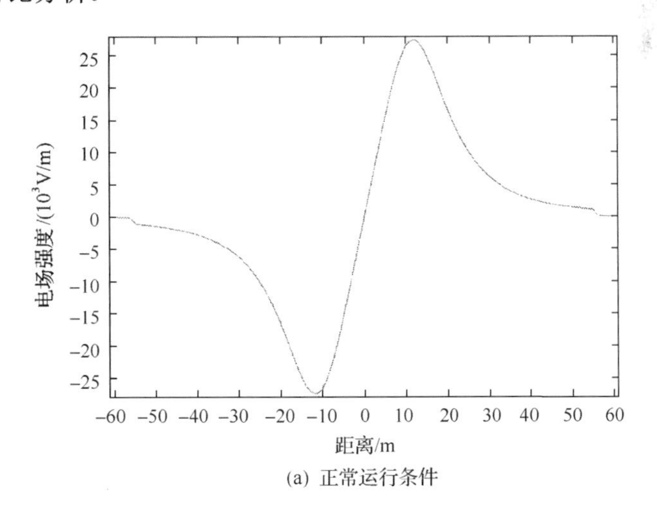


(a) 正常运行条件

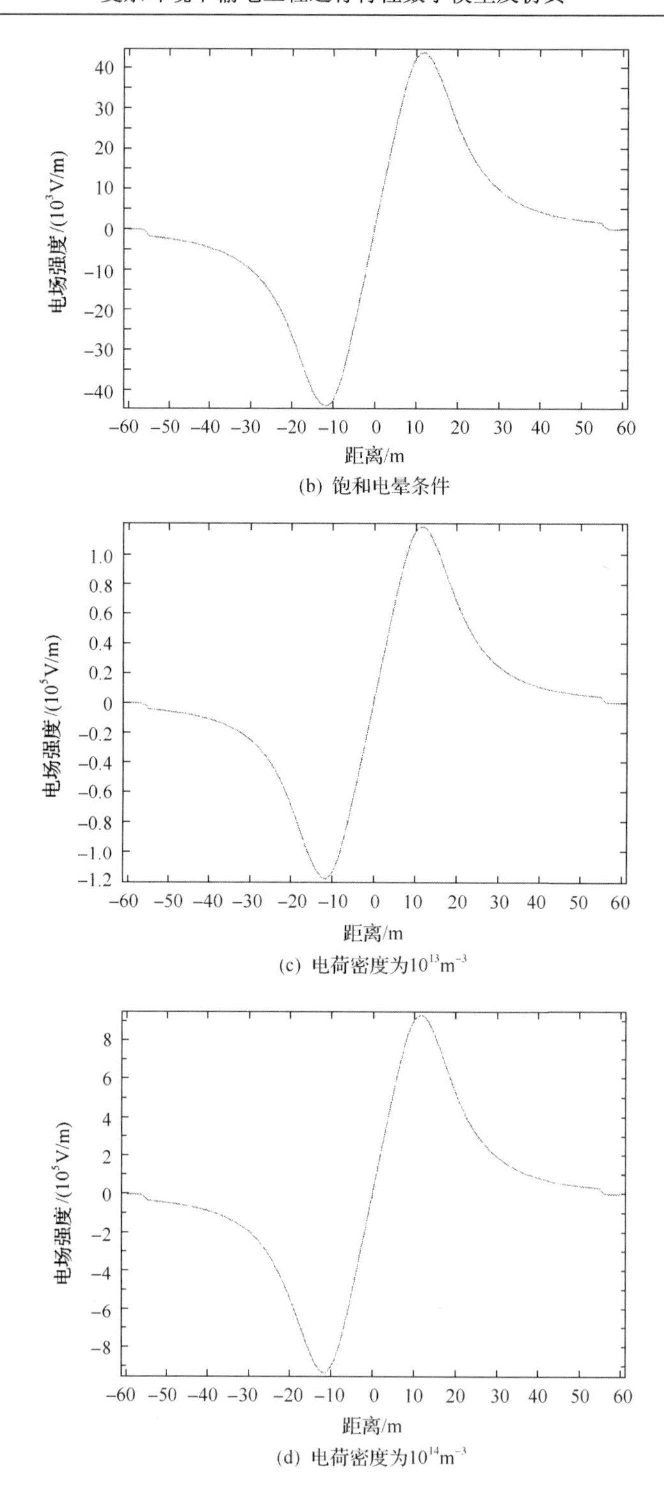


(b) 饱和电晕条件

(c) 电荷密度为$10^{13}$m$^{-3}$

(d) 电荷密度为$10^{14}$m$^{-3}$

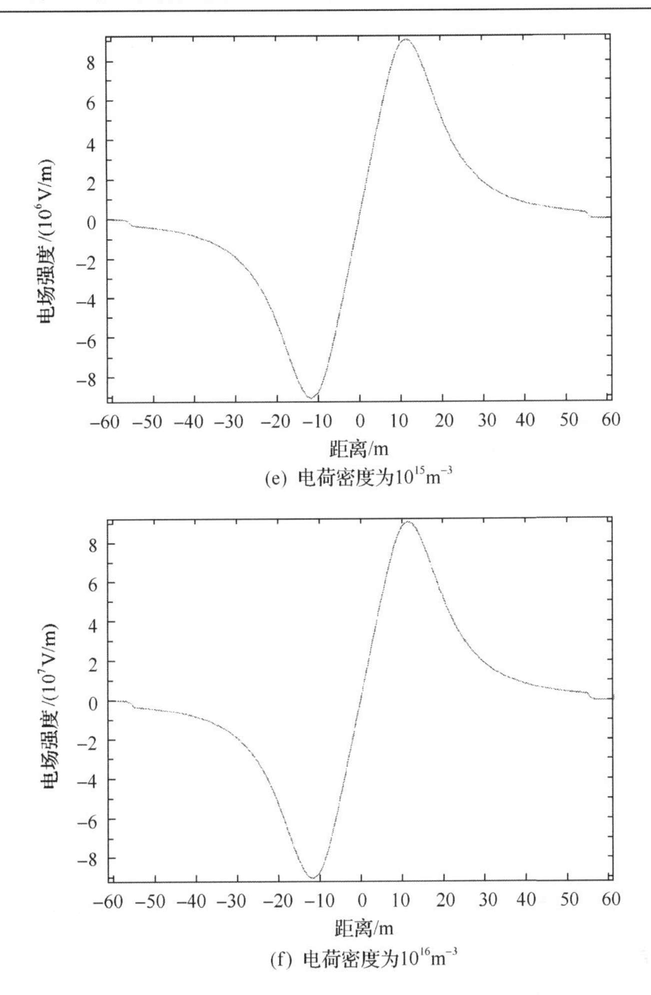


(e) 电荷密度为$10^{15}$m$^{-3}$

(f) 电荷密度为$10^{16}$m$^{-3}$

图 16-11　特高压直流输电线路地面合成电场仿真结果

**表 16-2　电荷密度变化时地面场强最大值**

| 电荷密度/m$^{-3}$ | 正常运行 | 饱和电晕 | $10^{13}$ | $10^{14}$ | $10^{15}$ | $10^{16}$ |
|---|---|---|---|---|---|---|
| 地面场强/(kV/m) | 29.0 | 48.9 | 122 | 975 | $9.37\times10^3$ | $9.29\times10^4$ |

由表 16-2 的仿真结果可知，正常运行条件下，线路地面合成场强最大值为 29kV/m；饱和电晕条件下，线路地面合成场强为 48.9kV/m；山火条件下地面合成场强为 975kV/m，并且山火条件下电荷密度每扩大 10 倍，相应的地面合成场强也扩大 10 倍左右，山火条件下地面合成电场可达到正常运行条件下 33.6 倍以上。分析认为燃烧过程中火焰高温使空气密度降低进而使电子崩和流注放电发展所需场强降低，同时植被中含有大量碱金属盐，这些碱金属盐在热游离和碰撞电离作用下产生大量电荷，使得空气中电荷密度升高。当火焰中电荷密度达到 $10^{14}$m$^{-3}$

时，高浓度的电荷密度达到了流注自持放电的条件，离子形成的空间电场较强，从而加强了流注放电过程，导致间隙电流急剧增加。

研究表明，正常运行条件下空气介质的击穿场强为 3.7kV/cm。山火条件下植被燃烧产生的电荷密度为 $10^{14}$～$10^{18}\text{m}^{-3}$，由表 16-2 的计算结果可知，该条件下特高压直流输电线路合成电场强度远高于空气介质击穿场强。因此，山火中的高电荷密度更容易导致特高压直流输电线路空气介质击穿，引发输电线路跳闸。同时山火条件下直流输电线路地面合成场强远高于《±800kV 特高压直流线路电磁环境参数限值》(DL/T 1008—2008) 中规定的 30kV/m。

### 16.5.4　山火中合成电场计算结果与仿真结果对比分析

MATLAB 软件和 Comsol 软件研究的山火条件下导线周围合成电场分布云图如图 16-12 所示。由 MATLAB 计算结果可知，山火条件下地面合成场强最大值为 1024kV/m，导线正下方距离导线 400mm 位置处场强值为 137kV/cm；采用 Comsol 多物理场耦合仿真软件得到，山火条件下地面合成场强最大值为 975kV/m，导线正下方距离导线 400mm 位置处场强值为 126kV/cm，与计算结果相比较分别下降了 4.8%和 8%。

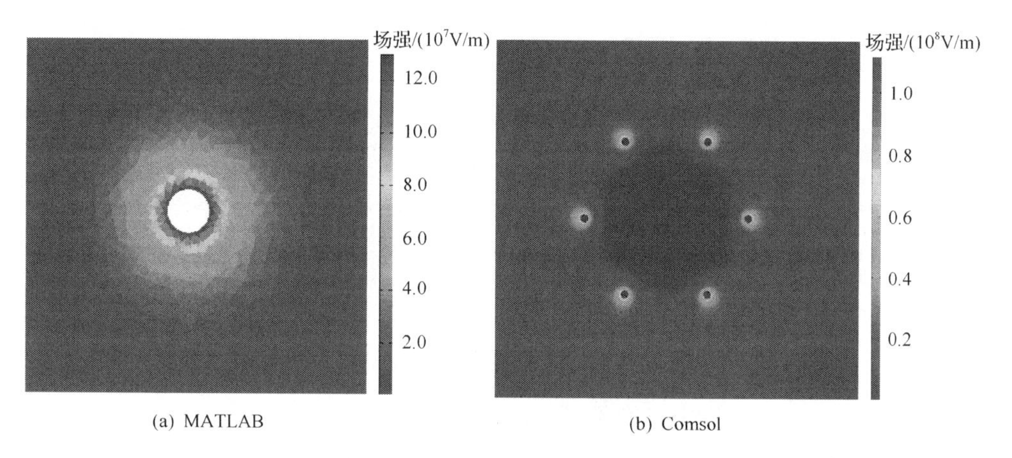


(a) MATLAB　　(b) Comsol

图 16-12　导线周围电场分布云图

由以上结果可以得到，山火条件下特高压直流输电线路合成电场仿真结果与计算结果具有一致性，证明了计算方法的正确性，也说明山火中火焰高温与高电荷密度会导致特高压直流输电线路合成场强显著高于空气击穿场强，以及《±800kV 特高压直流线路电磁环境参数限值》(DL/T 1008—2008) 中对于限值的规定。因此，山火严重威胁着特高压直流输电线路的安全稳定运行。

## 16.6 本 章 小 结

本章采用 Comsol 多物理场耦合仿真软件，并根据电磁场基本理论，建立了山火条件下特高压直流输电线路合成电场的二维有限元分析模型，研究了山火条件下火焰高温对线路间隙击穿场强的影响，以及火焰温度和电荷密度对特高压直流输电线路合成电场的影响。通过仿真分析得出以下结论：

(1) 当火焰温度在 300～700℃范围内时，空气击穿场强随火焰温度的升高呈线性下降；当温度高于 700℃时，由于空气相对密度降低以及空气中电荷密度的急剧增加，山火中空气击穿场强显著下降。研究表明，正常运行条件下空气介质的击穿场强为 3.7kV/cm，当火焰温度为 350℃时，空气击穿场强为 1.9kV/cm，下降了约 49%；当火焰温度达到 800℃，空气击穿场强下降到 0.8kV/cm，下降了约 78%。

(2) 随着线路间隙电荷密度的增加电场强度逐渐增强。当电荷密度达到 $10^{14}m^{-3}$ 时，距离最下端子导线中心 400mm 位置处电场强度达到 126kV/cm，为正常运行条件下的 274 倍。这是由于该电荷密度达到了流注自持放电的条件，正离子形成的空间电场较强，从而加强了流注放电过程，导致间隙电流显著增加。

(3) 在相同条件下，正极性电压下的电场强度高于负极性电压下的电场强度，并且正极导线电场强度相对于负极导线高 9.37%。分析认为，植被燃烧会产生大量带电粒子，当大量的自由电子和带负电荷的离子遇到正极性的电极时，这些离子更容易被正极性的电极收集；而带正电荷的离子的体积相比电子体积更大，当遇到负极性的电极电压时，这些正电荷更容易在火焰热浮力的作用下四散。因此，负极性的电极聚集的正电粒子较少，所以正极性电压下的电场强度高于负极性电压下的电场强度。

(4) 正常运行条件下输电线路地面合成场强最大值为 29kV/m；饱和电晕条件下输电线路地面合成场强为 48.9kV/m；山火条件下输电线路地面合成场强为 975kV/m，并且山火条件下电荷密度每扩大 10 倍，地面合成场强相应扩大约 10 倍，山火条件下输电线路地面合成场强可达到正常运行情况下 33.6 倍以上。

# 第 17 章　山火中颗粒物对电场的影响仿真研究

## 17.1　引　　言

植被枝叶焚烧过程中会产生尺寸较大的针形颗粒，这些针形颗粒进入线路间隙会引起背景电场发生畸变，引发输电线路跳闸。同时山火发生后植被燃烧产生的颗粒物在热浮力的作用下向线路间隙运动并附着在导线表面，导致线路表面电场强度急剧增加，对输电线路电磁环境产生重要影响。在电场理论的基础上，本章采用 Comsol 多物理场耦合仿真软件和 Ansoft 有限元软件，建立特高压直流输电线路二维有限元分析模型，仿真研究线路间隙中颗粒物以及颗粒链存在时，颗粒物及颗粒链对背景电场畸变的影响以及颗粒物形状及种类对导线表面场强的影响。

## 17.2　线路间隙颗粒物致电场畸变仿真研究

植被枝叶焚烧过程中会产生尺寸较大的针形颗粒，这些针形颗粒进入线路间隙会引起背景电场发生畸变。试验测量得到植被焚烧产生的木炭颗粒平均粒径为 15mm，颗粒最大长度为 40mm。木炭颗粒相对介电常数为 1.8，电导率为 $1.85\times10^{4}$S/m。为了简化仿真，本章通过分析椭球形木炭颗粒来研究针形颗粒对线路间隙背景电场的畸变作用。本章选取的木炭颗粒短轴长度为 6mm，长轴长度为 40mm，仿真分析距离下端子导线中心 400mm 位置处颗粒尖端畸变电场。具体仿真计算模型参数及网格划分示意图如图 17-1 所示。

下面根据图 17-1 仿真计算模型及网格划分示意图，仿真分析木炭颗粒存在时，正常运行条件下、饱和电晕条件下及电荷密度等梯度变化时颗粒尖端的畸变电场，电荷密度值依次选取 $10^{13}\text{m}^{-3}$、$10^{14}\text{m}^{-3}$、$10^{15}\text{m}^{-3}$ 和 $10^{16}\text{m}^{-3}$，仿真结果如表 17-1 所示。无颗粒物时相同条件下电场仿真结果如表 17-2 所示。正常运行条件下以及山火条件下(电荷密度为 $10^{14}\text{m}^{-3}$)颗粒物对电场畸变的仿真云图如图 17-2 所示。

从表 17-1 中数据及图 17-2 的仿真云图可以看出，颗粒物对背景电场的畸变较为明显，正常运行条件下颗粒物对背景电场畸变场强为 4.20kV/cm；山火条件下(电荷密度为 $10^{14}\text{m}^{-3}$)颗粒物对背景电场的畸变场强为 863kV/cm，该畸变场强可达到颗粒存在时正常运行条件下的 205 倍。因此，山火中颗粒物对背景场强的畸变较为显著，线路间隙颗粒物的存在严重影响着特高压直流输电线路的安全稳定运行。

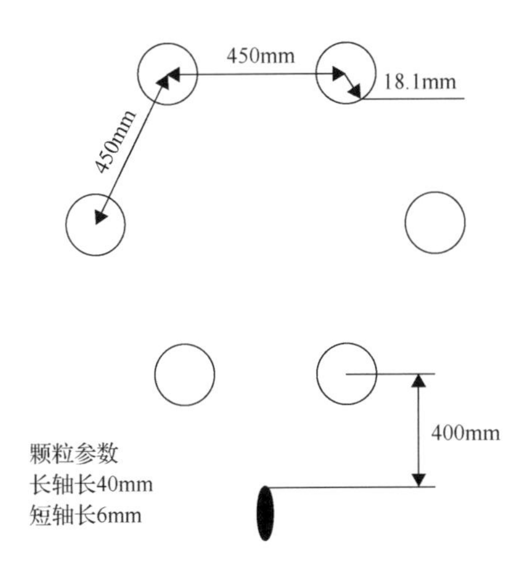


(a) 颗粒物存在时仿真计算模型

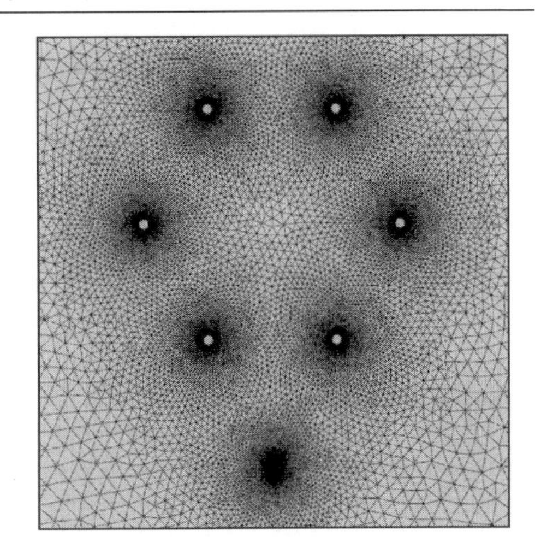

(b) 网格划分示意图

图 17-1　仿真计算模型及网格划分示意图

**表 17-1　固体颗粒物存在时畸变电场仿真结果**

| 电荷密度 | 正常运行 | 饱和电晕 | $10^{13}m^{-3}$ | $10^{14}m^{-3}$ | $10^{15}m^{-3}$ | $10^{16}m^{-3}$ |
|---|---|---|---|---|---|---|
| 子导线下端 400mm 处场强/(kV/cm) | 4.20 | 12.26 | 79.50 | 863 | $8.63\times10^{3}$ | $8.55\times10^{4}$ |

**表 17-2　无颗粒物时电场仿真结果**

| 电荷密度 | 正常运行 | 饱和电晕 | $10^{13}m^{-3}$ | $10^{14}m^{-3}$ | $10^{15}m^{-3}$ | $10^{16}m^{-3}$ |
|---|---|---|---|---|---|---|
| 子导线下端 400mm 处场强/(kV/cm) | 0.46 | 1.92 | 12.1 | 126 | $1.25\times10^{3}$ | $1.24\times10^{4}$ |

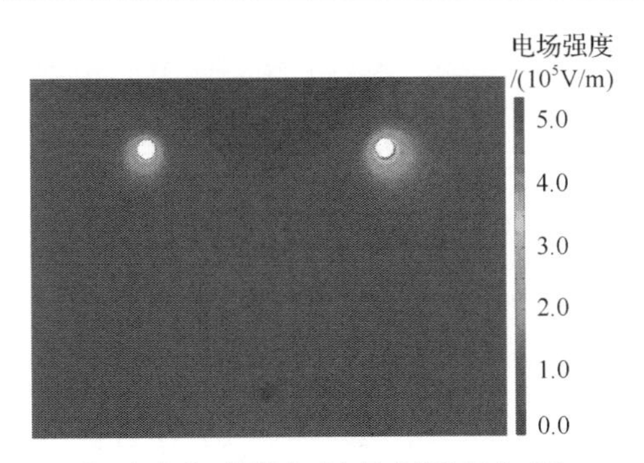


(a) 正常运行条件下颗粒物对电场畸变的仿真云图

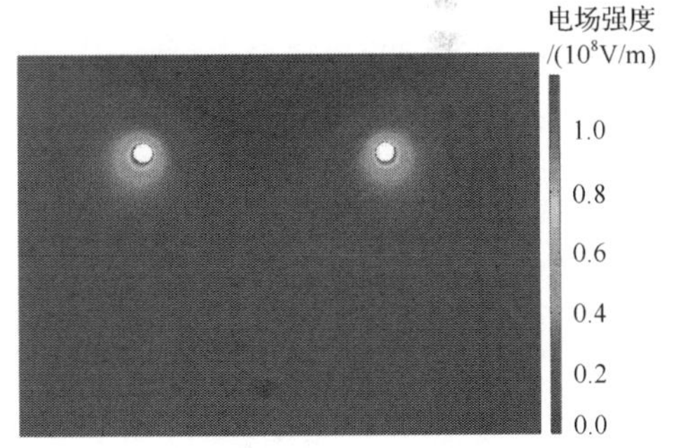


(b) 山火条件下颗粒物对电场畸变的仿真云图

图 17-2　正常运行条件下及山火条件下颗粒物对电场畸变的仿真云图

对比表 17-1、表 17-2 中数据可以看出，山火条件下(电荷密度为 $10^{14}m^{-3}$)无颗粒物时，电场强度为 126kV/cm，当颗粒物存在时，颗粒物对背景电场的畸变场强为 863kV/cm。由此可知，植被燃烧产生的固体颗粒物对背景电场的畸变较为明显，其畸变场强可达到相同条件下无颗粒物时的 6.8 倍。该仿真结果与普子恒等[26]所得出的固体颗粒在山火条件下触发放电的倍增效应具有一致性。同时由表 17-1 可进一步得出，山火条件下电荷密度每扩大 10 倍，颗粒物对背景电场的畸变场强增大 10 倍左右。

分析椭球形颗粒来研究针状颗粒对电场的畸变时，采用式(17-1)所述的计算公式。无颗粒物时背景电场 $\bar{E}$ 中，椭球形颗粒附近感应的最大电场强度 $E_{\max}$ 为

$$E_{\max}=\bar{E}\frac{\varepsilon_1\varepsilon_2\left(a_1+a_2\right)}{\varepsilon_2 a_1+\varepsilon_1 a_2} \tag{17-1}$$

颗粒物畸变电场的计算结果与仿真结果曲线图如图 17-3 所示。由图 17-3 中的计算结果与仿真结果均可以明显看出，当电荷密度小于 $10^{14}\text{m}^{-3}$ 时，颗粒物对背景电场的畸变场强较为平缓；当电荷密度达到 $10^{14}\text{m}^{-3}$ 以上时，电荷密度达到了流柱自持放电的条件，正离子形成的空间电场较强，使得背景电场强度显著增加，因而颗粒物对背景电场的畸变程度显著增强。

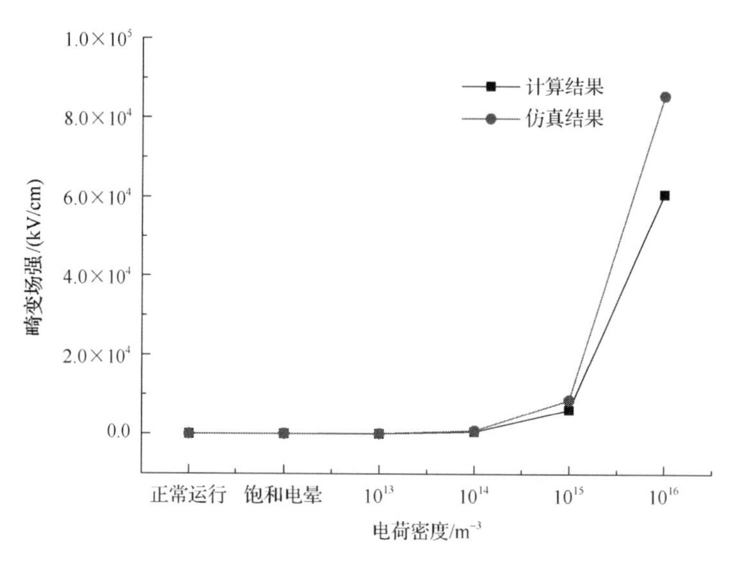


图 17-3　颗粒物畸变电场计算结果与仿真结果曲线图

同时，由图 17-3 中可以看出，当电荷密度小于 $10^{15}\text{m}^{-3}$ 时，计算结果与仿真结果拟合度较好，随着电荷密度进一步增加，计算结果与仿真结果之间误差显著增大。分析认为，火焰中的颗粒会吸附周围电荷，当颗粒荷电量达到饱和状态时，颗粒上电荷对电场畸变达到最大值，而颗粒畸变电场的计算公式中并未考虑颗粒荷电后对背景电场的进一步畸变作用。因此，当电荷密度升高时，计算结果与仿真结果出现较大差异。

### 17.2.1　间隙距离及颗粒物尺寸变化致电场畸变仿真研究

本章仿真分析颗粒物距离下端子导线 400mm、450mm、500mm、550mm、600mm 时，椭球形颗粒尖端畸变场强。仿真结果如表 17-3 所示。

表 17-3　间隙距离改变时颗粒畸变场强　（单位：kV/cm）

| 场强 | 电荷密度 | | | | | |
|---|---|---|---|---|---|---|
| | 正常运行 | 饱和电晕 | $10^{13}$/m$^{-3}$ | $10^{14}$/m$^{-3}$ | $10^{15}$/m$^{-3}$ | $10^{16}$/m$^{-3}$ |
| 子导线下端 400mm 处场强 | 4.20 | 12.26 | 79.50 | 863 | $8.63\times10^3$ | $8.55\times10^4$ |
| 子导线下端 450mm 处场强 | 3.89 | 11.95 | 80.39 | 850 | $8.54\times10^3$ | $8.55\times10^4$ |
| 子导线下端 500mm 处场强 | 3.39 | 11.24 | 75.64 | 800 | $8.05\times10^3$ | $8.05\times10^4$ |
| 子导线下端 550mm 处场强 | 3.11 | 10.57 | 71.63 | 758 | $7.63\times10^3$ | $7.63\times10^4$ |
| 子导线下端 600mm 处场强 | 2.93 | 9.91 | 67.81 | 719 | $7.23\times10^3$ | $7.23\times10^4$ |

电荷密度为 $10^{14}$m$^{-3}$ 时，不同距离条件下畸变电场变化规律如图 17-4 所示。由表 17-3 和图 17-4 中的仿真结果可以看出，相同电荷密度条件下，子导线下端 400mm 处畸变场强高于其他间隙距离处畸变场强，且在一定距离范围内，随着间隙距离的增加畸变场强均逐渐降低。

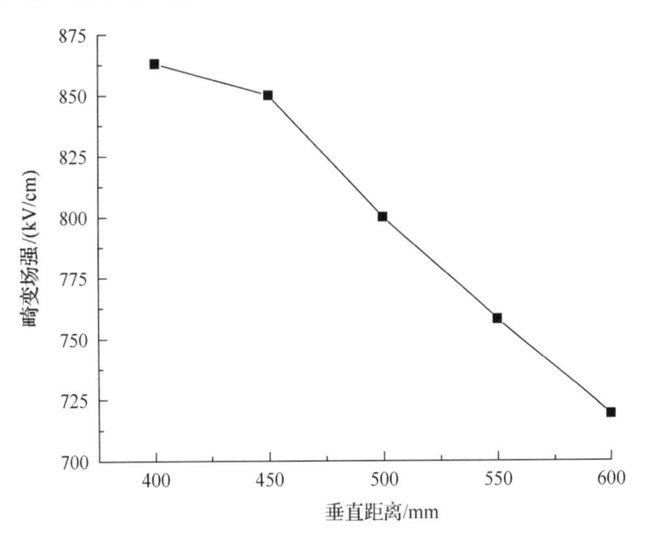


图 17-4　电荷密度为 $10^{14}$m$^{-3}$ 时垂直方向上畸变场强

山火条件下，不同山林植被燃烧产生的木炭颗粒形状和尺寸差异较大。因此，本章在短轴长度保持 6mm 恒定条件下，仿真研究长轴长度变化时，木炭颗粒尖端畸变电场（长轴长度依次选取 30mm、35mm、40mm、45mm、50mm）；在长轴长度保持 40mm 恒定条件下，仿真分析短轴长度变化时，木炭颗粒尖端畸变电场（短轴长度依次选取 4mm、5mm、6mm、7mm、8mm)。仿真过程中设置火焰中电荷密度为 $10^{14}m^{-3}$，并保持颗粒上尖端距下端子导线中心距离为 400mm。仿真结果如图 17-5 所示。

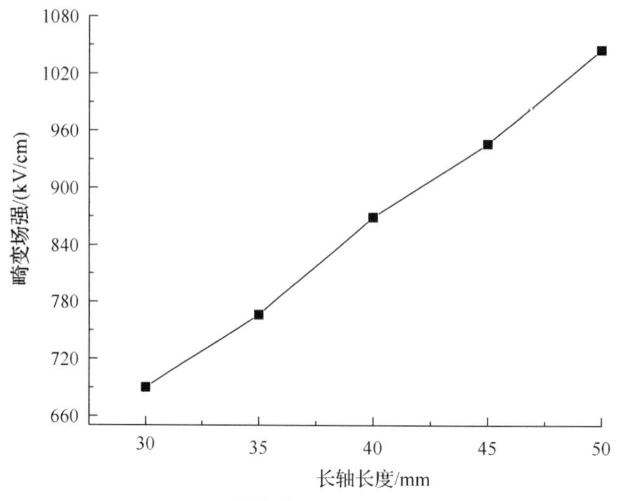


(a) 颗粒短轴长度恒定时畸变电场仿真结果

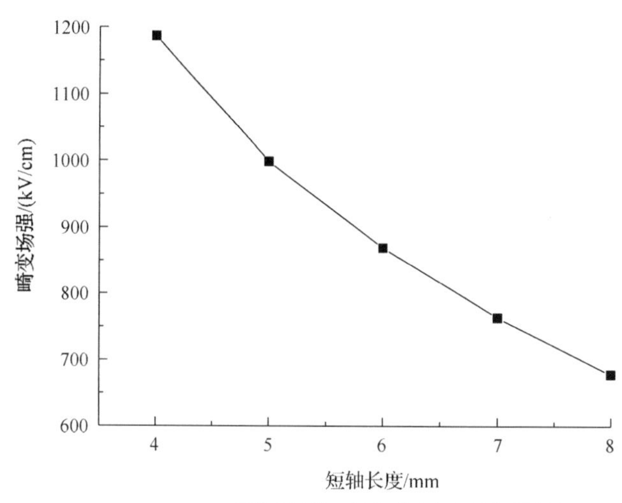


(b) 颗粒长轴长度恒定时畸变电场仿真结果

图 17-5　颗粒长轴或短轴长度恒定时畸变电场仿真结果

根据图 17-5 的仿真结果，可以得到以下结论。

(1) 颗粒对电场的畸变程度与颗粒长轴长度呈正相关。当颗粒长轴长度为 30mm 时，畸变场强为 690.01kV/cm，并且颗粒长轴长度每增加 5mm，畸变场强平均增加 88.8kV/cm。

(2) 颗粒对背景电场的畸变程度与颗粒短轴长度呈负相关。当颗粒短轴长度为 4mm 时，其畸变场强为 1186.84kV/cm，并且颗粒短轴长度每增加 1mm，畸变场强平均降低 127.19kV/cm。

(3) 固体颗粒物对背景电场的畸变程度，随着颗粒物长轴长度的增加及短轴长度的减小而增大。因此，形状为针状的固体颗粒物在火焰中更容易畸变背景电场，触发线路间隙放电，引发输电线路跳闸。

### 17.2.2 颗粒物畸变范围仿真研究

正常运行条件下和山火条件下，木炭颗粒尖端对背景电场的畸变范围如图 17-6 和图 17-7 所示。图中 $E$ 为无颗粒时相应位置处的电场强度。木炭颗粒上尖端与下端子导线中心距离为 400mm，木炭颗粒短轴长度为 $a$=6mm，长轴长度为 $b$=40mm，火焰中电荷密度保持 $10^{14}m^{-3}$ 恒定。

由图 17-6 和图 17-7 的仿真结果可以看出，正常运行条件下和山火条件下，颗粒物的存在会对背景电场产生畸变作用。正常运行条件下，木炭颗粒对背景电场的畸变范围为 13.02mm，相当于 2.17 倍颗粒短轴长度；山火条件下，木炭颗粒对背景电场的畸变范围为 22.02mm，相当于 3.67 倍颗粒短轴长度。因此，山火条件下木炭颗粒的电场畸变范围可扩大到正常运行条件下的 1.7 倍。

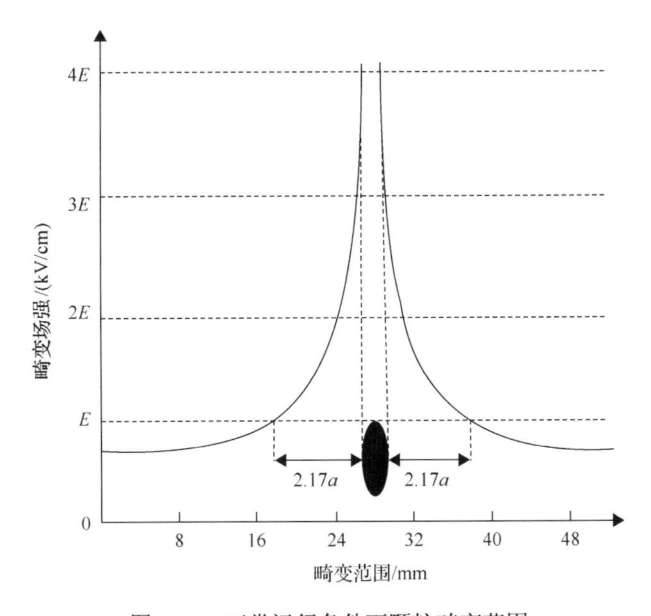


图 17-6 正常运行条件下颗粒畸变范围

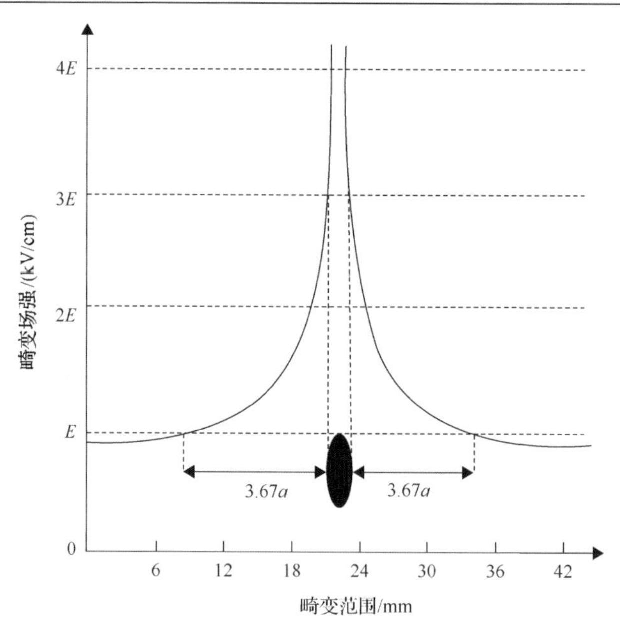


图 17-7 山火条件下颗粒畸变范围

### 17.2.3 颗粒链致电场畸变仿真研究

植被燃烧产生的大量颗粒物被火焰高温热气流抬升到线路间隙强电场区域时，这些颗粒物会沿着电场线排成颗粒链，从而使线路间隙短接，引发输电线路空气间隙击穿。具体仿真计算模型以及网格划分示意图如图 17-8 和图 17-9 所示。

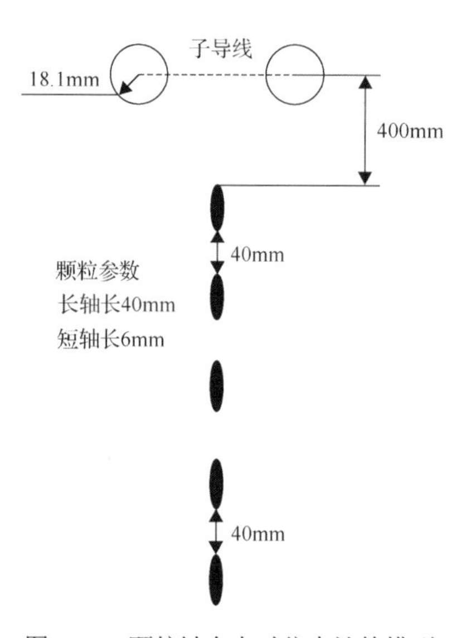


图 17-8 颗粒链存在时仿真计算模型

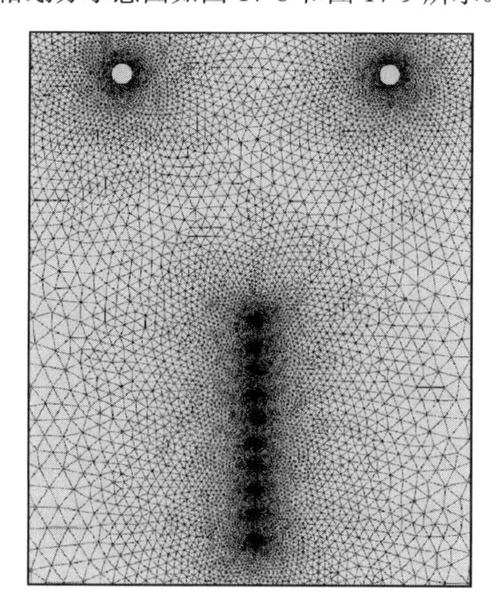

图 17-9 网格划分示意图

图 17-8 和图 17-9 中最上端颗粒距下端子导线中心距离为 400mm，颗粒链中颗粒的长轴、短轴长度均为 40mm 和 6mm，颗粒与颗粒之间距离为 40mm，火焰中电荷密度保持 $10^{14}m^{-3}$ 恒定。假设颗粒物尖端点位置分别为 $m_1$～$m_{10}$，则正常运行条件下及山火条件下相应各点畸变场强仿真云图及仿真曲线图如图 17-10～图 17-13 所示。

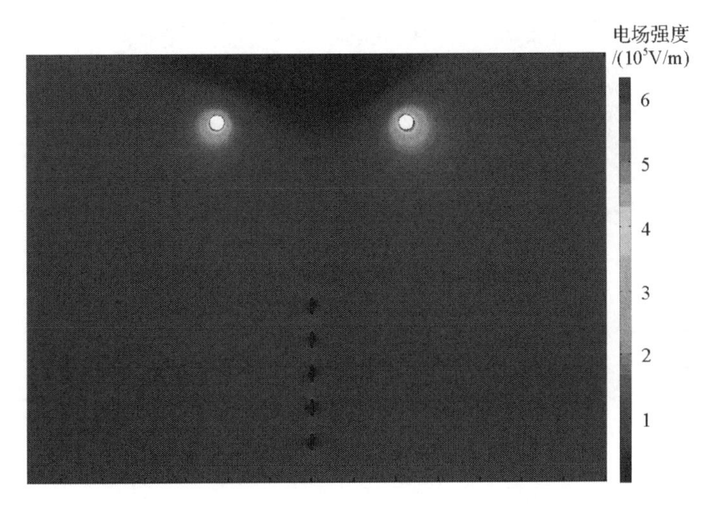


图 17-10　正常运行条件下颗粒链畸变场强仿真云图

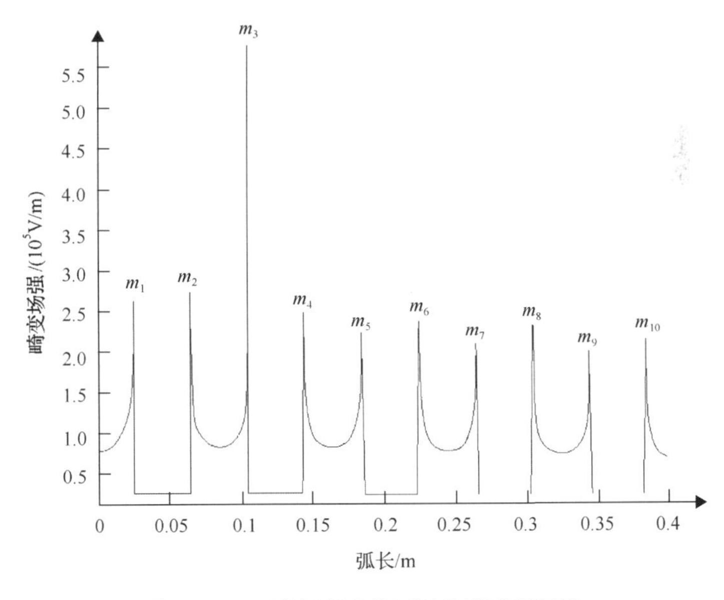


图 17-11　正常运行条件下颗粒链畸变场强

图 17-12　山火条件下颗粒链畸变场强仿真云图

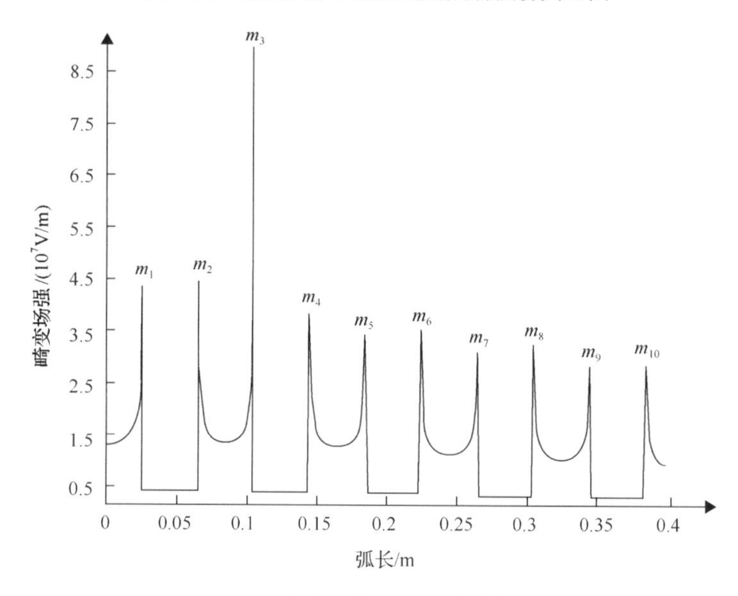


图 17-13　山火条件下颗粒链畸变场强

由图 17-10 和图 17-11 的仿真结果可以看出，正常运行条件下，导线本身产生的电荷向地面扩散，因此导线附近电荷密度并非最大值。因此，正常运行条件下，颗粒链对背景电场的畸变场强最大值并非距离导线最近的颗粒。由图 17-11 可以明显看出，正常运行条件下距离导线最近处($m_1$处)颗粒畸变场强为 2.65kV/cm，颗粒链畸变场强最大值出现在 $m_3$ 处，最大畸变场强为 5.75kV/cm，并且 $m_3$ 处畸变场强相对于 $m_1$ 处提高了 1.17 倍。

由图 17-12 和图 17-13 的仿真结果可以看出，山火条件下，植被燃烧产生的电荷在热浮力作用下向导线运动，因此导线周围电荷密度较大。由图 17-13 可以明显看出，山火条件下距离导线最近处($m_1$ 处)颗粒畸变场强为 438kV/cm，颗粒链畸变场强最大值也出现在 $m_3$ 处，最大畸变场强值为 890kV/cm，并且 $m_3$ 处畸变场强相对于 $m_1$ 处提高了 1.03 倍。同时，山火条件下颗粒链最大畸变场强可达正常运行条件下颗粒链最大畸变场强的 155 倍。

正常运行条件下及山火条件下，导线周围颗粒物连接成颗粒链时，颗粒物对背景电场的畸变程度均呈现先增大后减小的趋势，并且在 $m_3$ 处颗粒畸变场强显著增加，可达到导线最近处颗粒场强的 2 倍以上。分析认为，颗粒链对背景电场的畸变场强先增大是由于颗粒物之间畸变电场彼此叠加，但随着颗粒物与导线距离的进一步增加，背景电场逐渐降低，颗粒链的畸变场强也逐渐降低，并且山火条件下颗粒链畸变场强下降较为明显。

## 17.3　导线表面颗粒物对电场的影响仿真研究

山火中植被燃烧产生的颗粒物形状和尺寸具有多样性，因而会在导线表面形成形态各异的凸起。同时，植被燃烧时产生的烟尘中，不同种类颗粒物也会对导线表面电场强度产生重要影响。

本节采用 Ansoft 有限元分析软件，仿真研究不同形状、不同种类颗粒物对导线表面电场强度的影响。为了简化仿真，建立导线的二维模型进行仿真分析，仿真几何模型如图 17-14 所示。几何模型中导线采用半径 $R$=10mm 的光滑导线，来仿真分析无颗粒物时导线周围场强，钢芯铝绞线电导率为 $\sigma$=3.238×10$^5$S/m，求解域材料属性设置为空气。

由于山火中烟尘颗粒形状差异较大，为了简化仿真，研究颗粒物几何形状对导线表面场强的影响时，颗粒物形状主要考虑椭圆形、圆形、菱形三种情况，颗粒物几何模型如图 17-15 所示。

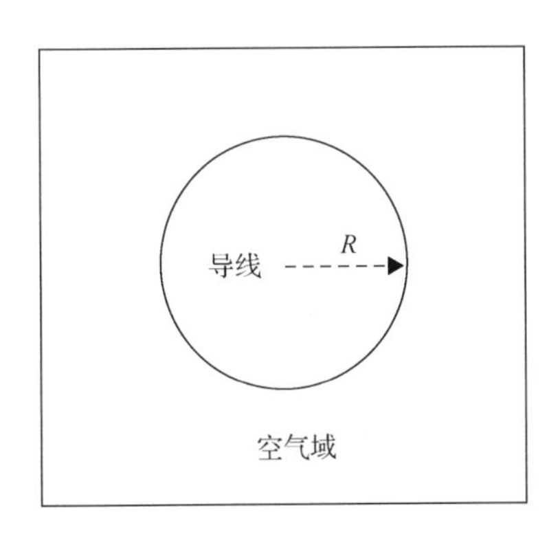


图 17-14　光滑导线仿真模型

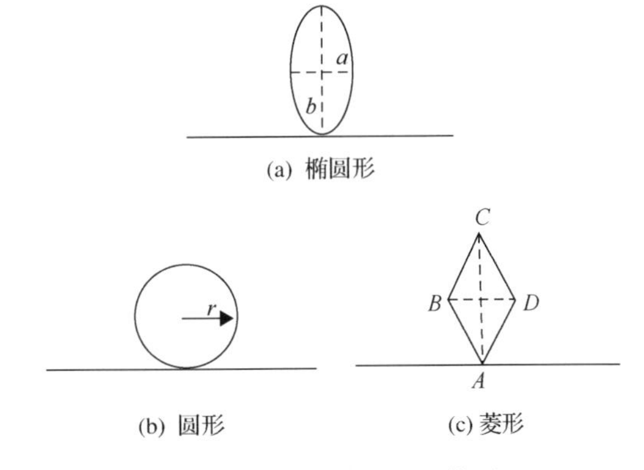


图 17-15　颗粒物几何模型

颗粒物种类主要为植被燃烧产生的木炭颗粒（电导率为 18518.5S/m，相对介电常数为 1.8）以及地面硅藻土颗粒（电导率为 0S/m，相对介电常数为 4）。本章以导线起晕场强 $E$=18kV/cm 作为标准值，通过不同几何形状、不同种类颗粒物顶部场强与标准值之比表征颗粒物对导线表面电场的畸变程度。

### 17.3.1　椭圆形颗粒物对电场的影响仿真研究

椭圆形颗粒的几何参数主要为颗粒短轴长度 $a$ 和长轴长度 $b$。椭圆形颗粒对电场的畸变云图如图 17-16 所示，由图 17-16 可以看出，椭圆形颗粒物对导线表面电场具有明显的畸变作用[27]。当椭圆形木炭颗粒长轴长度恒定时，颗粒顶部场强随椭圆形颗粒物短轴长度的变化规律如图 17-17 所示（其中木炭颗粒长轴长度分别选择 200μm、400μm、600μm）。不同种类颗粒物顶部场强随椭圆形颗粒短轴长度的变化规律如图 17-18 所示。

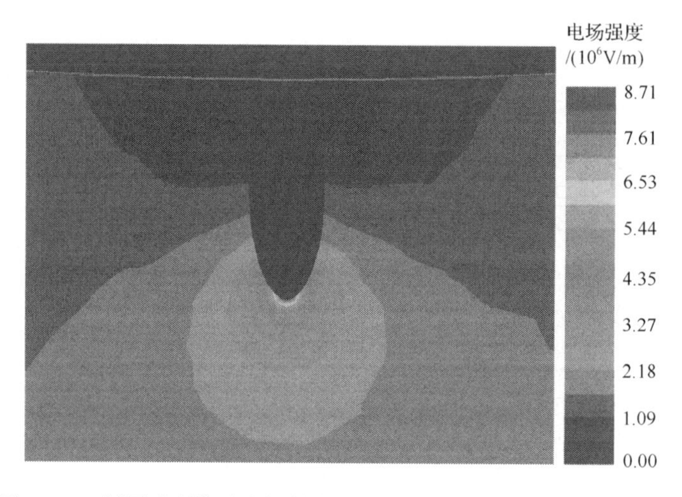


图 17-16　椭圆形颗粒对电场的畸变云图（短轴 140μm，长轴 400μm）

根据图 17-17 中的仿真结果可以得到：当木炭颗粒物长轴长度恒定时，导线表面电场强度随颗粒物短轴长度的增加逐渐降低，最终趋于平稳。当木炭颗粒物短轴长度恒定时，导线表面电场强度随颗粒物长轴长度的增加而升高，即椭圆形颗粒物长轴长度与短轴长度比值越大，颗粒物顶部场强越大。

根据图 17-18 中的仿真结果可以得到：随着硅藻土颗粒长轴长度的增加，颗粒顶部场强逐渐降低，但降低幅度较小；相对于硅藻土颗粒，木炭颗粒顶部场强随长轴长度增加下降得较为显著。

由图 17-17 和图 17-18 仿真结果可知，木炭颗粒顶部最大场强为硅藻土颗粒顶部最大场强的 3.58 倍。

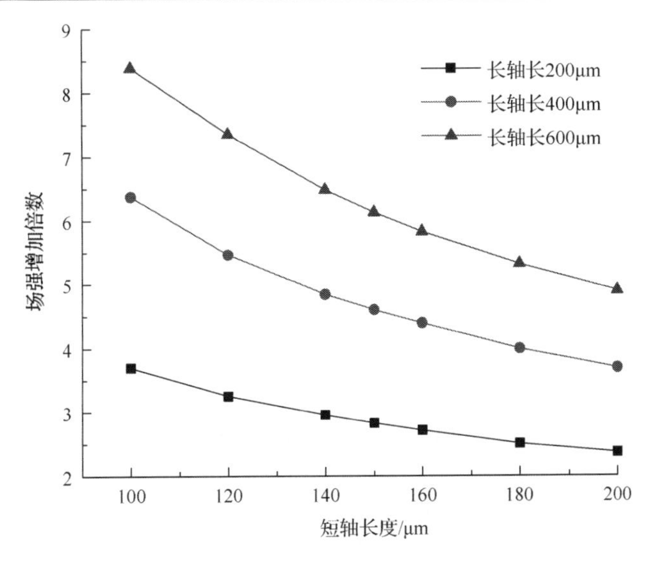


图 17-17　顶部场强随短轴长度变化关系

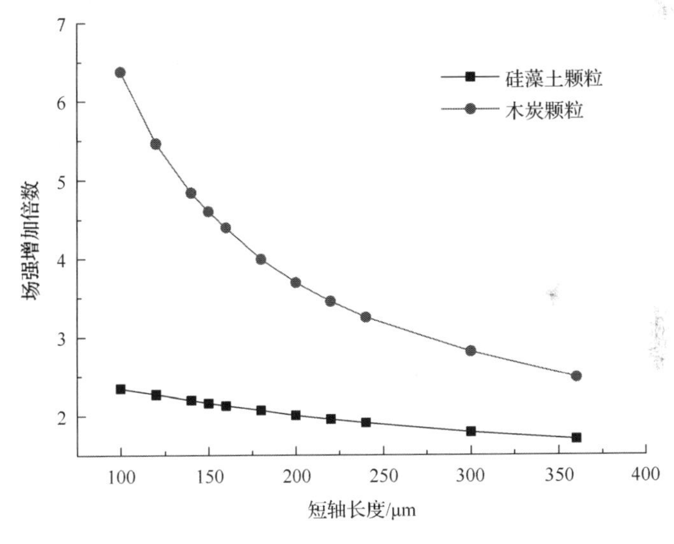


图 17-18　不同种类颗粒物顶部场强随短轴长度变化关系

### 17.3.2　圆形颗粒物对电场的影响仿真研究

圆形颗粒物的几何参数为颗粒直径 $r$。圆形颗粒物对电场的畸变云图如图 17-19 所示。由图 17-19 可以看出，圆形颗粒物对导线表面电场具有明显的畸变作用。当木炭颗粒物直径由 20μm 向 200μm 等梯度变化时，颗粒物顶部电场强度与直径的关系如图 17-20 所示。导线表面附着不同种类圆形颗粒物时，顶部场强随直径的变化规律如图 17-21 所示。

根据图 17-20 和图 17-21 中的仿真结果，可以得到以下结论。

(1)随着圆形颗粒物直径的增加，颗粒顶部场强逐渐降低，颗粒顶部场强与颗粒直径呈线性关系。当圆形颗粒物直径为 20μm 时，颗粒顶部电场强度最大，最大场强可超过标准值的 2.44 倍。

(2)不同种类的颗粒物，随着圆形颗粒直径的增加，颗粒顶部电场强度均缓慢减小。当圆形颗粒直径在 50～800μm 范围内时，直径每增加 100μm，顶部场强下降约 0.23kV/cm，并且木炭颗粒顶部场强为硅藻土颗粒顶部场强的 1.4 倍左右。根据椭圆形与圆形颗粒的畸变场强对比结果可以看出，椭圆形颗粒物对导线表面电场的畸变程度要高于圆形颗粒物。

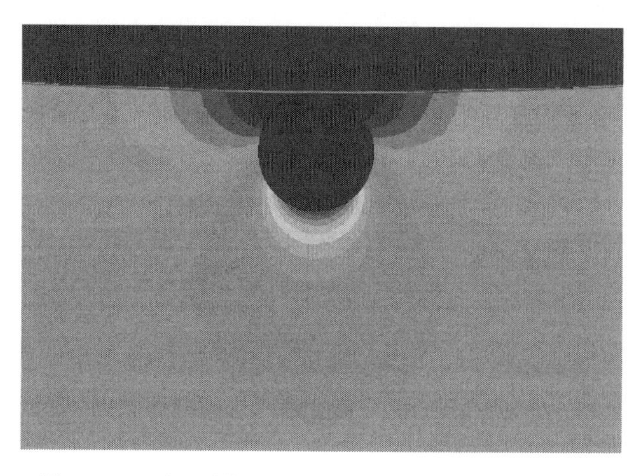

图 17-19　圆形颗粒对电场的畸变云图(直径为 200μm)

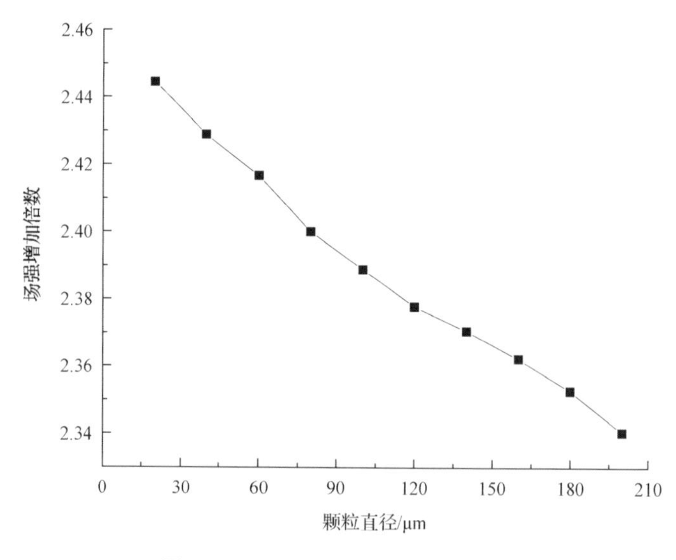


图 17-20　顶部场强随直径变化关系

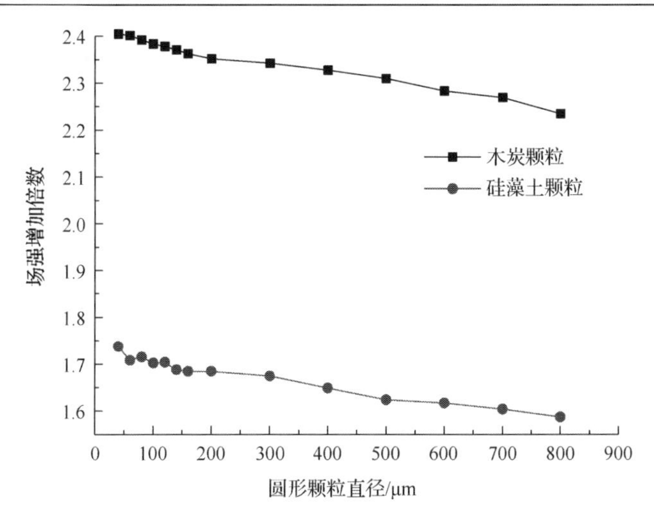


图 17-21　不同种类颗粒物顶部场强随直径变化关系

### 17.3.3　菱形颗粒物对电场的影响仿真研究

菱形颗粒物的几何参数为颗粒对角线长度 *AC* 和 *BD*。当菱形木炭颗粒对角线 *AC* 长度恒定时，颗粒顶部场强随菱形颗粒物对角线 *BD* 长度的变化规律如图 17-22 所示(其中菱形木炭颗粒对角线 *AC* 长度分别选择 200μm、250μm、300μm)。

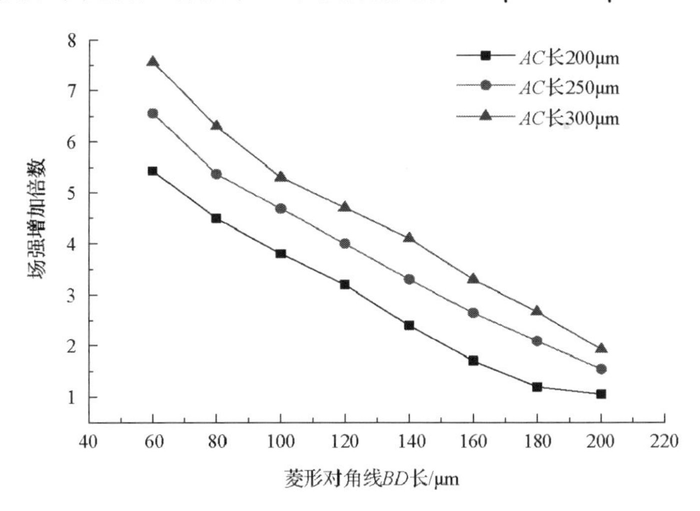


图 17-22　顶部场强随对角线长度变化关系

根据图 17-22 中的仿真结果可以得到：当颗粒物对角线 *AC* 长度恒定时，菱形颗粒物顶部场强随着颗粒对角线 *BD* 长度的增加逐渐降低，两者呈线性关系。当颗粒物对角线 *BD* 长度恒定时，导线表面电场强度随颗粒物对角线 *AC* 长度的增加而升高，即颗粒物顶部夹角越小，场强越大。因此，形状为针形的颗粒物对导线表面场强影响更严重。

### 17.3.4　颗粒物种类对电场的影响仿真研究

为研究颗粒物种类对导线表面电场强度的影响，分别对木炭颗粒、金属颗粒、硅藻土颗粒、蓝宝石颗粒及高岭土颗粒进行仿真对比研究。假设颗粒形状均为椭圆形。颗粒种类变化时顶部场强的变化规律如图 17-23 所示。五种颗粒物具体参数如表 17-4 所示。

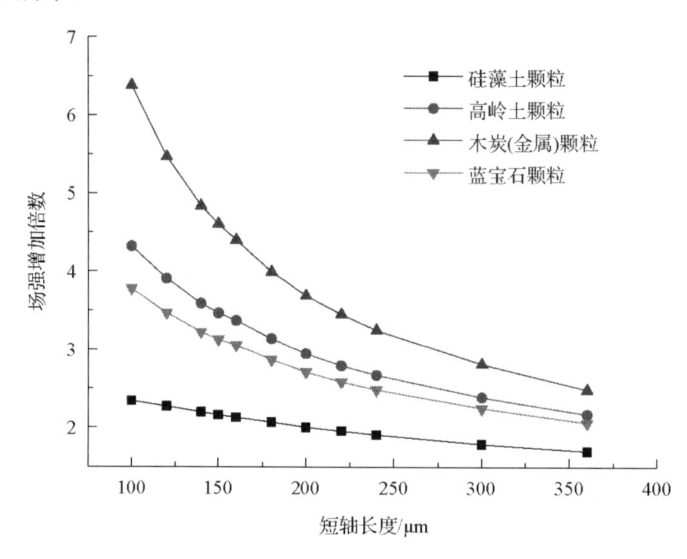


图 17-23　不同种类颗粒物顶部场强随短轴长度变化关系

**表 17-4　颗粒物参数表**

| 颗粒物种类 | 电导率/(S/m) | 相对介电常数 |
|---|---|---|
| 木炭颗粒 | 18518.5 | 1.8 |
| 金属颗粒 | $3.8\sim5.8\times10^{7}$ | 1 |
| 高岭土颗粒 | 0 | 15 |
| 蓝宝石颗粒 | 0 | 10 |
| 硅藻土颗粒 | 0 | 4 |

根据图 17-23 中的仿真结果可以得到：不同种类导体颗粒物顶部畸变场强均不相同，并且导体颗粒物顶部场强远大于绝缘颗粒顶部场强。因此，植被燃烧产生的木炭颗粒对电场的畸变更为严重。对于绝缘颗粒，其相对介电常数越大，颗粒顶部畸变场强越大。

## 17.4 本 章 小 结

本章采用 Comsol 多物理场耦合仿真软件以及 Ansoft 软件，建立了山火条件下特高压直流输电线路的二维有限元分析模型，仿真研究了线路间隙中颗粒物以及颗粒链存在时，颗粒物及颗粒链对背景电场的畸变影响；同时进一步仿真研究了颗粒物形状、尺寸和种类对导线表面场强的影响。通过仿真分析得出以下结论：

(1) 山火条件下(电荷密度为 $10^{14}m^{-3}$)，颗粒物对背景电场的畸变场强为 863kV/cm。正常运行条件下颗粒物对背景电场畸变场强为 4.20kV/cm。山火中颗粒物的畸变场强可达到正常运行条件下的 205 倍。山火条件下(电荷密度为 $10^{14}m^{-3}$)无颗粒物时，电场强度为 126kV/cm。山火中颗粒物的畸变场强可达到无颗粒物时的 6.8 倍。因此，固体颗粒物的存在对周围电场的畸变较为明显。

(2) 正常运行条件下，木炭颗粒对背景电场的畸变范围为 0～13.02mm，相当于颗粒物短轴长度的 2.17 倍；山火条件下，木炭颗粒对背景电场的畸变范围为 0～22.02mm，相当于颗粒物短轴长度的 3.67 倍。因此，山火条件下木炭颗粒的电场畸变范围可扩大到正常运行条件下的 1.7 倍。

(3) 山火条件下，植被燃烧产生的颗粒物在热浮力作用下向导线运动形成颗粒链，颗粒链距离导线最近处($m_1$ 处)畸变场强为 438kV/cm，颗粒链畸变场强最大值出现在 $m_3$ 处，最大畸变场强值为 890kV/cm，并且 $m_3$ 处畸变场强相对于 $m_1$ 处提高了 1.03 倍。同时，山火条件下颗粒链最大畸变场强可达正常运行条件下颗粒链最大畸变场强的 180 倍。

(4) 通过研究椭圆形、圆形和菱形三种颗粒物对导线表面电场强度的影响，可以得到菱形颗粒顶部对电场的畸变情况最严重，椭圆形颗粒次之，圆形颗粒最小；导体颗粒物顶部场强远大于绝缘体颗粒顶部场强；导体颗粒最大畸变场强可达正常运行条件下的 8 倍左右；绝缘颗粒相对介电常数越大，颗粒顶部畸变场强越大。

# 参 考 文 献


[1] 张贵喜, 唐和清, 金鑫, 等. 高压输电线路对埋地钢质管道的腐蚀影响[J]. 油气储运, 2011, 30(2): 126-128.

[2] 文武, 彭磊, 张小武, 等. 特高压大跨越架空线路三维工频电场计算[J]. 高电压技术, 2008, 34(9): 1821-1825.

[3] EPRI A C. Transmission line reference book-200kV and above[R]. Boston: Electric Power Research Institute, 2005.

[4] Lanoie R, Mercure H P. Influence of forest fires on power line insulation[C]//Sixth International Symposium on High Voltage Engineering, New Orleans, 1989.

[5] Robledo-Martinez A, Guzman E, Hernandez J L. Dielectric characteristics of a model transmission line in the presence of fire[J]. IEEE Transactions on Electrical Insulation, 1991, 26(4): 776-782.

[6] Wu T, Ruan J, Chen C, et al. Field observation and experimental investigation on breakdown of air gap of AC transmission line under forest fires[C]//2011 IEEE Power Engineering and Automation Conference, 2011, 2: 339-343.

[7] 黎鹏, 阮江军, 黄道春, 等. 模拟山火条件下导线-板间隙击穿特性影响因素分析[J]. 电工技术学报, 2018, 33(1): 195-201.

[8] 尤飞, 陈海翔, 张林鹤, 等. 木垛火导致高压输电线路跳闸的模拟实验研究. 中国电机工程学报, 2011, 31(34): 192-197.

[9] 周浩. 特高压交直流输电技术[M]. 浙江: 浙江大学出版社, 2014: 24-36.

[10] 梁涵卿, 邬雄, 梁旭明. 特高压交流和高压直流输电系统运行损耗及经济性分析[J]. 高电压技术, 2013, 39(3): 630-635.

[11] 李先志, 梁明, 李澄宇, 等. ±1100kV 特高压直流输电线路按电磁环境条件的导线设计[J]. 高电压技术, 2012, 38(12): 3284-3291.

[12] 朱普轩, 杨光, 贺建国, 等. 超/特高压输电线路电磁环境限值标准探讨[J]. 电网技术, 2010, 34(5): 201-206.

[13] 李庆峰, 廖蔚明, 丁玉剑, 等. ±800kV 直流输电线路带电作业的屏蔽保护[J]. 中国电机工程学报, 2009, 29(34): 96-101.

[14] 陆家榆, 何堃, 马晓倩, 等. 空中颗粒物对直流电晕放电影响研究现状: 颗粒物空间电荷效应[J]. 中国电机工程学报, 2015, 35(23): 6222-6234.

[15] 崔翔, 周象贤, 卢铁兵. 高压直流输电线路离子流场计算方法研究进展[J]. 中国电机工程学报, 2012, 32(36): 3, 130-142.

[16] 胡毅, 刘凯, 刘庭, 等. 超/特高压交直流输电线路带电作业[J]. 高电压技术, 2012, 38(8): 1809-1820.

[17] Sarma M P, Janischewskyj W. Corona loss characteristics of practical HVDC transmission lines, part I: unipolar lines[J]. IEEE Transactions on Power Apparatus and Systems, 1970(5): 860-867.

[18] 汪沨, 范竞敏, 李敏, 等. 高精度上流有限元法在特高压直流输电线路离子流场计算中的应用[J]. 高电压技术, 2016, 42(4): 1061-1067.

[19] 汪沨, 李敏, 吕建红, 等. 风速对特高压直流输电线路离子流场分布的影响[J]. 高电压技术, 2016, 42(9): 2897-2901.

[20] 杨津基. 气体放电[M]. 北京: 科学出版社, 1983.

[21] 赵永生, 张文亮. 雾对高压直流输电线路离子流场的影响[J]. 中国电机工程学报, 2013, 33(13): 194-199.

[22] Yang F, Liu Z H, Luo H W, et al. Calculation of ionized field of HVDC transmission lines by the meshless method[J]. IEEE Transactions on Magnetics, 2014, 50(7): 1-6.

[23] Lu T B, Feng H, Zhao Z B, et al. Analysis of the electric field and ion current density under ultra high-voltage direct-current transmission lines based on finite element method[J]. IEEE Transactions on Magnetics, 2007, 43(4): 1221-1224.

[24] Takuma T, Ikeda T, Kawamoto T. Calculation of ion flow fields HVDC transmission lines finite element method[J]. IEEE Transaction Power Apparatus System, 1981, (12): 4802-4810.

[25] Liu L, Li M, Li R H, et al. Influence of meteorological parameters on electromagnetic environment of UHVDC transmission line under high altitude condition[J]. High Voltage Engineering, 2012, 38(12): 3177-3181.

[26] 普子恒, 阮江军, 黄道春, 等. 火焰条件下间隙的直流电压击穿特性研究[J]. 中国电机工程学报, 2014, 34(3): 453-459.

[27] Lu T B, Feng H, Cui X, et al. Analysis of the ionized field under HVDC transmission lines in the presence of wind based on upstream finite element method[J]. IEEE Transactions on Magnetics, 2010, 46(8): 2939-2942.